太湖流域
治水历史及其方略概要

何建兵 王建革 李敏 钱旭 等 编著

中国水利水电出版社
www.waterpub.com.cn
·北京·

内 容 提 要

太湖流域地处"一带一路"、长江经济带和长三角一体化等多个国家级发展战略交汇区，以太湖为核心的河湖水系促进了太湖流域政治、经济、文化的快速发展。水安全关乎着流域的长治久安，本书较为详尽地梳理了太湖及其周边主要水系的自然历史演变过程，总结回顾了流域治水历程，梳理分析了不同历史时期的主要治水方略，并结合当代治水实践，凝练了流域治水理念的传承与发展脉络，对于未来太湖流域治水管水工作的发展方向和方略制定，均有重要参考价值。

本书适用于水利系统从业人员、科研工作者、工程技术人员、有关高等院校师生及关心太湖流域水利工作的社会各界人士参阅。

图书在版编目（CIP）数据

太湖流域治水历史及其方略概要 / 何建兵等编著
. -- 北京 ： 中国水利水电出版社，2020.12
ISBN 978-7-5170-9262-9

Ⅰ．①太… Ⅱ．①何… Ⅲ．①太湖－流域－水利史
Ⅳ．①TV-092

中国版本图书馆CIP数据核字 (2020) 第255489号

书　　名	**太湖流域治水历史及其方略概要** TAI HU LIUYU ZHISHUI LISHI JI QI FANGLÜE GAIYAO	
作　　者	何建兵　王建革　李敏　钱旭 等 编著	
出版发行	中国水利水电出版社 （北京市海淀区玉渊潭南路1号D座　100038） 网址：www.waterpub.com.cn E-mail：sales@waterpub.com.cn 电话：(010) 68367658（营销中心）	
经　　售	北京科水图书销售中心（零售） 电话：(010) 88383994、63202643、68545874 全国各地新华书店和相关出版物销售网点	
排　　版	中国水利水电出版社微机排版中心	
印　　刷	清淞永业（天津）印刷有限公司	
规　　格	170mm×240mm　16开本　16.5印张　323千字	
版　　次	2020年12月第1版　2020年12月第1次印刷	
印　　数	0001—1000册	
定　　价	**80.00元**	

前　言

　　文化是一个国家、一个民族的灵魂。习近平总书记指出，坚定文化自信，是事关国运兴衰、事关文化安全、事关民族精神独立性的大问题。中华优秀传统文化是我们最深厚的文化软实力，也是中国特色社会主义植根的文化沃土。深入挖掘历史水文化蕴含的时代价值，延续历史文脉，推动水文化创新性发展，激活水文化的强大生命力，是坚定文化自信，凝聚精神力量、实现中华民族伟大复兴中国梦的重要基础。

　　太湖流域从"三江既入、震泽底定"至唐宋明清时期塘浦圩田、掣淞入浏、杭州湾鱼鳞大塘，及至现代以"一湖两河"为中心的流域调控工程体系和以"两山理论""河长制"为核心的流域综合管理理念，都是中国先进治水思想和治水技术的引领者和开拓者。流域人与水关系也从斗争性开发治理，逐渐转变为人与自然和谐共生、全面建设幸福河湖，集中体现了流域治水理论和实践的发展与创新，积聚形成了博大精深的太湖治水文化。悠久的流域治水史深刻昭示：安定的社会是治水的前提，发展的经济是治水的基础，科学的方法是治水的关键，完备的制度是治水的保障。如今，太湖流域社会生产力得到全面解放和发展，成为我国经济最发达、发展最强劲、大中型城市最密集的地区之一。梳理流域治水进程，理解流域治水思想，对于开展太湖流域治水管水护水工作、全面推进流域水治理体系与治理能力现代化，具有重要的现实意义。

本书作者通过对流域河湖水系演变历史的研究考证、流域主要治水历史事件及成就的梳理分析、各历史时期治水方略的研究分析，结合当代治水实践，总结凝练几千年来流域治水理念的传承与发展脉络，旨在为传承、弘扬流域治水历史和文化，服务流域经济社会发展和长三角区域一体化高质量发展提供借鉴。

本书共分为五章，第一章简述了太湖流域自然地理、河湖水系、水资源及其开发利用以及社会经济等概况；第二章从太湖的形成演变、太湖出入湖河道以及江南运河的治理和变迁，描述太湖流域主要河湖水系的历史演变过程；第三章以历史治水事件为线索，以时间线为轴，按照上古及以前、萌芽起源期、初步创建期、兴盛时期、延续发展期、民国时期等六个历史时期，简要阐述各阶段主要治水事件及成就；第四章按照前述章节划分的历史时期，关注各阶段的治水体制变化及其影响，分析各阶段的代表性治水方略；第五章简要介绍中华人民共和国成立以来流域、区域、城市、圩区不同层面开展的治水实践，总结提炼当代治水方略，形成流域治水理念的传承与发展脉络。

本书由何建兵、李敏统稿，第一章由李敏、王元元、钱旭执笔；第二章由李蓓、敬森春、钱旭、王元元执笔；第三章由王建革、蔡梅、钱旭、周晴执笔；第四章由蔡梅、王元元、钱旭、王建革、周晴执笔；第五章由李敏、王元元、钱旭、王建革执笔。

本书编撰过程中，得到了水利部太湖流域管理局的支持和指导，以及复旦大学、中国水利水电科学研究院、江苏省水利厅、浙江省水利厅、上海市水务局、浙江省文物考古研究所等单位领导、专家的大力支持和帮助。本书编撰全程得到了太湖流域管理局原局长、教授级高级工程师王同生的指导与帮助，在此深表谢意。

鉴于我们缺乏编史经验，研究人员水平亦有限，若有错漏或有待斟酌研究之处，敬请广大读者批评指正。

作者

2020 年 8 月

目录

第一章

太 湖 流 域 概 况

第一节 自 然 地 理

太湖流域位于长江下游尾闾与钱塘江和杭州湾之间，西以天目山、茅山为界，东临东海，北抵长江，南临钱塘江和杭州湾。地理坐标范围为东经 119°08′~121°55′，北纬 30°05′~32°08′，流域面积约 3.69 万平方千米。流域内地势西部高、东部低，周边略高、中间略低，呈碟形。地貌类型包括山地、丘陵和平原；流域西部为山丘区，属天目山及茅山山区；中间为平原河网和以太湖为中心的洼地及湖泊；北、东、南三边受长江和杭州湾泥沙堆积影响，地势高亢，形成碟边。山丘区面积 7338 平方千米，约占流域面积的 20%，山区高程一般为 200~500 米（镇江吴淞高程，下同），丘陵高程一般为 12~32 米；中东部广大平原区面积 2.96 万平方千米，约占流域面积的 80%，分为中部平原区、沿江滨海高亢平原区和太湖湖区，中部平原区高程一般在 5 米以下，沿江滨海高亢平原地面高程为 5.0~12.0 米，太湖湖底平均高程 1.0 米左右。在全世界的大江大河中，太湖流域的地形独特，长期的地貌孕育过程中，形成了沿海的冈身地貌，太湖东部的低地地貌，太湖沿岸的溇港体系，太湖西部的丘陵山地水系。新石器时期以来新形成的地理地貌变化主要集中于太湖东部，即冈身与低地河网，这一结构产生了太湖地区独特的水系环境，详见图 1-1。

从图 1-1 可以看出，这种碟形洼地的构造是长期以来长江三角洲地貌演变的结果，也是太湖及周边两千多年来的水文水系环境变迁和水利发展的结果。这种地形塑造了太湖流域独有的水文和水网结构，使太湖以东的江南平原具备了稳定的供水环境，亦使太湖东部的苏、松、杭、嘉、湖地区得以支持中国江南生态文明最近一千年的繁荣（古代的江南生态文明，狭义指太湖东部诸区，

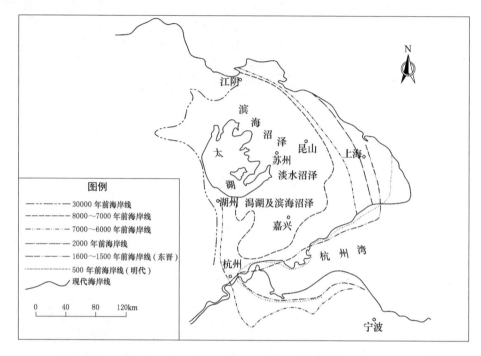

图1-1 长江三角洲地区海岸海湾线变迁图[1]

广义上指整个太湖流域和长江三角洲地区）。历代的治水活动，包括太湖低地的圩田和堰坝建造，有许多是为了太湖东部水流由低地向冈身高地排水，这种治水格局，几乎是太湖平原自唐宋以来最具特色的水利建设活动。这种治水活动可以统筹协调太湖平原供水、灌溉、防洪等基本问题。在吴江和昆山一带的低地地区，人们高筑圩岸，抬高水位，以便灌溉；在冈身地区，坝堰体系借着潮水的顶托引水灌溉，形成一种低地与高地都可以得到灌溉的稻作农业灌溉模式。在太湖的南部和西部，水流方向与地形变化一致，自高地向低地流动。而在太湖的北部和东南部，地形变化较小，地势平坦，往往因感潮明显、流向不定，出现往复流。地形与水文环境的不同，使太湖周边地区农田水利的结构也不尽相同，形成了丰富的水利文献和治水经验。

根据流域地形地貌特征、水系分布以及治理需要，同时适当考虑地区治理和行政区划，太湖流域划分为8个水利分区（图1-2），其中太湖上游来水区2个，即湖西区和浙西区；太湖以东的平原区5个，即武澄锡虞区、阳澄淀泖区、杭嘉湖区、浦东区和浦西区；太湖以及周围零星山丘和湖中岛屿自成一区，即太湖区。

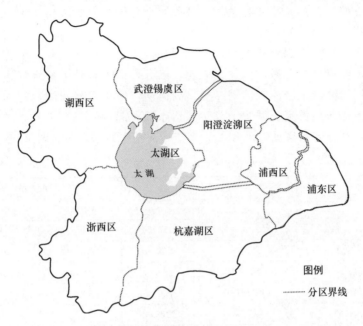

图 1－2　太湖流域水利分区示意图

第二节　河　湖　水　系

　　太湖流域的河湖发展过程繁复，从古代的"三江五湖"发展到现在的太湖以及水网、运河和城乡水体，越接近现代，水的利用越多样化。在早期，太湖尚是五湖，碟形洼地和圩田体系尚未形成，整个长江三角洲地区水系较为简单，水面较多。东汉以后，太湖形成。唐宋时期，江南运河和太湖以东的圩田体系形成，各种塘浦不断发育。到明清时期，大的塘浦不断淤塞，冈身和低地便有各种小河和小圩的发育。1949 年中华人民共和国成立至 20 世纪 70 年代，太湖地区的河网被重新修治。20 世纪 80 年代后，随着城镇化的快速发展，特别是防洪除涝和供用水需求的变化，进一步推动了河网水系结构的完善。

　　太湖流域水面总面积约 5333 平方千米[2]，水面率约为 14.5%；水流流速缓慢，汛期流速一般每秒仅 0.3～0.5 米[2]。流域内湖泊众多，以太湖为中心，形成西部洮滆湖群、南部嘉西湖群、东部淀泖湖群和北部阳澄湖群。流域内面积大于 10 平方千米的湖泊有 9 个，分别为太湖、滆湖、阳澄湖、长荡湖（洮湖）、淀山湖、澄湖、昆承湖、元荡、独墅湖。太湖是流域内最大的湖泊，也是流域重要水源地和水资源调蓄中心。流域内河道总长约 12 万千米，平均每平方千米流域面积有 3.3 千米的河网，出入太湖河流有 228 条。流域水系以太湖为中心，

3

分为上、下游。上游大部分为系状，是太湖来水区，主要包括发源于天目山南北麓的苕溪、发源于苏浙界界岭的合溪、发源于茅山和界岭的南河和洮滆水系。下游是太湖出水区，因地势低平，水流缓慢，河道交织成网状，称为河网。太湖下游出水河道分布在东、南、北三面，以自然地形和骨干排水河道为界，划分为武澄锡河网、阳澄淀泖河网、杭嘉湖河网、浦东河网和浦西河网。江南运河（京杭大运河）贯穿流域腹地及下游诸水系，起着水量调节和承转作用。太湖流域各水利分区水系见表1-1。太湖流域河湖水系示意图如图1-3所示。

表1-1　　　　　　　太湖流域各水利分区水系表[2]　　　　　　单位：平方千米

水系名称	对应水利分区	水面积	水面积	
			湖泊面积	河道面积
苕溪、合溪水系	浙西区	185.29	3.52	181.77
南溪、洮滆水系	湖西区	551.68	272.86	278.82
武澄锡河网	武澄锡区	235.67	8.73	226.94
阳澄淀泖河网	阳澄淀泖区	706.56	397.1	309.46
太湖湖区	太湖区	2378.39	2338.10	40.29
杭嘉湖河网	杭嘉湖区	850.39	128.35	722.04
浦东河网	浦东区	236.82	3.15	233.67
浦西河网	浦西区	188.34	—	—
合　计		5333.14	—	—

一、太湖

太湖，古称震泽、具区、笠泽，位于长江三角洲南翼的太湖平原，是中国第三大淡水湖。太湖面积2427.8平方千米，其中水面积2338.1平方千米。太湖平均水深2.06米，最大水深2.60米，蓄水容积为44.3亿立方米[3]。

太湖平面状如手掌，其西、南面岸线较为平顺，东、北面较为曲折，形成了大小不等的5个湖湾，从东段东太湖开始，按逆时针方向，依次为胥湖、贡湖、梅梁湖和竺山湖。根据自然条件及治理研究需要，一般将全湖划分为东太湖、东部沿岸区（含胥湖）、贡湖、梅梁湖、竺山湖、西部沿岸区、南部沿岸区和湖心区8个湖区[4]（图1-4）。

东太湖以洞庭东山东菱嘴至太湖南岸的西浜、庙港一线为界，面积156.7平方千米；东太湖自古为太湖的主要出水通道，现东岸瓜泾口为吴淞江主源。东部沿岸区包括胥湖及其西部两个小湖湾，面积229.3平方千米。贡湖面积147平方千米，贡湖湖湾顶端望亭镇是太湖主要引排水通道望虞河的口门所在。梅梁湖面积129.3平方千米，湖湾北端梁溪河通达无锡市，西岸武进港、直湖港与

图 1-3　太湖流域河湖水系示意图

湖泊、水库
河道
水利分区界

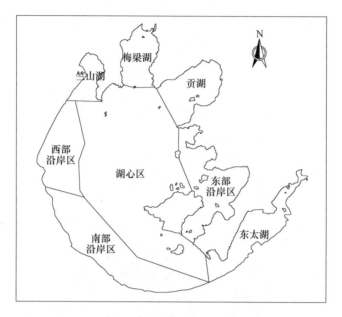

图 1-4 太湖分湖区示意图

江南运河相通。竺山湖面积 56.7 平方千米，东岸为马山半岛，北岸为常州市武进区，西岸属宜兴市，东岸有雅浦港通直湖港。西部沿岸区北起竺山湖湾口，南至苏、浙两省交界处，面积 187.8 平方千米。南部沿岸区，西起苏、浙两省交界处，东至东太湖口，面积 151.4 平方千米。湖心区边界即为与上述各分区的分界，湖区面积 1274.2 平方千米。

二、苕溪、合溪水系

苕溪水系是太湖上游最大水系，也是太湖主要来水区域之一。苕溪水系分为东、西两支，分别发源于天目山南麓和北麓，东苕溪流域面积为 2306 平方千米，西苕溪流域面积为 2273 平方千米，东、西苕溪分别长 150 千米和 143 千米，在浙江省湖州市区西侧汇合，经长兜港入太湖。苕溪水系地处流域内的暴雨区，其多年平均入湖水量约占太湖上游来水总量的 50%。

合溪又称"箬溪"，因两岸夹生箭箬而得名。合溪上源主流北涧，发源于苏浙交界处的襄王岭，向东南流至草子槽，有南涧汇入。南北两涧均为季节性溪流，主干南流经长兴县白岘镇折东南流，至合溪镇和小浦镇后始称合溪，又折向东，流经长兴县城、上莘桥、新塘，注入太湖。其长兴县以下河段称长兴港。合溪原长 42 千米，1970—1972 年开挖合溪新港，河道延长至 46.3千米。

三、南溪、洮滆水系

南溪（又称南河）水系位于太湖上游湖西地区南部，西面以茅山山脉为分水岭，与秦淮水系和水阳江水系相邻，南面以天目山余脉为界，北面与洮滆水系相连。南河干流长 117.5 千米，可分三段，上段为胥溪；中段分两支，南支称南河，北支上段称中河，北支下段称北溪河；干流下段称南溪河，沿途纳宜溧山区诸溪，串联东氿、西氿和团氿 3 个小型湖泊，于宜兴大浦港、城东港、洪巷港向东入太湖。南河水系多年平均入湖水量约占太湖上游来水总量的 25%。南河水系有较大湖荡八处，分别为三塔荡、升平荡、南渡荡、前马荡、沙涨荡、东氿、团氿以及西氿。

洮滆水系是由山区河道和平原河道组成的河网，以洮湖、滆湖为中心，上纳西部茅山诸溪，下经东西向的漕桥河、太滆运河、殷村港、烧香港等河道入太湖；同时又以丹金溧漕河、扁担河、武宜运河等多条南北向河道与沿江水系相通，形成东西逢源、南北交汇的网络状水系。洮滆水系多年平均入湖水量约占太湖上游来水总量的 20%。

滆湖俗称沙子湖，是太湖流域第二大湖泊，也是洮滆水系的主要调节湖泊，具有蓄水、灌溉、供水、旅游、水产养殖等综合功能。滆湖西接洮湖、北承江南运河，经太滆运河、漕桥河、殷村港、烧香港河道等向东与太湖相通，东西两岸分别有武宜运河和孟津河自北向南环绕湖区。进出滆湖的大小河港有 60 余条，其中入滆湖的主要河道，北有扁担河承接江南运河来水，西北部有夏溪河承接金坛和丹金溧漕河来水，西部有湟里河、北干河、中干河承接洮湖来水，主要出湖河道有武南河、太滆运河、漕桥河、殷村港、烧香港。

洮湖又称长荡湖、延陵湖，为湖西区第二大湖泊，具有防洪、灌溉、供水、旅游、通航等综合功能。入湖河道主要有丹金溧漕河、大浦港、新河港、涑渎港、北河、赵村河等，出湖河道主要有湟里河、北干河、中干河和马垫河，分别泄入滆湖和南河。

四、武澄锡河网

武澄锡河网主要包括江苏省常州市武进区和新北区、无锡市锡山区、江阴市以及张家港市的河网，北通长江，南达太湖，东连望虞河，西邻德胜港与湖西高地相接。此处河网相对独立，江南运河在该区南部横贯东西，运河以北主要向长江引排，运河以南排水主要入太湖，向东水流一般不越望虞河，西部来水受江南运河新闸等水闸节制。

武澄锡河网地区按地面高程可分为两部分：西部为低片河网，地面高程 3～

4米；东部为高片河网，地面高程为4～6米。河网内主干河道大部分为南北向，西部低片主要有澡港河、新沟河、新夏港、锡澄运河、白屈港等5条南北向通江河道；东部高片主要有张家港、十一圩港等，均为南北向通江河道。高片地形西高东低，有8条东西向连通河道，自北向南有北横河、应天河、东横河、冯泾河、青祝河、锡北运河、九里河、伯渎港等，大多东通望虞河。入太湖河道有直湖港、武进港、梁溪河。白屈港是武澄锡低片和高片的分界河道，从长江直达无锡城区，是一条兼具排水和引水功能的骨干河道。

五、阳澄淀泖河网

阳澄淀泖河网包括江苏省苏州市市区、常熟市、太仓市、昆山市全部、吴江区大部以及上海市青浦区的一部分，河网北通长江，南抵太浦河，西以望虞河和武澄锡河网为界，东为苏沪省市界，西南通太湖的胥湖和东太湖。河网内有沪宁铁路横贯东西，沪宁铁路以北是以阳澄湖为中心的阳澄河网，沪宁铁路以南是淀泖河网，河网多湖荡。

阳澄河网区纵向为排水干河，出水入长江，自西向东有耿泾塘、海洋泾、常浒河（南连元和塘）、徐六泾、金泾塘、白茆塘、七（戚）浦塘、杨林塘、浏河，以浏河为最大；横向河道自北向南有石头塘、盐铁塘、张家港，以张家港为最大，盐铁塘和张家港向东南直抵吴淞江。在复杂的阳澄河网中，还串有阳澄湖、昆承湖、傀儡湖、盛泽荡、鳗鲤湖、尚湖等中小湖泊。

淀泖河网区横向主要为排水河道，自北向南主要有吴淞江、急水港、八荡河，纵向主要为调节河道，自西向东有江南运河、大直港和千灯港。淀泖河网虽不如阳澄河网发达，但湖泊众多，主要有淀山湖、独墅湖、澄湖、元荡、金鸡湖、长白荡、明镜荡、白莲湖、白蚬湖等大小湖荡60余个。

六、杭嘉湖河网

杭嘉湖河网位于流域南部，是流域内面积最大的平原河网，主要由浙江省杭州市、嘉兴市、湖州市的东部平原组成，其名称亦由此而来。杭嘉湖河网被江南运河和沪杭铁路分为三片半开放式区域：运西片、嘉北片和路南片。

运西片位于江南运河以西，水面积280.63平方千米。北部有頔塘横穿东西，頔塘以南以东西向河道为主，自北向南分别有頔塘、双林塘、练市塘、洋溪塘等，南北向河道有太嘉河、白米塘、息塘等，排水出路为太浦河。頔塘以北大部分为沿太湖的河道溇港，历史上曾有34条，现存22条，主要有大钱港、罗溇、幻溇、濮溇、汤溇等。

嘉北片位于江南运河以东、沪杭铁路以北，水面积272.13平方千米。东西向骨干河道有三店塘、清凉港、新农塘、红旗塘、横枫塘、俞汇塘等，南北骨干河道主要有苏嘉运河、梅潭港、芦墟塘、红菱塘、坟墩港、丁栅港等。排水出路北向太浦河,东向黄浦江。

路南片位于江南运河以东、沪杭铁路以南,水面积297.63平方千米。东西向河道主要有平湖塘、乍浦港、上海塘、广陈塘等,南北向河道主要是治太工程的南排河道,主要有海盐塘、长山河、盐官下河、上塘河(盐官上河)。排水出路经杭州湾入海,部分经大泖港入黄浦江。

七、浦东、浦西河网

黄浦江是太湖流域第一大河,是一条集航运、供水、灌溉、排水、旅游于一身的多功能河道。黄浦江有三大源流,西北支源于淀山湖,从湖口淀峰起为拦路港,下接泖河、斜塘至三角渡,其间有太浦河汇入泖河,该支主要承泄太湖及淀泖地区来水,太浦河开通后成为黄浦江主要水源。中支为大蒸港至圆泄泾,上接红旗塘,主要承接浙西和杭嘉湖北区来水。西南支为大泖港,主要承泄杭嘉湖地区沪杭铁路以南及上海市金山区西南部地区来水。西北支和中支汇流成横潦泾,西南支汇入后称竖潦泾,再折向东流始称黄浦江,贯穿上海市区于吴淞口入长江。

浦东、浦西河网主要以黄浦江干流为界进行划分,黄浦江以西称浦西河网,以东称浦东河网。

浦东河网北靠长江,东濒东海,南临杭州湾,西接黄浦江。河网内东西向的河道主要有五号沟、张家浜、川杨河、大治河、浦南运河,南北走向的河道主要有叶榭塘、龙泉港、金汇港、浦东运河等。东西向与南北向的河道纵横交错,河口均建有水闸,通过调度,可使河道内水经黄浦江入长江口或东排长江口、南排杭州湾。河网内河道经过了历代开挖、疏拓、裁弯取直,尤其是中华人民共和国成立后,新开了很多河道,使浦东河网逐渐向东延伸,形成了连接黄浦江和东海的辐射型河网布局,有利于防洪、排涝、引水、灌溉、航运、水资源调度和水环境改善。

浦西河网北濒长江口,南部和东部以拦路港、泖河、斜塘、黄浦江为界,西抵江苏省边界。浦西河网东西走向的河道主要有蕴藻浜、吴淞江、苏州河、淀浦河、拦路港、泖河、斜塘、横潦泾、黄浦江上游干流等。蕴藻浜、吴淞江、苏州河、淀浦河均为黄浦江支流,自西向东流入黄浦江中下游段。南北向河流主要有油墩港、横沥港、新泾港、潘泾、盐铁塘、北横泾、桃浦河等。河网内河道经过了历代开挖、疏拓、裁弯取直,尤其是中华人民共和国成立后,进行了全面的规划和治理,逐渐形成了嘉宝北片、蕴南片、淀北片、淀南片和青松控制片等五个水利片,为防洪、排涝、灌溉、引水、航运、水资源调度和水环境改善提供了有利条件。

第三节　水资源及其开发利用

一、水文气象

太湖流域属北亚热带和中亚热带气候区，具有明显的亚热带季风气候特征。流域气候具有四季分明，冬季干冷，夏季湿热，光照充足，无霜期长，台风频繁，雨水丰沛等特点。多年平均降水量1206.6毫米（采用1956—2016年系列数据评价，下同），受气候、水汽来源、地形等的综合影响，空间分布总趋势为南部大于北部、西部大于东部、山区大于平原。

太湖流域随着季风的强弱和来去时间的不稳定而引起降雨量在年际和年内的差异，从而造成降雨及径流年、季分配不均匀，年际变化悬殊。太湖流域全年有3个明显的雨季：3—5月为春雨期，春季大陆高压衰退，太平洋副热带高压北进，锋面气旋活动频繁，雨量增多，主要表现为雨日多，春季雨日数占全年雨日数的30%左右；6—7月为梅雨期，冷暖空气对峙，常产生大面积锋面雨，降水总量大、历时长、范围广，易形成流域性洪水；8—10月为台风雨期，盛夏沿海地区受台风（热带气旋）活动影响，常有暴雨出现，降水强度较大，但历时较短，易造成严重的地区性洪涝灾害。

二、径流

太湖流域多年平均天然年径流量为175.5亿立方米，折合年径流深472.8毫米，多年平均年径流系数为0.38。已发生的天然年径流量最大值出现在2016年，达到401.5亿立方米；最小值出现在1978年，为26.6亿立方米。

太湖流域径流年内分配与降水强度基本相对应，春夏季大，冬季最小。其中，夏季地面蒸发大于春季，径流比例相对较小。汛期5—9月径流量占年径流量的55%～85%，农作物需水期4—10月则占年径流量的70%～90%。因枯水年地面蒸发等耗水比例大，故此径流年际变化的倍比大于降水年际变化倍比，径流年际变化倍比一般为4～8倍。

流域径流的地区分布主要受降水与下垫面条件的影响，西南部天目山区海拔700米以上，多年平均降水量最大，水流湍急，径流较大；宁镇、茅山、宜溧、长兴等地为低山丘陵地区，坡陡冲浅，源短流急；常熟以西的长江古沙嘴一带和洮滆湖地区主要为高亢平原，地面高程为6～10米，蓄水、供水条件较差；太湖下游及其周围地势低平，水流比降小，有太湖和众多湖荡河道蓄供水，洪枯水位变化不大。因此，流域径流一般南部大于北部，西部大于东部，山区大于平原。

流域年径流系数（年径流量与年降水量之比）变幅为 0.21～0.55，流域多年平均值为 0.35，南部大于北部，山丘大于平原，浙西山区最大为 0.51，太湖区最小为 0.20，其余各区变幅为 0.32～0.40。

三、水资源状况

太湖流域多年平均水资源总量 188.2 亿立方米，其中地表水资源量为 174.8 亿立方米，约占水资源总量的 92.9%；地下水资源量为 46.97 亿立方米；地下水资源量与地表水资源量的不重复计算量为 13.4 亿立方米，约占水资源总量的 7.1%。太湖流域多年平均产水系数 0.42，产水模数 50.7 万立方米每平方公里，均高于全国平均值。

经过多年的治理，太湖流域污染源得到一定程度控制，但流域污染物排放总量仍较大，受自然条件、经济社会发展规模双重影响，流域入河污染负荷过高的问题仍然存在，现状流域单位面积废污水排放量达全国平均的 25 倍，入河污染物总量为水域纳污能力的 2～3 倍。流域地表水资源普遍受到不同程度的污染。2018 年太湖流域 380 个重要江河湖泊水功能区因河道施工实际参评 378 个，全年期水质达标个数为 222 个，达标率 58.7%。在参评水功能区中，河流达标河长 3045.2 千米，达标率为 68.3%；湖泊达标面积 268.0 平方千米，达标率 9.6%；水库达标蓄水量 7.3 亿立方米，达标率 69.0%。太湖全湖呈中度富营养化水平，《太湖流域管理条例》确定的 22 个主要入太湖河道控制断面（江苏省 15 条、浙江省 7 条）全年期水质评价为 Ⅱ～Ⅲ类的河道有 12 条、Ⅳ类 9 条、Ⅴ类 1 条。

平原区浅层地下水水质类别劣于Ⅲ类的占比约 52.5%，其主要超标项目为氨氮、高锰酸盐指数等，属有机污染类型，局部地区存在重金属污染。山丘区的浅层地下水水质总体较好，均达到或优于Ⅲ类水质标准。

四、供用水情况

太湖流域濒临长江，内部有本地水资源可供利用，外部有长江可提供充足的过境水资源。流域供需水总体平衡主要依靠调引长江水和上下游重复利用。流域的人口规模、城镇化发展水平、城乡居民用水强度等历史发展过程中的人口、经济因素，均对流域供用水关系产生着较大的影响。

随着人口规模的增加、城镇化水平的提高，不断推动着流域用水需求增长。2019 年，太湖流域人口 6164 万人，人口密度约每平方千米 1670 人，较 20 世纪 80 年代增加了近 1 倍，流域城镇化率 80%。根据 2019 年太湖流域及东南诸河水资源公报，流域年度用水总量 338.7 亿立方米，人均用水量为 549 立方米，其中生活用水占 10.0%，生产用水占 89.2%，生态环境补水占 0.8%。同时随着社会经济快速发展和产业结构的调整，三产用水结构也发生了较大变化，从 20 世纪 80 年代的 58.5∶36.4∶5.1 转变为现在的 24.2∶68.6∶7.2。

第四节　社　会　经　济

太湖流域长期以来就是中国经济的重心所在，中唐安史之乱和宋室南渡以后，已有国家赋税中"江南居什九"之说。在传统农业时期，太湖流域的人口密度就非常高。上海在 1949 年以前达到 500 万左右，杭嘉湖区域在 1938 年时达到 482 万，苏南地区在 1946 年时达 1100 万左右，估计民国时期太湖流域的人口达 1500 万到 2000 万左右[4]。在进入工业化初期的 20 世纪 80 年代中期，人口数量达到 3326 万[5]。

现在的太湖流域，是我国经济发达、发展强劲、大中城市最密集的地区之一，地理和战略优势突出。流域内分布有特大城市上海，大中城市杭州、苏州、无锡、常州、镇江、嘉兴、湖州，以及迅速发展的众多小城市和建制镇，已形成等级齐全、群体结构日趋合理的城镇体系，城镇化率 80%，正逐步形成世界级城市群。据统计，2019 年太湖流域总人口 6164 万人，占全国总人口的 4.4%；GDP 96847 亿元，占全国 GDP 的 9.8%；人均 GDP 15.7 万元，是全国人均GDP 的 2.2 倍。

太湖流域交通发达，沪宁铁路、沪杭铁路、京沪高铁以及沪宁、沪杭、宁杭城际铁路贯穿全流域，宣杭铁路连接皖南；沪宁、沪杭、沿江、苏嘉杭、沪苏浙皖和京沪等高速公路构筑了快速交通网络；江阴长江大桥、润扬大桥、苏通大桥、杭州湾跨海大桥等的建成进一步加强了与苏中、苏北、浙东的联系，实现了长三角南北两翼的无缝对接。流域紧靠长江"黄金水道"，京杭运河贯穿南北，沟通长江和钱塘江航运，苏申内港线、苏申外港线、杭申线、长湖申线、乍嘉苏线、六平申线等重要航线构成了内联三省（直辖市）、外通长江和钱塘江的内河航运网络格局，通航里程达 1.6 万千米。上海港（含洋山港）、张家港、太仓港、乍浦港、常州港与长江深水航道形成面向国内外、分工专业、快速发达的集疏运体系。电力、通信等基础设施完备，为流域经济社会发展创造了良好的环境。

第二章

太湖流域主要河湖水系演变

第一节 太湖形成演变过程

一、太湖平原发育过程

从地形上看，太湖平原是一片巨大的碟形洼地，洼地底部即属古老的长江三角洲湖沼平原部分，地面高程一般2.5～3.5米，如图2-1所示。太湖湖沼平

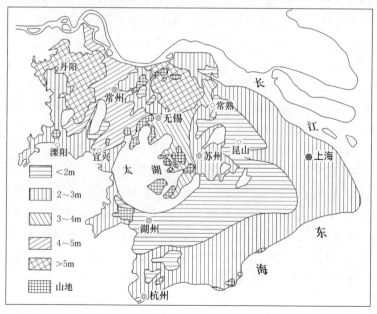

图2-1 太湖流域地势略图

原是长江三角洲湖泊集中分布区,有大小湖荡 300 多个,太湖最大,水域面积
2338 平方千米,此外有漏湖、长荡湖、阳澄湖及淀山湖,面积都在 60 平方千米
以上。太湖湖区有大小岩岛 40 余座,较著名的有西洞庭山、东洞庭山和马迹
山,西洞庭山为海拔 336 米的湖岛,东洞庭山和马迹山原为湖岛,后与湖岸相
连成为平原孤丘。在江苏省苏州、无锡、常熟以及上海松江、青浦等地亦有岩
丘分布,一般高约百米,最高不超过 350 米,如苏州穹窿山 345 米,无锡惠山
336 米,常熟虞山 288 米。环绕湖沼平原周缘的碟缘高地,地面高程一般亦仅
4~8 米,西缘高于东缘,南缘高于北缘。太湖平原地貌形态的发育有其地质基
础。该地区位于扬子古陆的东北端,其构造单元东南与西北部分别属于太湖钱
塘褶皱带与扬子陆台褶皱带。距今 1.6 亿年的中生代断裂活动使该地区形成了
一系列东北—西南走向的构造线,如崇明-无锡-宜兴断裂带和崇明-东山断裂带;
距今 6000 万年新生代第三纪末开始的新构造运动,又使江阴、宜兴一线以东的
广大区域形成一个以太湖湖盆为沉降中心的坳陷盆地,是古太湖构造盆地的
基础。

　　太湖平原是由古太湖构造盆地演变而成(图 2-2)。太湖平原的地貌发育大
约可以追溯到距今[1] 5000~6000 年前。当冰后期海面逐步上升到现代海平面位
置,太湖平原成为一个滨海的低平原,并不断接受西部山地带来的泥沙淤积,
形成河流冲积与湖沼沉积地貌。距今 5000~6000 年前海平面较高时,长江口位
于镇江、扬州一带,长江南岸沙嘴淤涨,由镇江伸展至江阴、太仓一带,将太
湖平原北部分散孤立的岛山联系起来,形成向太湖低洼地倾向的高爽平原地貌。
太湖平原东部由于长江所带泥沙及海岸带泥沙不断淤积并逐步形成了北起福山、
南迄杭州湾畔漕泾、柘林的 4~5 条相互平行和断续分布的贝壳砂带,宽 4~8 千
米,长逾 130 千米,称之为冈身地带。与此同时,位于钱塘江北岸的沙嘴又不
断向北淤涨,并与长江南岸沙嘴相会合,形成了自杭州湾至太湖平原东部的上
海地区的滨海平原,这样就形成了四周高、中部低洼的平原格局。太湖原为有
横贯河流分布的冲积平原环境,据王建等[6] 对西太湖北部湖底古沟谷、东太湖
湖区的岩心样品的分析,7000 年前的太湖地区尚无统一的规模较大的湖泊。太
湖内浅层的地面剖面测量和西太湖钻探表明,太湖底多是 10 厘米至数十厘米灰
色现代湖相沉积[7]。第四纪的湖泊演变与现代沉积特征亦清楚地表明太湖及太
湖平原是一个独立的地貌沉积单元[8]。太湖平原是一个向海倾斜的三角洲平原
地面,据考古发掘,平坦的太湖湖底黄土层上有一些被淹没的河道和洼地,这
些河道多呈东西向分布[9],是现代湖沼洼地产生的基础。

---

[1] "今"指的是地质学意义上的现在,即 1950 年,下同。

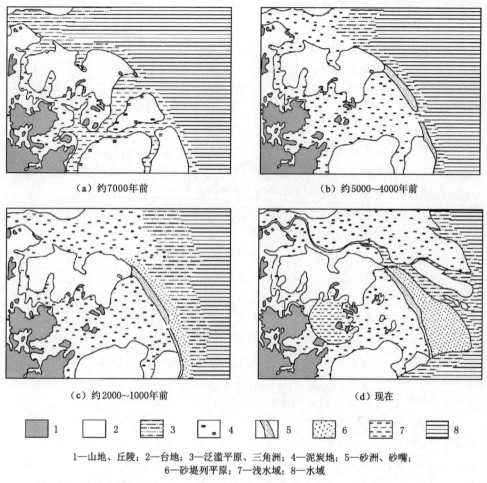

（a）约7000年前 　　　　　　　　　　（b）约5000~4000年前

（c）约2000~1000年前 　　　　　　　　（d）现在

1—山地、丘陵；2—台地；3—泛滥平原、三角洲；4—泥炭地；5—砂洲、砂嘴；
6—砂堤列平原；7—浅水域；8—水域

图2-2　太湖平原形成过程示意图[10]

二、太湖成因的早期学说

太湖的形成过程一直以来是学术界研究的热点，历史上许多专家学者对此开展了大量研究。从20世纪30年代开始，丁文江和德国的几位学者就对太湖的形成进行了研究；1949年以来，华东师范大学陈吉余等和中国科学院南京地理与湖泊研究所孙顺才[11]和杨怀仁等相继对太湖的起源作出了前沿性的研究，大致分为以下几种。

1. "构造型"学说

"构造型"学说认为：不论是太湖湖盆的形成，还是太湖水系和泄水通道的发育和演变，以及太湖岸线的地貌形态特征，都是在新构造运动的基础上发展

15

起来的，太湖属构造湖类型[12]。

通过对太湖地区地质发展的追溯，发现古生代以来的三次大的构造运动对目前太湖地区的褶皱基底、断裂构造与断块升降幅度、沉积系列等都起到了控制作用。特别是新构造运动以来的活动，太湖周围的山地古夷平面、阶地的发育、第四纪沉积厚度的变化、太湖形态的最终形成、水系的变迁都受其地应力控制。

因受新构造运动的影响，整个太湖平原处于缓慢下沉区，其西部的茅山山地与"山"字形构造区则处于缓慢上升区。原西部山区的水系由苕溪、荆溪等流向平原区，苕溪的下游循今吴淞江线路东流入海；荆溪下游则流向东北穿过今洮、滆湖群，循今孟河北注长江，后因受构造缓侵抬升影响，荆溪到孟河口的下游段河床也因被抬升而使河流改道，北流而东注平原的低处，加入了现今的太湖水系。在早期，这些河道在太湖盆地中的畦地积水形成小湖泊，即《史记》中记载的"五湖"。所谓五湖，实际上包括了原来小规模的太湖，以后汇水成为一个较大规模的太湖。"南江又东北为长渎，历湖口，南江东注于具区❷，谓之五湖口，五湖谓长塘湖、太湖、射湖、贵湖、滆湖也。"[13] 在构造上，近东岸的北东向断层是最活跃的断层线，当太湖平原在缓慢下沉时，沿这些断层线的下沉程度更甚，再加上东西向断层的牵引作用，便出现了小湖泊。由于构造运动的继续影响，太湖断陷盆地逐步沿着老的构造线作西高东低的倾斜式下沉，湖区面积也随之逐步扩大，使湖区的边框形态基本上与新老断层线所交织出来的形态相似，这已接近现代太湖的面貌。

太湖西部呈现一个半圆弧形，东部湖湾形似五指，向东北方向伸展。这种地貌形态的形成明显受断层构造的影响，东部伸展出的五指状湖湾恰好与几条东北—西南向的断层线相吻合。太湖西部地貌形态主要由西北—东南向断层所控制，东北—西南向断层在西岸为数较少，规模也较小，岸线走向基本上与西北—东南断层线走向相一致，加上从湖区西部山区由河流输入的大量泥沙长期堆积，并在常年多东南风的情况下，经波浪与湖流的再搬运沉积，使湖岸线逐渐修匀，形成了与东岸迥然不同的圆弧形的湖岸形态。

2."河成型"学说

"河成型"学说认为：距今 1 万年前晚更新世末期，太湖平原就已成陆。在成陆之初，西部茅山、天目山来水，汇入荆溪和苕溪，顺着自然坡度入江、入海。那时，荆溪主流穿过洮滆湖群，循今孟河北注长江；苕溪主流则循今吴淞江东流入海。到全新世中期，长江挟带的泥沙在河口及沿海地带沉积，滨江临海一带地形抬高，孟河逐渐淤塞，荆溪改道东流，经滆湖流入太湖；苕溪也因

---

❷　太湖的古称，另有古称为"震泽""五湖""笠泽"。

吴淞江海口淤塞而注入太湖，这就是太湖、漏湖等湖泊形成和扩大的主要原因。吴淞江也于此时一分为三，发育为东江、娄江和吴淞江。全新世晚期以来，随着长江口泥沙堆积，海岸线不断东伸，三江的比降日趋平缓，出口淤塞日甚，加之三江中段地区地面沉降，导致河道沿线的沼泽地积水成湖，今日的澄湖、阳澄湖、淀山湖等便相继形成[13]。

3．"潟湖型"学说

"潟湖型"学说：距今1万年前晚更新世末冰期之后，气候转暖，冰川消融，海平面上升，太湖地区被海水淹盖，成为浅水海湾。大致距今六七千年前，长江在今镇江、扬州之间入海，由于江流和海浪的作用，挟带的大量泥沙在河口段停积，南北两侧各自构成一条沙嘴。沙嘴前沿因海水停滞，海浪冲击而构成"贝壳堤"（俗称"冈身"）。南岸沙嘴从镇江以东的小河镇向东南延伸，过江阴、太仓和上海市的外岗、马桥与钱塘江北岸的沙嘴相连接，浅水海湾逐渐封闭，成为"潟湖"，而后逐渐演变成为淡水湖泊。由于地面泥沙堆积的不一致，以及水流的冲刷，水面被分割，逐渐形成大小不等的湖群和天然河道，又经长期的人类活动，最终才形成目前的太湖水网平原。太湖东部地面下1～1.5米处普遍有厚0.3米左右的湖相泥炭层，3米左右深处有一层牡蛎贝壳层，大约在4米以下有一层直立的铁竹笋（俗称"狗屎铁"）；地层上是江海带来的泥沙沉积物。由此推断，太湖平原在史前是处于海湾与潟湖的不断更替中[13-14]。

张修桂[15]认为，太湖平原自晚更新世末期以来，经历了一个由沟谷切割的滨海平原景观，演变为碟形洼地地貌形态的过程。太湖基底及太湖平原的浅层第四系主要是距今23000～18000年前的褐黄色黏土、距今28000～23000年前的灰色粉砂和亚黏土以及距今33000年前的暗绿色黏土[16]。洪雪晴[17]认为，晚更新世末，太湖地区曾是一片沟谷切割的陆地，冰后期海水侵进，形成太湖海湾和潟湖。距今9000年前，海平面达到－25米，最初海水沿着西部低谷进入太湖平原；距今8700年前，海水沿谷地已到达马迹山附近；距今7500年前，海平面短暂下降后继续上升至－7米左右，海岸线环绕丘状台地边缘，绕过王店、长安，经九里桥、双林戴山、小雷山伸进太湖，太湖东北大部分仍为陆地；距今7000～6500年前，海面接近现代海面高程，海侵达到最大范围，太湖周围除丘陵山地外，大部分地区遭海水淹浸，西侧太湖海湾水深20米左右，此时潟湖还包括今东太湖的一部分，今太湖南岸湖州境内发育九里桥浅水海湾，双林、戴山成为太湖潟湖的一部分，东部海水沿太浦河及周边水系的练塘林家草、北王浜、金泽、尖田、芦墟、黎里、震泽一带伸进太湖地区，形成浅水潟湖。太湖平原大部分成为古潟湖，只在平原南部嘉兴、桐乡、石门、崇福一带存在罗家角、马家浜、吴家浜、谭家湾、彭城等马家浜类型文化遗址。距今6500年前，长江南岸冈身（沙嘴）形成以后，潟湖仍延续了相当长一段时间。距今 5400 年前后，海面略有下降，太湖平原内侧由于冈身对海潮的阻遏，出现了星罗棋布的沼泽群，震泽、平望一带是湖群的中心。水深 2～5 米，湖内水草植物繁茂，堆积了 1～2 米厚的草本泥炭。距今约 5000 年前，海平面比现在高 1.5 米左右，但海水浸漫的范围缩小，太湖海湾逐渐演变为半封闭的海湾。此后，长江携带的泥沙不断在冈身外侧加积，海岸线向东南推进，逐渐形成喇叭形的杭州湾，迫使古苕溪改道北上入太湖，太湖平原上再次出现较多的湖沼群，太湖平原碟形洼地形成。距今 4400 年前，气候转凉，海平面至少比现在低 0.8 米，太湖平原大量湖沼萎缩，大片土地成陆，在太湖平原上出现一百多处良渚文化遗址。自 4000 年前以来，太湖流域的环境演变主要表现为冈身以东滨海平原向外快速推展，杭嘉湖平原南沿的支谷海湾以及岸外沙坝后缘的潟湖淤积为潮上带平原，西侧湖州与杭州间的河口湾淤浅为淡水湖沼平原，西太湖随之封闭成淡水湖泊[17]。

三、太湖成因的新说及太湖的扩张

1. 太湖成因的新说

"潟湖型"学说在 20 世纪 60 年代以前非常盛行，随着其后生产建设的发展，相关部门在太湖地区先后进行了多次勘探，关于太湖形成的学说，有了新的发展。1990 年代以来，逐步出现了三江堰塞说、陨石冲击成湖说等。虽然说法各异，但基本上可以肯定全新世以来太湖平原的特点是：在全新世早期，太湖平原一带曾是河网侵蚀切割的丘陵地，丘间为地表出露的黄土岗地和低洼地，有的河谷已切穿黄土地层切入下伏的晚更新世中晚期的沉积层。这些河流或向北流入古长江（北江通道），或南流入杭州湾，或直流入海，即表明早期的三江通道已经形成。在环境发展的条件下，随着太湖日渐远离江河海湾，湖区的地下水位不断上升，同时有大量的泥沙淤积在古代的太湖平原之上。因此，太湖的成因，基本上可定义为沿岸砂堤围堰宽浅侵蚀洼地积水成湖[1]。

太湖是历史时期以来由于河道淤塞、人类围垦等原因，以致水流宣泄不畅、洪涝泛滥，积水成湖，湖面逐步扩大从而成为大型浅水湖泊。中国科学院南京地理与湖泊研究所通过近几十年来对太湖平原上湖泊的测量、勘探及湖泊沉积物系统分析，发现太湖平原湖泊形成的直接原因是洪水于低洼地聚集，宣泄遇阻，并非由潟湖演化而成[18]。对太湖水下地层测量的结果表明，太湖底质中浅层的湖相沉积物之下至 5.56 米是一层明显的黄色黏土，这种黏土层在从太湖底层一直到杭嘉湖平原上都是连续分布。太湖平原广泛分布的黄土层上还发现了一系列的新石器遗址、古文化遗址及古脊椎动物骨骼化石，反映自晚更新世末至全新世早期，太湖地区还是一片平原和森林草原环境[11]。

此外，地貌调查与沉积物分析结果表明，太湖的最后形成主要由于两方面原因。第一方面原因是气候变化引起的洪涝灾害。自全新世以来太湖平原曾多次经历温暖湿润时期，温暖期降雨量增大，洪涝灾害频发，例如在马家浜文化遗址的上层发现了 0.15 米的洪水堆积物厚，即反映出在早期与晚期之间，出现过一次大规模洪灾，罗家角遗址中的马家浜文化期和梅埝遗址的马家浜文化一期都有这次大规模洪灾的沉积记录。太湖形成的另一方面重要原因是泥沙淤塞以及人类围垦引起的河道宣泄不畅。

2. 太湖地区古代水系

"三江五湖"是太湖地区自然形成的古代水系。研究发现，早期太湖的形成与"三江五湖"有着密切的关系。

《禹贡》记载："三江既入，震泽底定。"有考证指出太湖西部的"三江"由在长江大弯曲处从长江分出的两条江流中江和南江，外加当时所谓的长江（也称北江）所组成（图 2-3）。有研究指出，当时的太湖区域与北江流域连通密切。太湖形成于春秋到西汉末年这一段时期，此时期前太湖平原上长期没有统一的水面，长江、中江和南江此"三江"河道在现太湖范围内的低地沼泽上穿过；丁文江根据地理学与地质学发现，古长江与太湖的水道相通，今古未异；同时，他在《芜湖以下扬子江流域地质报告》中指出滆湖为古太湖的一部分，两湖中大片冲淤土由古长江在常州（今属江苏省常州市）以北分流入太湖时逐渐淤积而成[19]。

与上述太湖上游存在北江、中江、南江的认知不同，长期以来，特别是唐代以来，人们对《禹贡》中"三江"的解释，偏向于认为太湖东部存在三水，即吴淞江居中，北有娄江，南有东江，这被称为后起的太湖"三江"学说。北宋科学家沈括在《梦溪笔谈》中指出："《禹贡》云：'彭蠡既潴，阳鸟攸居。三江既入，震泽底定。'以对文言，则彭蠡，水之所潴，三江，水之所入，非入于震泽也。震泽上源皆山环之，了无大川，震泽之委乃多大川，亦莫知孰为三江者。盖三江之水无所入，则震泽壅而为害；三江之水有所入，然后震泽底定。此水之理也。"[20] 意即太湖下游三江若能保持畅通入海，方能避免太湖"壅而为害"，从而达到"震泽底定"的水流格局稳定状态。这是对"三江既入，震泽底定"的另一种解释。

对于《禹贡》所记"三江"的指代问题，学术界争论多年未有明确定论，但如何理解"三江"问题仅在于反映古人对于太湖地区古代水系的理解，在现代看来并无细究必要。

"五湖"是太湖地区古代的湖泊水系，但对于"五湖"所指的确切水域，历史上也有不同的见解。

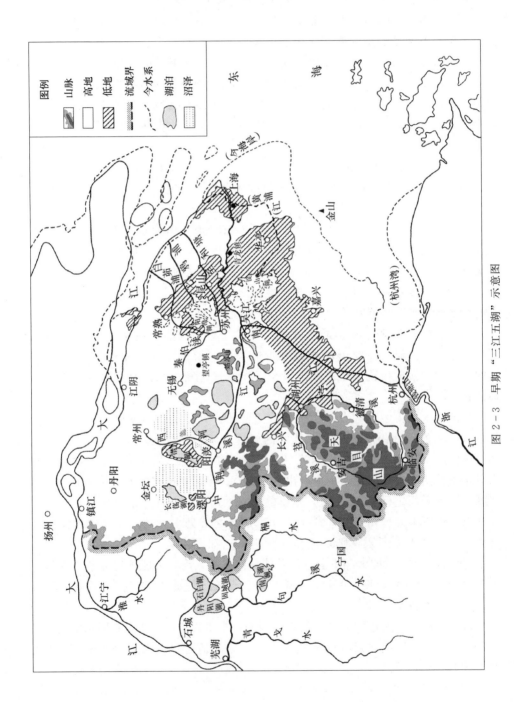

图 2-3　早期"三江五湖"示意图

　　西汉时期，太湖尚未形成，今太湖地表由湖泊群和沼泽组成，呈现一片湖泊、沼泽、河道相交错的景象[21]。早期研究认为，五湖是太湖平原的五个湖泊，范围大致位于《周礼·职方》中记载的太湖薮泽区，亦称"具区"❸："东南曰扬州，其山镇曰会稽。其泽薮曰具区，其川三江，其浸五湖。其利金锡竹箭，其民二男五女，其畜宜鸟兽，其谷宜稻。"[22] "具区"是一个广大薮泽的概念，指太湖尚未形成时期的平原或更广阔的范围，地表由湖泊群和沼泽组成。西汉司马迁著《史记》时有"上姑苏，望五湖"的记载，说明当时太湖地区还未形成整片太湖水域，仍处于分散湖泊的状态[23]。此外，《水经注》记载："南江又东北为长渎，历湖口。南江东注于具区，谓之五湖口，五湖谓长塘湖、太湖、射湖、贵湖、滆湖也"[13]。三江之中的南江注入"五湖"，此处提出了一种较为明确的关于"五湖"的认知。

　　后人对五湖的理解建立于太湖形成以后的环境，三国时期吴郡韦昭将后期太湖与以前的五湖混为一谈，"韦昭曰：五湖，今太湖也，《尚书》谓之震泽，《尔雅》以为具区，方圆五百里。"[13] 太湖与五湖合一的认识是吴郡当地的民间记忆认同五湖与后期太湖范围的趋同而产生的。但三国时期五湖的概念至少有三种不同的定义，据宋代《太平寰宇记》记载：

　　《三吴郡国志》云："太湖边有游湖、莫湖、胥湖、贡湖，就太湖为五湖。"又云："胥湖、蠡湖、洮湖、滆湖，就太湖为五也。"又云："天下如此者五。"虞仲翔《川渎记》云："太湖东通长州淞江水，南通乌程霅溪水，西通义兴荆溪水，北通晋陵滆湖水，东连嘉兴韭溪水，凡五道，谓之五湖。"（［宋］乐史撰，王文楚等点校：《太平寰宇记》卷之九十四，江南东道六，湖州，中华书局，2007年，第1883－1884页）

　　关于太湖的名称，《禹贡》称"震泽"，《尔雅》称"具区"，后人将具区、震泽、太湖混称，是因太湖形成后造成了概念混乱。《禹贡》提出的"震泽"之名概念较早，《广雅》作"振泽"，《尚书》有作"振泽"者[24]。震泽之震，即为振动。"振"为感潮波动之意，由于水流直达，无后期人工所筑海塘和众多的圩岸，感潮水流直达到整个太湖平原，在太湖平原的东部有最为明显的潮波，震泽区域感潮时的潮波形态最明显。六朝时期，太湖西部的荆溪一带甚至仍有感潮现象。

　　3. 汉晋时期现代太湖形成

　　五湖是太湖形成的基础，五湖的形成时期为6000年前，真正的统一水体形成的时间则更晚。有文献记载，"早期河道的西部与现代太湖入口河道相连，而东部与现代太湖湖湾区出口河道吻合一致"[10]，由此可见，不但晚更新世［距今

---

❸　此处"具区"所指为太湖薮泽区。

（126000±5000）年前～10000年前]的太湖区域不是全部的湖泊水面，全新世（11700年前至今）以来的大部分时期也以平原为主。

全新世以来太湖流域经历了四次相对温暖湿润的时期：第一次在距今6000～6500年前后，第二次是在距今3500～4000年前后，第三次大约是距今2000～2500年前后，平均温度比现在约高1.5～2℃，温暖期降雨量增大，河流泛滥频繁。太湖的形成大约在距今2000～2500年前后。湖底的黄土沉积物之上，发现战国时期的青铜器及古井等，均表明了湖泊形成的历史。第四次是唐宋时期，大约在距今1000年前后，此时水灾频繁，导致不少洼地积水成湖，如澄湖和阳澄湖即形成于此时期，阳澄湖原是战国时吴城旧址，在阳澄湖底仍可见有被淹没的田块和古井[10]。

环境变迁的证据表明，太湖初步形成于春秋到西汉末年的这一段时期。西汉时人口增长，太湖东部的开发阻挡太湖出水，河道泛滥，水面扩大，加快了汇成太湖的过程。排水通畅时则"震泽底定"；排水不畅时，湖泊扩张。浅地层剖面仪探测及钻孔资料表明，现代仪器所测定的黄土层分布的高度自西向东逐渐倾斜下降，西部洮湖、滆湖地区出露于地面之上，海拔高4～5米，至太湖湖区出露高程为1～2米，太湖以东的澄湖、淀山湖地区，出露高程为－3.5～－5米，上海地区则埋藏于地面以下25米。地势自西向东黄土层呈连续分布，直到东海陆架区。潮淤形成的堆积不断积累，河道抬高，逐步形成排水不畅的环境。史前河道形势不像现在的感潮这样严重，从太湖平原到上海一带的地势是顺势落差，越到后期，泥沙的堆积使这种落差变成逆势，外部冈身高，内部洼地与湖泊低，感潮时排水也更加困难，这都加剧了太湖的扩张。

东汉至魏晋南北朝时期，现代太湖的形态已经基本塑造完成，太湖扩展的重要标志是湖区东北五个岬湾湖面的形成。东晋南朝时期，太湖排水主干河道处于淤塞、萎缩之中，此时太湖地区经常洪水泛滥，导致太湖水域拓宽，岬湾水面随之扩大并纳入太湖，从而奠定了今日太湖的基本形态。

4. 宋代太湖的扩张

唐宋时期海平面上升、松江淤塞、东江淤废，共同导致了太湖的扩展与东太湖地区大量湖群的涌现。隋代以来随着江南运河的全线贯通，特别是唐元和五年（810年）苏州至平望"吴江塘路"的兴筑，塘路以东、冈身以西的东太湖地区成为一个对水体极其敏感的低洼平原地域。唐宋时期，东江、娄江先后埋废，太湖仅靠淤塞中的松江泄水，导致太湖水面再度扩展，因松江排水不畅，太湖下泄之水大量流入南北两翼的东江和娄江低地，促使东太湖地区湖群的大量涌现，当时东太湖地区水面总面积超过太湖，如北宋郏侨所言："震泽之大，才三万六千顷，而平江五县积水几四万顷。"[25]

北宋时期太湖湖面有所扩展，西太湖和太湖东南湖面扩展淹没了此前滨湖地带上的前人聚居点，太湖东北岬湾水面这一时期也有数里之扩展。据单锷《吴中水利书》中记载："熙宁八年（1075年），岁遇大旱，窃观震泽水退数里，清泉乡（今属江苏省宜兴市）湖干数里，而其地皆有昔日丘墓、街井、枯木之根在数里之间，信知昔为民田，今为太湖也。太湖即震泽也，以是推之，太湖宽广逾于昔时"[26]。东太湖地区大量湖群涌现，郏亶在《吴门水利书》中指出，东太湖地区的常熟（今属江苏省苏州市常熟市）、昆山（今属江苏省苏州市昆山市）、吴江（今属江苏省苏州市吴江区）、吴县（今属江苏省苏州市吴中区）、长洲（今属江苏省苏州市姑苏区）5县共有湖泊30余个，分为湖、溇、陂、淹四种类型。其中，东太湖北部大量湖荡的形成与唐宋时期娄江堙废、水体壅溢有密切的关系，东太湖松江以北的常熟、昆山、长洲地区的阳澄湖、武城湖、沙湖、巴城湖、黄天荡等湖为宋代积水而形成。郏亶《吴门水利书》中详细记载了这些被淹没成湖的地区："今苏州除太湖外，有常熟昆、承二湖，昆山阳城湖，长洲沙湖，是四湖自有定名，而其阔各不过十余里。其余若昆山之邪塘、大泗、黄渎、夷亭、高墟、巴城、雉城、武城、爨家、江家、柏家、鳗鲡诸溇，及常熟之市宅、碧宅、五衢、练塘诸村，长洲之长荡、黄天荡之类，皆积水不耕之田也，水深不过五尺，浅者可二三尺，其间尚有古岸隐见水中，俗谓之老岸，或有古之民家阶甃之遗址在焉，故其地或以城、或以家、或以宅为名，尝求其契券以验，云皆全税之田也，是皆古之良田，今废之矣。"

北宋末年，淀山湖、澄湖扩展成湖。东江杭州湾出口堵塞之后，沿程的低洼地因排水不畅形成许多新的湖泊，北宋后期松江淤塞严重，谷湖和马腾、玳瑁诸湖又因之扩展合并发展成为淀山湖。澄湖、九里湖、太史荡等成湖最迟不早于北宋末期。近年在澄湖围垦区湖底发现新石器时代至北宋的文化遗址，并在湖底古河道中发现宋井。

北宋太湖的扩展与吴江长堤修建和东向的积水难排有关。宋代太湖大扩张，侵占了大量陆地。北宋初的扩张延伸到太湖东部，使许多圩田也变成了湖沼之地。这次水面扩展，导致许多太湖以东地区的大圩变成湖泊[11]。《吴郡志》中的记载反映了这一情况："古者，人户各有田舍，在田圩之中浸以为家。欲其行舟之便，乃凿其圩岸以为小泾、小浜。即臣昨来所陈某家泾、某家浜之类是也。说者为浜者，安船沟也。泾浜既小，是岸不高，遂至坏却田圩，都为白水也。今昆山柏家溇水底之下，尚有民家阶甃之遗址，此古者民在圩中住居之旧迹也。今昆山富户，如陈、顾、辛、晏、陶、沈等，田舍皆在田围之中。每至大水之年，亦是外水高于田舍数尺。此今人在田圩中作田舍之验也。"[25]

南宋时期的太湖仍在扩展，吴江长桥一带淤塞成陆，其他地区扩展成湖区的面积更多。沿岸区许多居民因水淹而迁移，吴江的震泽之地开发成田，淹水后沦为湖区。东汉时期太湖形成，以后形成36000顷的水面，约合1600～1700

平方千米；宋时达到 2000 平方千米；民国时期旧地形图上测量的结果表明，面积已经超过 2428 平方千米。人们不断开垦太湖周边地区，湖泊沼泽的积水也只能排入太湖。吴淞江下游河道整治使大量的小湖泊消失，蓄水功能大量消失，不排之水只能汇水太湖，使湖面扩展，与此同时，大量的沼泽和小湖泊变为农田。当然，也有一些例外，淀山湖的变化类似太湖，也有一些平地变成湖泊，像甫里的陈湖（即"澄湖"，亦称"沉湖"）是因地陷或圩田受淹变为湖泊。澄湖的历史也只有 800 年左右[11]。圩田开发，湖泊减少，河道变窄，都会使太湖出水受限，进而促进太湖湖面扩展。

南宋以来太湖地区围垦速度加快，导致湖泊面积不断缩小，大湖分解为小湖，甚至导致有些湖泊的消亡。如淀山湖北宋扩展成湖时，东西 36 里，南北 18 里，周 250 里，湖中有山有寺，山在水中心；从南宋淳熙、绍熙年间开始，湖区北部筑成大堤，围占成田，又由于潮沙淤淀，淀山湖已处在萎缩之中；元初至元年间，湖中山寺便已沦入田中；明初淀山湖湮塞益甚，淀山虽入平陆，但距湖仅五六里，至景泰中，距湖已达十余里之遥，数十里宽的淀山湖，至此时不过一二十里而已。此外，北宋年间在东江故道上发育形成的来苏、喉鹤、永兴等湖泊，在南宋绍熙年间便已不详所在；昆山境内的江家、大泗、柏家、鳗鲡诸漾，在南宋后期也已被围垦成农田。尽管太湖以外的其他地区有大量湖泊消失的情况，由于许多水流在这种环境下可能更多地汇入太湖，所以，南宋时期的太湖范围仍然是相对稳定的[15]。

5. 明清时期东太湖的淤浅

唐代太湖东部吴淞江成为整个太湖的排水主干之后，由于太湖的入湖水主要来自西部和西南部的南溪水系和苕溪水系，历史时期的出湖水量主要通过东太湖入吴淞江排出，因此水流所携带的泥沙主要是在沿着湖泊南岸经东太湖排出的过程中堆积。如根据 1954 年的水文资料，太湖入湖泥沙 44 亿吨，95％以上是从南溪和苕溪注入，而出湖泥沙仅 10.5 亿吨，约有 30 亿吨泥沙堆积于湖中，其 65％以上是沿着这一吞吐流堆积带沉积。这些携带着泥沙的水体，在流经太湖南部沿岸向东太湖排出过程中，由于流速锐减，使大量泥沙沿湖南部的沿岸地带堆积，塑造出太湖南岸一条弧状的滨湖沉积带[27]，如图 2-4 所示。这一条沉积带沿太湖南部呈带状分布，如图 2-4 所示，即自苕溪入湖口的小梅口一带至东太湖，宽 5～7 千米，长 30～40 千米[28]。随着滨湖沉积地形的发育，太湖南岸平原区浅碟形洼地的地形特点逐渐形成。太湖沿岸的土壤为特殊的湖松土，这种土壤类型也主要由太湖的吞吐流沉积所形成。

清代太湖西岸的淤积出现了较快速度的增长，周边山区人口增长与土地开发引起的水土流失导致泥沙增加、淤积加强，在淤滩上围垦而成的湖田也出现了增长，并形成了与之相适应的水文生态环境。大缺口（图 2-5 和图 2-6）湖田

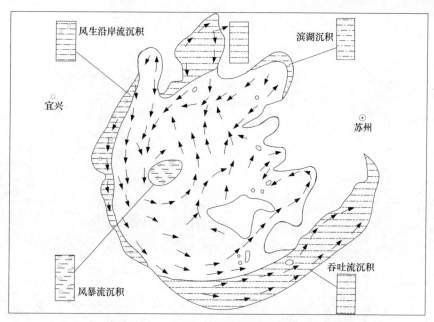

图 2-4　太湖湖流分布与沉积类型图[11]

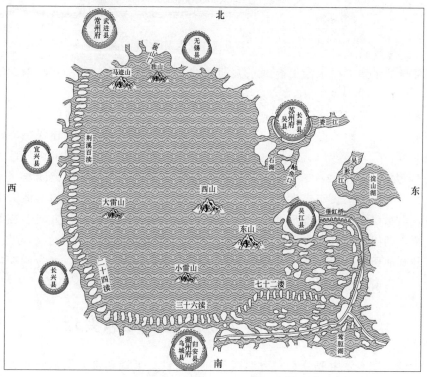

图 2-5　明崇祯年间太湖图[29]

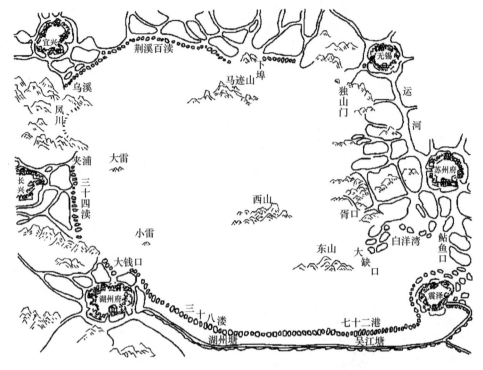

图 2-6　清乾隆年间太湖图[11]

的发育与扩张集中在水沙失衡的东太湖区域，这涉及大缺口的淤塞与东太湖的封闭。

东洞庭山岛在明清时期还未连成一体，原本武山、大村之间的大缺口是西太湖水进入东太湖的必经之路。至清中期尚未完全成陆的大缺口还保持着沙洲之间的黄茅门、长沙门、余门三条水道，自北太湖至东太湖的湖水可从此"走捷径"。大缺口（图 2-5 和图 2-6）的合拢促成了东太湖地区的封闭与风平浪静，大量的植被生长于东太湖地区，湖田加速形成。明代出太湖的河港大部分被淤，出水口集中到北部瓜泾口，东太湖内部沿东、北、西三个方向形成湖滩与湖田，湖田内部也在淤积发展的基础上形成了纵向交错的河网。

与其他历史时期相比，现代的太湖水位较高，除气候变化、人为调控等因素外，还与海岸线变迁、太湖出水河道淤塞等有关。

第二节　太湖入湖河道治理和变迁

太湖入湖水系主要分布在太湖西部和西南部。太湖西部入湖的河流长期以来经历了许多变化。早期的西部水系是中江水系，这一水系与现代的长江和诸湖泊有广泛的联系。太湖形成以后，中江水系仍然是入湖河流的主体部分。胥溪运河沟通了太湖与水阳江的联系，有利于两水系间的水量调剂，也有利于水运交通。同时又有五堰的修建使西水东注的水流趋势受到抑制。北宋以后，高堰圮毁，石臼、固城、丹阳诸湖水易东泄，汛期水阳江流域的洪水以及由长江倒灌进来的江水，以高屋建瓴之势，经胥溪奔流东泄，加重了苏、湖、常、秀洪水灾害。再到后期，东坝（今江苏省高淳市东坝镇境内）修建，太湖流域的西部水流才被稳定下来。在太湖南部东西苕溪的水流与太湖的关系也受人为治理活动的影响，从早期的运河到后期的进出太湖的诸溇港，都与水利治理有一定的关系。

一、荆溪水系

1. 水系变迁

荆溪发源于茅山山脉，沿途纳界岭山脉诸溪，于宜兴（今江苏省宜兴市）入太湖，沿程串联东氿、西氿和团氿三个小型湖泊，下游北与洮滆水系相连。荆溪干流全长 42 千米，宽窄不一，宽处可达 1 千米，窄处仅有 30～60 米，流域面积 2078 平方千米。北侧与洮湖、滆湖区诸河道以及武宜漕河相沟通，为太湖西部地区主要引灌、排洪河道，也是宜兴、溧阳（今江苏省溧阳市）间主要通航河道，故又称宜溧运河。荆溪水系自明代在胥溪河上筑东坝，隔绝了跨流域的丹阳、石臼和固城三湖来水之后，湖西区基本以南溪水系和洮滆水系为源。南溪水系源出苏、皖、浙三省交界处的界岭，汇溧阳、金坛（今江苏省常州市金坛区）和宜兴的铜官、横山、茗岭诸山来水，由南溪河东泄，经溧阳、宜兴的西氿、东氿至大浦港及附近诸港溇入太湖[5]。

明清时期，荆溪上游的胥溪运河控制太湖上游的来水。洪武二十五年（1392 年），官方疏浚胥溪河，建石闸启闭，此后苏浙漕米经东坝由石臼、秦淮入金陵（今江苏省南京市）；永乐元年（1403 年）因苏常水患，改筑土坝（上坝），但坝仍低薄，舟行可渡；正统六年（1441 年）江水冲决上坝，苏常一带水患严重；正德七年（1512 年）增筑土坝后江水不再东流；嘉靖三十五年（1556 年）沿海倭寇为患，商旅多由坝通过，沿坝居民在坝东十里增筑一坝，两坝之间的中河成为通航水道。此后两坝相隔，固城湖、石臼湖湖水不再东流。清道光二十九年（1849 年）江水大涨，高淳居民开掘东坝，太湖流域成巨浸。以后东坝又进行修筑，此次修筑之后，太湖上游的来水受到控制[30]。

南河是荆溪中游，古名溧水、濑水，在朱家桥垭溪河口上接胥河，东流，先后收纳来自茅山东南麓的上沛上兴、竹箦诸河和来自宜溧山地北麓的社渚、大溪和沙河诸支流，经南渡、溧城二镇，到溧阳、宜兴界上的渡济桥东入荆溪。南河是唐代杨行密漕运所经的河道。中华人民共和国成立后曾进行过多次拓浚，并在大溪和沙河上游分别兴建大溪、沙河两座水库。现在的南河干流全长 39 千米，宽 30～35 米，在溧城镇与丹金溧漕河相通，流域面积 108 平方千米，是溧阳市重要引、灌、排洪骨干河道，也是通航河道。过渡济桥以下为荆溪干流。水流横穿宜兴市中部，经徐舍镇，贯通西氿、团氿，再经宜城镇，贯穿东氿，然后分汊由大浦、汤渎、新渎等港口泄入太湖。主要支流有来自南侧宜溧山地北麓的屺溪河、张渚河等，屺溪河上游建有横山水库[31]。

荆溪水系下游于太湖西岸入湖，古人以荆溪居数郡下流，于其东北入湖口疏通沟渠，分泄下游水势，沟渠数量多，名"荆溪百渎"，又称"宜兴百渎"。《吴江水考》记载："昔人以荆溪居数郡下流，于太湖口疏为百派，以分其势，故名。县之东南七十五里为上渎，北六十里为下渎，又开横塘袤四十里以贯之。"明代伍余福称自长兴董塘港至百渎港北水溜港，共八十三条，各渎之间有两条横塘连贯，西北来水由横塘分下各渎入太湖。《吴中水利书》中称："宜兴所利，非止百渎，东有蠡河，横亘荆溪，东北透湛渎，东南接罨画溪（昔范蠡所凿，与宜兴西蠡运河皆以昔贤名呼为蠡河，遇大旱则浅淀，中旱则流通）。"

2. 胥溪运河

胥溪运河位于江苏宁镇地区茅山山脉南麓高淳境内，西经固城、石臼湖通长江，东接荆溪由江苏宜兴通太湖。胥溪是太湖地区专为运输开凿的第一条人工渠道，是我国历史上最早开凿的一条运河。近年的研究表明胥溪本为天然河道，后经人工改造为运河。胥溪运河开凿于春秋时期，吴王阖闾伐楚，采纳伍子胥的建议，在荆溪上游开河，东通太湖，西入长江，以利军运。后人为纪念伍子胥开河的功绩名"胥溪河"，沟通了太湖流域与青弋江、水阳江流域。吴国开凿胥溪运河之前，该处存在过规模较大的天然河流。朱诚等[32]认为胥溪为《禹贡》记载太湖三江之中江，胥溪中的分水岭为茅山南麓的坡积物在古代受多次洪水搬运作用造成古中江被埋塞的产物。胥溪运河是春秋以后至唐末以前，自芜湖通往太湖地区的季节性通航河道。胥溪运河开凿后，芜湖长江在高水位时超过上河及中河的河床高度，长江水即可漫流经宜兴入太湖。冬季低水位时，江水不能通过中河。唐末杨行密据宣州（今属安徽省宣城市），为了转运江浙漕米，因胥溪运河冬季水枯，于唐景福二年（893年）兴筑五堰以便蓄水转运船只，夏季涨水时则阻断江水东入太湖，具有一定的蓄泄作用。唐末天祐三年（906年），太平州、芜湖一带的商人由宣歙贩卖簰木东入两浙，因五堰阻碍，废去五堰，此后宣、歙、金陵水阳江的水源及夏季山洪都入荆溪，再入太湖。北宋宣和七年（1125年）又开胥溪银淋河，河流深畅，太湖为患，于是又在银淋堰（又名银林堰）故址稍南置分水堰，并在其东十八里作坝，为东坝，阻断胥溪运河。

现代的东坝镇（属今江苏省高淳市）以西，上河汛期水位一般为 8～9 米，最高达 12 米以上；下坝镇（属今江苏省高淳市）以东，下河水位一般为 5～6 米，最高可达 8 米以上，上、下河水位差 3～4 米左右。大水年份，水位差更大。胥溪运河开通以后，如无控制水流设施，汛期西水东泄，水流峻急；旱季溪水低落，运道浅涩，都不利于航运。古人针对胥溪运河这一水文特征，在今东坝镇一带的河段上设堰节制。光绪《高淳县志》称："五堰之作，固以防下流之沉沦，实以关蓄涵之水，为运饷计也。"五堰筑于何时不详，武同举《胥溪东坝考》推测"开河筑堰，皆始于春秋之吴"。从胥溪运河区的地形、水文特征来看，这个推测是不无道理的。《景定建康志》记载：五堰即银淋堰、分水堰、苦李堰、何家堰和余家堰。它们自西至东循序分布在今东坝稍西和下坝镇稍东约十五六里长的河段上。银淋堰约在今东坝镇西一二里处。1978 年东坝公社中心大队曾在该处河道中发现许多大块石，这可能是古代堰基的残迹。分水堰约在今东坝附近，李堰约在今五里亭处，何家堰约在今下坝地，余家堰约在今下坝以东三四里处。五堰的修筑，改善了运河水流湍急的状况，使水位差分散在各河段之间，形成一段一段比较平缓的河渠，船只通过挽拽，即可越堰而过；同时，在冬春枯水季节，因有堰埭分级蓄水，保持着一定的运河水深，载重二十吨的木船仍可顺利航行。由于五堰是保证胥溪正常通航的关键设施，所以历史上的胥溪又有"五堰"之称。

五堰的存在不利于木排的下行。"唐末，商人贩运籐木由宣歙以入两浙，因病五堰艰阻，遂给官废堰"，这是五堰受到破坏的最早记载。景福时（892—893 年）杨行密据宣州，为了转运太湖地区的粮食，命台濛修复五堰，节水拽舟。南唐（937—975 年）以后，河道淤浅，添置低堰十一道。堰低水浅，莫能航行。北宋中曾对胥溪故道稍加浚治，并在原余家堰和银淋堰旧址附近分别修筑东西两坝。然因坝低水浅，既不能控制西水东注，又不便于船只航行。《宋会要辑稿·食货八》记载，"江湖水涨，水尚窬堰而东"，春水泛滥，免通百斛轻舸，效益远不如从前。南宋初曾计划浚河复堰，并派张维等进行踏勘，结果"恐大江泛滥，无以御之。苏常受害。奏闻遂寝"。因此，胥溪运河长期处于放任自流的废弃状态。嘉庆年间的《溧阳县志·河渠志》记载："胥溪之棹无由一水西上。"当时由太湖地区去芜湖（今安徽省芜湖市），要在东坝（今下坝镇稍东）上岸，陆行十余里到银淋，再乘船航行百余里抵芜湖出大江，这种状况延续了数百年之久。

明初朱元璋建都金陵，苏、浙及皖南漕粮由北运大都（今北京）改为转运金陵。为了避长江风涛之险，于洪武二十五年（1392 年）深浚胥溪，并于宋分水堰旧址附近建石闸一座，启闭以通舟楫，命名为广通镇（今江苏省高淳市东坝镇）闸。闸厢长 10 米，单孔净宽 5 米，条石砌造，一道叠梁式闸板安置在闸厢正中 5 米处，板厚 20 厘米。同时在石臼湖北开凿胭脂河（今江苏省南京市溧水区天生桥河），通秦淮河上游。于是，太湖、水阳江和秦淮河三个流域沟通起来，苏南和浙江的漕船可由太湖航荆溪、溯胥溪、经固城、石臼二湖，东北入胭脂河，下秦淮河，直达金陵。皖南的漕粮亦可经水阳江、石臼湖，过胭脂河北运金陵。但这条以金陵为中心的运道为期甚短。朱棣迁都北京之后，苏、浙漕舟复由京口（今江苏省镇江市）渡江北运，胥溪运河遂失去其重要地位。永乐初，苏松水患严重，为减轻太湖地区的洪水压力，于 1403 年改闸为坝，因坝修建过于低薄，有时发生漏泄，勉强可以行舟。正统六年（1441 年）坝毁于水，重筑。正德七年（1512 年）又增筑坝身，高达三丈。明代筑东坝、下坝，将胥溪河改造成一个蓄水、越岭、梯阶航道。嘉靖三十五年（1556 年）复于坝东十里许，古何家堰旧址附近增筑一坝。前者俗称上坝，后者俗称下坝，两坝总称为东坝（当地百姓均称上坝为东坝），拦蓄河道上游来水，将越岭河段改建为保持恒定水位的蓄水库，静水通航[33]（图 2-7）。

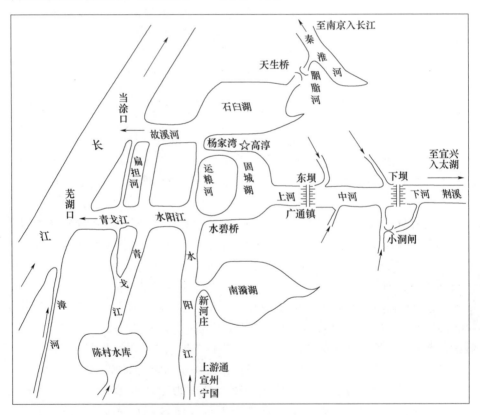

图 2-7　明代东坝工程示意图[33]

清道光二十九年（1849 年）长江中下游大水，宣城、当涂、高淳等县圩民掘开上、下两坝放水，洪流奔腾东泄，苏、湖、常、秀遂成巨浸，酿成百年罕见的特大水灾。当年冬重筑上、下两土坝，次年加筑石坝，至咸丰元年（1851 年）竣工，计用银一万八千余两。据实测，上坝长 38 米，高 11.19 米；下坝长 40 米，高 10.12 米，底宽 35 米。两坝均为重力式硬壳坝，均用 2 米长、0.5 米宽、20 厘米厚的花岗条石铺面，腹里用黄土沙、石灰、糯米汁椎筑。下坝顶平直如砥。上坝南北两端各有向内渐低的石阶四层，凹顶纵阔约八米多。大水年份，上河水位超过 11.19 米，即可从坝顶凹陷处滚流东泄。下坝西约 60 米的南岸，有分水堰闸一座，调节中河水位。从此胥溪运河为两石坝截为三段。往来苏皖间的船只经由此地，或起陆运，或盘坝而过，然因中河成为死水沟，极易淤湮，至中华人民共和国成立前，河床大部被辟成稻田，所留水槽狭窄如羊肠一线，曲折于稻畦之间。只有上、下两坝岿然存在，为下游太湖地区承担着防洪任务[5]。

东坝体系的稳定使太湖流域有了较为稳定的现代规模。太湖形成以后，南江逐步消失于东南水网之中，而中江长期向太湖供水，到东坝体系形成，太湖流域的规模便因此确立。明人归子顾言："《书》曰：三江既入，震泽底定。震泽即今之太湖。其广三万六千顷，纳受杭、嘉、湖、宣、歙、应天、苏、松、常、镇等郡溪涧之水，为三吴巨浸，而三江则钱塘、扬子、吴淞江也。自杭州筑长林堰，而太湖东南之水，不得入于钱塘。自常州筑五堰，而太湖西北之水，不得入于扬子。独吴淞一江当太湖下流，泄诸郡之汇水以注海[34]"。

由于胥溪的通塞对太湖流域和水阳江流域利害相悖，宋代以来，对于胥溪运河的利用问题有三种不同的处理意见。

（1）主张筑坝断流，减少太湖地区的来水负担。该主张代表人物有宋代的钱公辅、单锷、郏侨以及元代的潘应武等。他们从太湖防洪的角度出发，认为胥溪筑坝截阻西水东注，减少太湖西路来水的十之六七，利于解除太湖地区的洪涝威胁。就太湖防洪来说，不无道理。但是，筑坝后对上游防汛有不良后果。明韩邦宪指出，"以苏、常、湖、松诸郡所不能当之水，而独一高淳为之壑，甚至于洪涨而废田也决矣"。牺牲上游以保下游，不得已而为之。此外，太湖西部防洪与引水灌溉也需要协调。西部地区较高，远离长江和太湖，干旱年份水源短缺，可以利用胥溪引水补给灌溉水源。胥溪筑坝以后，水源被割断，在降水稀少时，水源告竭，加重了干旱威胁[5]。

（2）主张开坝通流。该主张代表人物有明代的归有光、韩邦宪和清代的陈悦旦等。其中，归有光主张疏通吴淞江，扩大排水出路，反对截阻上游，减少来水。该主张注意到水源的调节运用问题，主张利用胥溪运河引输灌溉，以收水利，但是完全否认节制西水东注的必要，则失之偏颇。水阳江流域面积广，水量大，汛期又有江水倒灌，如不加控制，则西水浩荡直泄太湖。

（3）主张改坝为闸。提此建议者有清代徐喈凤、章骥等人。他们主张顺水之性，避害趋利，仿效明代洪武筑闸的办法，解决通航、防洪和灌溉的矛盾。徐氏建议改上、下两坝为闸。"当水涨时，上下二闸加板以障其水，平时则撤板以便舟行。至旱则远引江水，使趋荆溪，以济嘆干"。改坝为闸，有利于通航，有利于下游引水抗旱，也可以节制洪流东注。这体现了防害与兴利相结合的精神，比前两种见解发展了一步。不足之处是忽视了上游水阳江流域的统筹共利问题[5]。

　　中华人民共和国成立后开始了改造胥溪运河的新时期。1958年浚治了胥溪河道，撤除了上坝，在下坝镇西约0.9千米处建了拦河土坝，于土坝西、中河北面新开茅东引河一道，建节制闸一座，有控制地引水至下坝以西，补给南河水量，供太湖西部高亢平原灌溉之用，在中河南北各建抽水站，引水浇灌南北丘陵地区。1990年，建成胥溪下坝船闸，既可通航也可挡水，原有堵坝均予拆除。这些工程的陆续兴建，重新沟通力太湖流域和水阳江流域，也初步打开了胥溪水利发展的新局面[12]。

二、洮滆水系

　　洮滆水系位于湖西区中部，以洮湖、滆湖为中心，居江南运河以南和南河水系以北，是由山区河流和平原河道组成的河网，上纳西部茅山诸溪，下经东西向河道入太湖，同时又以南北向河道与沿江水系相通，形成东西逢源、南北交汇的网络状水系。洮滆水系多年平均入湖水量约占太湖上游来水总量的25%。东西向主干河道有武进的夏溪河、湟里河、武宜交界的北干河和宜兴的中干河，南北向主干河道有孟津河，连接了荆溪、洮滆湖群、运河和长江水系[35]。出水部分由宜兴百渎诸溇港分散注入太湖，部分向东北入江。洮滆古水系如图2-8所示。

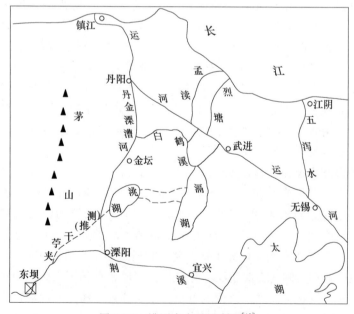

图2-8　洮滆古水系示意图[42]

　　洮湖，又称长荡湖，水源主要来自西部茅山山地，东向滆湖排水。有文献记载清代洮湖"东西二十里，南北三十五里"，1950年初水面积97平方千米，20世纪70年代曾大规模围湖造田，水面锐减，后经退田还湖水面积恢复到85.8平方千米。

　　滆湖是洮滆水系库容最大的调节湖泊，西接洮湖，据传为滆家所居，后陷成湖。《吴中水利全书》中称："滆湖，一名西滆沙子湖，在府城西南三十五里，东接太湖，西通芜湖、武进与宜兴二县中分为界，郭璞《江赋》云具区洮滆是也。《图经》云昔有滆姓者居此，携龙卵归地，遂陷成湖因名。"至清代，滆湖"东西阔三十五里，南北百里"[36]。1960年前后滆湖水面面积187平方千米[37]，20世纪70年代曾大规模围垦，后经退垦还湖，水面面积恢复到157平方千米。

　　历史上两湖之间有众多河渠沟通，现有北干河、中干河、南干河等河流，水流方向从洮湖流向滆湖。滆湖北承江南运河，东连太湖，西有湟里河、北干河、中干河承接洮湖来水，东有太滆运河等入太湖，东西岸分别有武宜运河和孟津河环绕湖区。北部历史上主要通过大吴、塘口、高梅、白鱼湾四渎与白鹤溪等河道入运河。据北宋时期单锷在宜兴的实地考察："近又访得宜兴西滆湖有二渎，一名白鱼湾，一名大吴渎，泄滆湖之水入运河，由运河入一十四处斗门下江。其二渎在塘口渎之南。又有一渎名高梅渎，亦泄滆湖之水入运河，由运河入斗门，在吴渎之南。"[26]滆湖入运河河道位置从北到南依次是塘口渎、白鱼湾、大吴渎、高梅渎，明末塘口、白鱼二渎仍然存在[38]。白鹤溪亦名鹤溪河、荆溪，西起丹阳，东南至垂虹口入滆湖，因东汉时丁令威在此化仙鹤升天的传说而得名。咸淳《毗陵志》载："白鹤溪，在（武进）县西南二十里，入滆湖，接丹阳桂仙乡"[39]。此河一直存在至今，现为扁担河的一部分，是武进西部贯通运河、滆湖主要干河之一[40]。

　　丹金溧漕河为沟通运河、洮湖与荆溪的河道，北起丹阳横塘七里桥京杭运河口，南跨金坛、溧阳各县，连接沿江、洮滆和南河三大水系，是江南运河重要的支流之一，可从北面引长江水，也可向北排水入江南运河。丹金溧漕河可能形成于南朝刘宋时期，隋大业年间（605—618年），隋炀帝在拓浚江南运河的同时，对这条运河支线也加疏浚。宋明时期都曾浚治该河。清雍正十二年（1734年）疏浚丹金溧漕河后，大小漕艘可由丹阳直达金坛城下，该河成为苏南地区仅次于京杭运河的重要漕运干线之一。经过乾隆、光绪年间的疏浚，到民国期间，该河仍有常水深2.4米、河面宽12米的良好航运条件，是金坛、溧阳等县北上宁（今江苏省南京市）、镇，南下苏、常最便捷的水上通道。经过1950年以来的多次疏浚与拓宽建设，现该河全长69千米，通航水位最高7米，最低2.61米，常水位水面宽33～41米[41]。

三、武澄锡水系

武澄锡一带地势低平，西与洮滆水系相接，受湖西沿江高平原来水威胁，又受太湖高水位顶托，防洪排涝比较困难。低洼圩区主要分布在武澄锡低片，锡澄运河、西横河和江南运河之间的三角形地带是圩区集中分布的区域。这一带历史时期的水系变化与芙蓉圩的围垦与开发直接相关。芙蓉圩之地原系古芙蓉湖，在今江苏无锡、武进、江阴之间，又名无锡湖、射贵湖，亦作上湖、三山湖，最早见于东汉袁康《越绝书》的记载："无锡，周万五千顷，其一千三顷，毗陵上湖也，去县五十里。"唐代陆羽作《惠山记》亦称："东北九里有上湖，一名射贵湖，一名芙蓉湖，南控长洲，东洞江阴，北掩晋陵，周围一万五千三百顷。苍苍渺渺，迫于轩户。"其具体范围据清人推测："南北不下七八十里，东西亦四五十里。"[43] 汉制百亩为顷，1 亩相当于今 0.69156 亩，据此推算，其面积为 105.12 万亩，为古代太湖流域的第二大湖[44]。芙蓉圩的外河水在江湖水位低落时北流入江，"围以外皆水环之，东面接纲头河，直东由惠济桥引江潮，迤北至郑六桥通常城北关，南面为太湖来路，可达锡山西面，比连横山、崔桥两镇，即三山港，北通石堰，南迤横山，可达运渎"[45]。

此区围垦的过程即治理水系河道的过程。春秋时期此处已有河流水系的治理。《越绝书》记载："无锡湖者，春申君治以为陂，凿语昭渎以东到大田，田名胥卑，凿胥卑下以南注大湖，以泄西野，去县三十五里。"[46] 东晋立国江南，继续进行这一带的水利开发，导水入太湖："张闿尝泄芙蓉湖水，令入五泻，注于具区，欲以为田。"[47] 到北宋绍圣中，毛渐开河导芙蓉湖水入长江，乾道六年，筑五泻堰上下闸，使湖水南入太湖，北入长江。沼泽地排水条件改善使大规模的围垦具备了前提，因此南宋咸淳年间史能之修《毗陵志》时已称："（芙蓉湖）岁从湮废，今多成圩矣。"明宣德年间，周忱"开江阴黄田诸港以泄下流"，于是"湖之浅处皆露，筑堤成圩"，终于完成了芙蓉湖的围垦。以后屡经治理，至清乾隆年间，"大围内诸小圩，皆规方起筑，周九千零九十七丈有奇，其中无锡大围岸包小圩一百，武进大围岸包小圩二百"[48]。芙蓉圩的面积由于没有精确测量，因此历来说法不一。民国时期推广机电灌溉，因此也进行了调查，发现"全圩面积与水道合计约六万五千余亩，当四十平方公里，水道约占全圩四分之一，低田不麦之区约占全圩二分之一，稻麦两熟之良田约占全圩四分之一"[49]。1982 年武进县（今江苏省常州市武进区）土地资料调查：芙蓉圩总面积 57195 亩，其中耕地 40014 亩[40]。

四、苕溪水系

浙西入湖主要水系为合溪、西苕溪与东苕溪水系。东、西苕溪上游是太湖洪水的主要来源地，该区洪水主要排向太湖，经苕溪尾闾和长兴平原入湖河道入湖，其余部分排向杭嘉湖平原。东、西苕溪分别发源于天目山南麓与北麓，自西南天目山区流向东北的平原区，而后注入太湖。天目山山南溪水从于潜经临安市分南、北、中三支下泄，在杭县瓶窑镇（今浙江省杭州市余杭区瓶窑镇）附近汇合以后，称为东苕溪。东苕溪向东北流至德清（今浙江省湖州市德清县）城南，有前溪来汇，至虹桥口，分出一支向东流经三里塘及乌山港等河向湖州分泄，从虹桥口向北，干流两岸港汊极多，西岸有埭溪诸水东北经各港来汇，东岸则有溇村、茅山、吴兴塘河等港分泄东流入杭嘉运河，或东北流经頔塘分注太湖；正干则向北流经菱湖、荻港、钱山漾、碧浪湖等地分由湖州市河及頔塘经各溇港注入太湖，或者由頔塘向东泄入江苏省苏州市吴江区平望镇的莺脰湖。江南运河杭州—嘉兴段是人工开挖的河道，起自杭州拱宸桥，受西湖、西溪及余杭塘河诸水，北流至武林桥，折向东流至崇德（今浙江省桐乡市），再向北流到石湾镇（今属浙江省桐乡市），折向东北流至嘉兴县城（今浙江省嘉兴市），再折北经王江泾到江苏吴江平望，沿途有东苕溪东泄各港汇入。

1. 西苕溪的治理及演变过程

西苕溪上段称西溪，又称西路港，河段长53千米，比降4.8‰，集水面积419平方千米。发源于天目山北麓浙江省湖州市安吉县大沿坑，西北流至蟠溪村，东北流至杭垓镇，北流至和村进入赋石水库，出水库流至㠛山与南溪汇合后称西苕溪。西苕溪自㠛山经塘浦右纳大溪、浒溪，经安城东北流至梅溪镇，左纳浑泥港，续东北流至小溪口后，东流经脊仓桥至雪水桥。西苕溪下段原分三支，北支经庞儿港、机坊港入太湖；南支经老龙溪港，至湖州城西又分两支：一支经环城河至湖州城东毗山附近与东苕溪会合，另一支经横渚塘港入頔塘。后为减少西苕溪入侵杭嘉湖东部平原洪水，1957年冬兴修西苕溪分流入湖工程，开新开河，浚长兜港，拓浚机坊东港，造湖州城南、城北大闸，使西苕溪洪水主要由机坊港、长兜港入太湖。20世纪90年代庞儿港拓浚后，成为西苕溪主流河道，西苕溪主流由庞儿港经长兜港入太湖。西苕溪河段自㠛山至白雀塘桥长86千米，平均比降0.3‰，区间集水面积（含南溪）1848平方千米[12]。

据研究，中更新世晚期开始发育的西苕溪古河道下游河道出现在长兴城区一带，长兴平原的虹星桥—塘口一带分布着西苕溪下游的古河道（图2-9）。全新世早期，西苕溪下游古河道才进入湖州平原[50]。据《永乐大典》中湖州府图显示，明初西苕溪干流水道已形成东入湖州的格局，明代西苕溪在长兴平原西部接纳泗安溪水东入湖州城，"分西北一支与荆溪接，一支又为龙溪，北行入归安县（今属浙江省湖州市）入凡常湖，潘店水、栖贤水皆来合，又过鼋画溪，又泗安塘诸水皆来注之，汇而仍为西溪，北过钓鱼台而分者三，其一经小梅湖入太湖，其中一过郡城东北入江子汇，其南一过定安与岘山漾，南来水会亦入江子汇，是为雪溪"[51]。与长兴地区则通过长兴塘联系。现代太湖流域治理工程实施后，经拓浚的长兜港已成为苕溪水系入湖主河道。长兜港自白雀塘桥至长兜口6.4千米河道已成为苕溪河段。机坊港为苕溪河段的分汊河道。

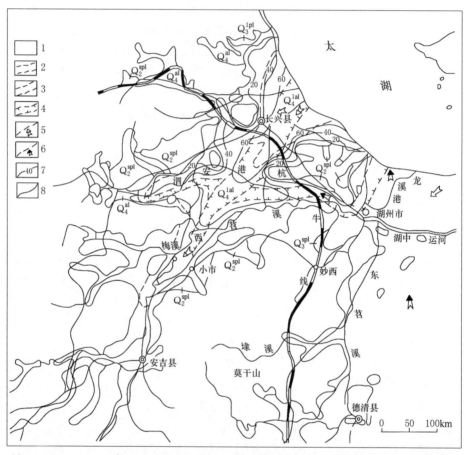

Q_4^{1al}—全新统冲湖积物；Q_4^{al}—全新统冲积物；Q_3^{1pl}—上更新统洪积物；Q_3^{spl}—上更新统坡洪积物；Q_2^{spl}—中更新统坡洪积物；1—基岩；2—中更新世古河道；3—晚更新世早中期古河道；4—全新世早期古河道；5—晚更新世晚期海侵边界及海侵方向；6—全新世早期海侵边界及海侵方向；7—第四系等厚线；8—地质界线

图2-9　西苕溪古河道[50]

西苕溪下游入湖处有三十六港。沿太湖有横塘，"南至蔡浦接乌程、吴兴之小梅港，西至夹浦为（纳）水口镇来源，贯于三十六溇港之端，顺流而下导于太湖"[52]。夹浦以北的几条小港为山涧出水的短港，不与横塘沟通，地势也较高，专供排水，明初夹浦也不与横塘联系，以后才接通。"长兴港渎大抵径直东入太湖较近，与乌程各溇形势迥不相同"[53]。

2. 东苕溪的治理及演变过程

东苕溪发源于浙江省临安市（今浙江省杭州市临安区）东天目山水竹坞，南流经里畈水库，至桥东村，与天目山南部诸溪聚汇后，东流经临安市城区，而后进入青山水库，出水库东流至余杭市（今浙江省杭州市余杭区）余杭镇，此段长 63 千米，集水面积 720 平方千米，称为"南苕溪"。余杭镇以下河段称"东苕溪"，北流至汤湾渡左汇中苕溪，至瓶窑左汇北苕溪，自瓶窑东北流折北至德清县城关镇左纳余英溪；德清以下汊港纵横，与湖漾相通，水流分散，主河道原经菱湖、和孚漾、钱山漾，在湖州市城区毗山附近与西苕溪汇合，经大钱口入太湖。东苕溪河道是由本地历代居民为开发平原区，渐次筑堤拦截西来山水，并由南往北穿凿原有溪河引水灌溉而成。

东苕溪古河道在 5000 年以前经历了由入海河流向入湖河流的演变（图 2-10）。东苕溪古河道原经临安、余杭出杭州东郊注入杭州湾，后由于杭州湾的形成，余杭以东的海积平原不断淤高，导致苕溪改道北上，穿越半山、大观山之间洼地，注入太湖。4500 年前左右，东苕溪在仓前镇附近第二次改道，紧贴大观山北流，经良渚、獐山继续向北，独立注入太湖南岸沼泽地。4000 年前，东苕溪第三次改道，从余杭附近北折，经瓶窑、安溪至獐山，北流经德清、湖州，河道逐渐向北延伸入太湖[54]。

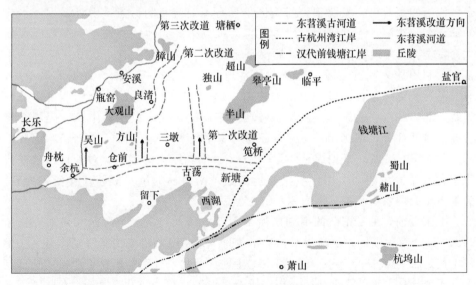

图 2-10　东苕溪古河道变迁示意图[55]

天目山区岭高水急，山洪汹涌。汉代在东苕溪古河道以西筑西险大塘，汉代和唐朝在东苕溪的余杭和瓶窑两地先后修建了南湖和北湖两座蓄水面积均在万亩以上的平原水库，遇洪可以降低山洪下冲，缓解堤防压力，减轻水患，遇旱可以蓄水备用。唐宋时期东苕溪北流至德清县乾元镇后，东流经半潭漾，出半潭漾后，东北流经舍渭，北流进入苎溪漾，出苎溪漾北流至菱湖镇，又北流进和孚漾，出和孚漾后西北流，在湖州西南与西苕溪及苎溪汇合成苕溪，东北流入大钱口入太湖。

明清时期，东、西苕溪汇流于安定门内江子汇，东北流至大钱口注入太湖。明代初年苕溪水已主要由东苕溪、西苕溪两水来汇。清代东苕溪水系如图 2-11 所示。据《太湖源流篇》记载，东苕溪自乾元南分三脉，自东向西依次为东塘河、西塘河及东苕溪主干。东苕溪主干北流经瓜山、南庄、砂村，又东北流至钱山漾；西塘河从乾元镇东北流至葛山后，西北流经洛舍镇，又东北流至东村镇，北流至钱山漾；东塘河即唐宋时期东苕溪河道。此后东苕溪主河道又改迁至东部乾元镇至苎溪漾、钟管镇、菱湖镇、和孚漾的主河道，这一条较为固定的河道古称龙溪。1958 年冬，为导引东苕溪洪水入湖，减少东侵平原水量，兴建东苕溪导流工程，东苕溪从德清城南改为向北，拓浚西山塘河后，经洛舍、菁山至湖州市城西，经环城河、长兜港入太湖[55]。

3. 南湖的兴建及演变过程

南湖位于浙江省杭州市余杭区南，主要作用是调蓄山洪，同时兼收灌溉之利。余杭西、南、北三面层峦叠嶂环绕，地势高峻，东南较为开阔平衍。流经余杭区南的南苕溪，发源于天目山区，具有源短流急的特点，山洪暴发，水势汹涌，奔突东泻，泛滥成灾，严重危害余杭以下广大地区的农业生产和居民的生命安全。为了改变这一局面，后汉熹平二年（173 年），在余杭县令陈浑的主持下，利用县南凤凰山麓一片开阔的谷地，自西至东折而南，直抵下凤山脚，修筑弧形长堤一道，围成一个蓄水陂湖，"以拦蓄苕溪洪水"。湖的西南界是山麓线，北界和东界为湖堤。由于地势西南略高于东北，故于湖中筑一隔堤，将全湖分做两部分，西为上湖，东为下湖，总称南湖。宋咸淳《余杭志》记载上湖周长 32 里 28 步，下湖周长 34 里 181 步。南湖巨大的容积，对天目山的溪流来水起着滞蓄和调节作用，不仅初步解除了南苕溪的洪水威胁，并变害为利，为湖下千余顷农田解决了灌溉用水[5]。

北宋以前，见于记载的南湖修治工程仅有两次：一次是南朝宋元嘉十三年（436 年），南湖堤坏，洪流迅激，势不可量，余杭令刘道锡主持修复；另一次整修工程是唐宝历（825—827 年）归珧主持进行。北宋时南湖建立了严格的管理制度，规定县令主簿以管干塘岸入衔，任满无损者有赏，并设置塘长，专职管理工程养护。北宋中叶以前，基本上坚持着一年一度的岁修制度，做到随淤随浚，随坏随修。庆历（1041—1048 年）以后，养护管理制度松弛，至北宋末，溪湖皆高，堤堰俱圮，湖内淤滩多为豪强侵垦成田，蓄水减少，调蓄功能大大削弱。宣和四年（1122 年），曾全面修治南湖，不久又废，成为南宋政府牧马的场所[5]。

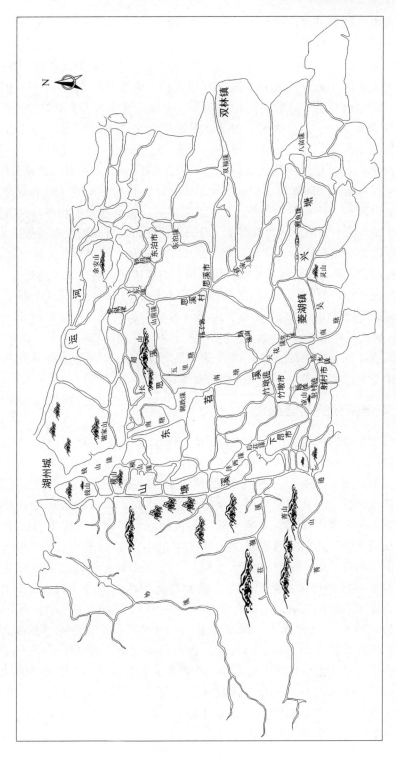

图 2-11　清代东苕溪水系示意图[56]

元明以来，随着天目山区植被日渐遭到破坏，水土流失加剧，南湖淤积亦趋严重。豪强地主乘机侵湖为田，致使湖面日渐缩小。弘治（1488—1505 年）、正德（1506—1521 年）年间，曾三令五申禁止围湖垦殖，并多次掘毁围埝，退田还湖，但不能阻止豪强的侵垦，围垦有增无已。到嘉靖后期，上湖已为民间占据无余，下湖也只剩下三分之二的湖面了。万历三十六年（1608 年）夏，杭郡（今浙江省杭州市）连日大雨，由于南湖湮废，失去调蓄作用，天目山区的洪水从余杭建瓴而下，漂没庐舍、田畴以万万计，酿成百年未有的大灾。第二年，重筑南湖工程，但这次修治的只是下湖，上湖因全部被垦成田，没有恢复。当时曾竖界石 8 座，明确划定了湖址界限，规定以三官庙为东界，东岳庙为东南界，鳝鱼港为西界，石凉亭为北界，下凤山为南界，三贤祠为东北界，石门桥为西北界，荒荡（原上湖旧址）为西南界。湖的东北两面筑有湖堤，南面依山为堤，西面因原上湖地势高阜，不设塘堤。湖中筑十字形长堤，将全湖分为 4 区。湖堤上栽桑万株固堤，并且还设置了专职管理人员。明末清初，对南湖水利颇为重视，修治的次数也不少，但因盲目垦山恶性发展，溪流挟持入湖的泥沙越来越多，下南湖终于在旋浚旋淤中迅速趋于萎缩。由于自然淤积和豪强地主滥事占垦，湖身渐趋浅狭，调蓄功能日益衰退。到清道光咸丰年间（1821—1861 年）下南湖已淤积成陆，失去了调蓄山洪的意义。1949 年以后，南湖工程经过全面整治，继续发挥着拦洪蓄枯的积极作用[5]。古南湖示意图如图 2-12 所示。

五、太湖南部的横塘纵溇

太湖南岸淤高的沉积带上开挖有众多的小沟渠，雨季嘉湖平原产生的部分洪涝水可以通过这些沟渠排入太湖，干旱年份也可通过这些沟渠从太湖引水灌溉。这些沟渠被称为"溇"。这些小渠道整体上可以视为太湖人工的向心状水系，它们的水流方向不定，随太湖水位的涨落而改变，是嘉湖平原北向太湖的引排水断面。平原区中通过筑东西向横塘与溇相配合排水，形成太湖南岸一种独特的"横塘纵溇"式的水利格局（图 2-13）。

太湖南部的溇港始于东晋和南朝宋（317—479 年），是东西苕溪和长兴山洪宣泄入湖的通道，也是杭嘉湖平原与太湖相沟通的纽带。洪涝时向太湖排水，干旱时从太湖引水，兼收航运交通之便。在太湖南沿、頔塘以北之间，还开有北塘河和中塘河两条东西向横塘，以连接上、下游河道，沟通平原水网和溇港，调节水流。宋代以后太湖南部多修筑为东西走向的横塘。横塘于低洼平原中距离太湖沿岸沉积带不远的地方筑起，雨季中横塘一侧拦壅天目山区所来的水流，大部分水流沿横塘向东排入太湖东部吴江附近及淀泖湖群再通过吴淞、黄浦入海，一部分水流则从沿塘间断的水口河港分流，达北部沿太湖的溇港，排入太湖。横塘所起的导水作用尤为关键。

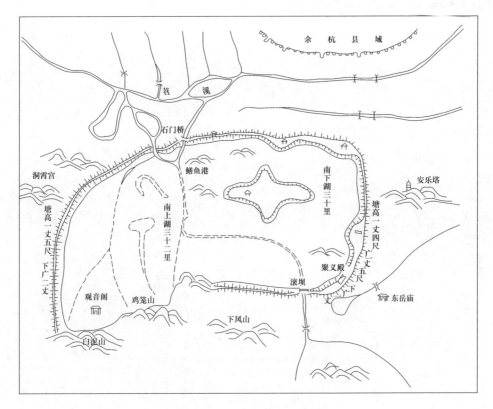

图 2-12　古南湖示意图[57]

　　荻塘是平原区最重要的一条塘，一名"东塘河"。西起湖州，东抵南浔，始
筑于晋，以其地多芦荻，取名荻塘。唐贞元时于頔重筑后，又称頔塘。頔塘接纳
西部山溪水流，东与浔溪相会，頔塘沿岸还有大量的小湖泊停潴水流。涝水在湖
州平原的凹形盆地中回流，沿中部荻塘周边山体或低地汇集，形成集水区。頔塘
至太湖溇港区是河网型水网，其主干呈平行状。事实上，頔塘历来就承担着防洪
和灌溉的双重作用，为塘北沿湖滩地的开发利用创造着条件：雨时山洪暴发，
塘堤障流御洪，分疏诸溇泄入太湖；旱时塘河蓄水，灌溉溇港间的农田。

　　南宋时期太湖南岸平原区水系逐渐网格化，北部太湖沿岸溇港与北横塘相
连，中部是頔塘运河，南部是南塘河，发源于西部山区的东西苕溪使诸运河南北
贯通，水网之间是沼泽以及日益发育的农田[59]。太湖南部的平原区中，湖州—
南浔一线为地质拗陷带，太湖南部的頔塘运河即位于这一拗陷带中。宋初开挖这
条运河时，应对平原区中的地质、地理背景进行过考察。据《嘉泰吴兴志》的
记载，南宋时的頔塘是平行于太湖湖岸修筑的东西向塘路。塘路位于頔塘运河北
岸，拦挡平原区水流，使水流汇于平原天然的低洼地带中。历史时期頔塘运河没

41

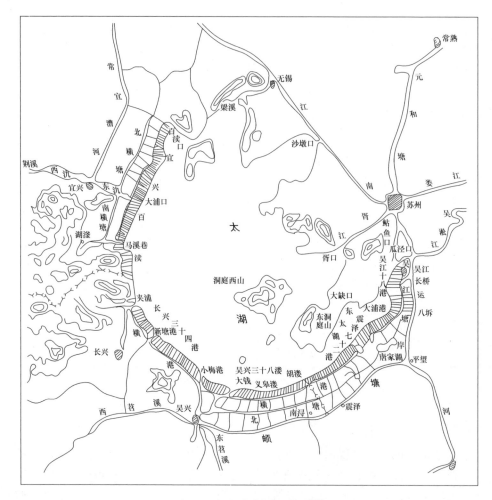

图 2-13 太湖溇港示意图[58]

有建过堰闸设施，天然的地理条件使得颐塘运河一直能维持深、广的航运条件，一直到今天，颐塘运河仍是太湖流域一条黄金水道[60]。

太湖南岸的高地至嘉湖平原京杭运河以南的高地，这一片地势较低的湖州平原区，其水网以颐塘运河为中心发育。3—6世纪湖州地区以塘路修建为主要手段，对原有的沼泽地环境进行了大幅度的改造。宋元时期颐塘及其周边至太湖溇港区水系发育。苕溪水流在嘉湖平原中沿三条运河线路，分三路，呈西南向东北的流向，在嘉兴北部平望一带交汇。宋元时期颐塘运河的分水功能最为重要：其一是在德清以下汇埭溪等溪流经吴兴塘河、澜溪塘等，分泄江南运河吴江东部湖群和淀泖湖群；其二是东北流经菱湖、荻港、钱山漾，从颐塘或湖州城经各溇入太湖；其三是由颐塘运河向东入平望的莺脰湖。颐塘的修建依托了湖州平原上的小散丘，如昆山、乌山、戴山、长超山、昇山等小山，东部达平望与吴江运河相接。

宋代官方通过撩浅军制度介入整个太湖东部、南部地区的水利治理。就太湖南部地区而言，通过筑塘、深挖溇港，可以将大部分东西苕溪的水流导流排入太湖，这样进入太湖以东平原区的水流相对较少，元任仁发《水利集》言："湖州既放通流，应急防运河走泄。"明初《永乐大典》湖州府图中，顿塘以北已有中横港与下横港，其中下横港是靠近溇港区的东西向水流通道，与溇港贯通，为向东部地区快速泄水而开挖[61]。据《太湖备考》："自大钱以东诸溇港之上流，皆从荻塘（荻塘即运河在乌程界者，从城外八里店起，至南浔止。）来。荻塘之水，初不直下溇港。距溇港四五里或二三里，又有横河一道，自西而东，屈曲以贯溇港之端。上承荻塘诸桥港北下之水，分入诸溇港以下太湖。此横河西自大钱港来，东至北张官桥；稍南，又东至陆家湾，而乌程之境尽，再东入江南震泽界矣。"[62]

第三节　太湖出湖河道治理和变迁

早期的太湖出水口位于现吴江一带，当时是一片广大的水面。运河长期处于一种水域中的孤立单堤状态。因早期的吴江口，水流通畅。宋以前运堤崩溃，对吴江和嘉湖地形影响较小。太湖出水环境在宋代变化较大，北宋庆历年间，在排水主干吴淞江上游筑成吴江长堤与长桥，原为漫流状态的宽达五六十里的太湖出水口被阻断[63]，太湖出水水流受阻、流速减缓，吴江地区逐渐形成陆淤。南宋时官方在吴江设置水军，治理千桥与长堤，疏通相关水脉，后期水路逐渐封闭，水网淤塞。而吴江陆淤以后，作为一个整体水域的吴淞江出水口已经不存在，在东太湖淤积以后，新形成的太湖出水口是北移瓜泾口的吴淞江江口。太湖下游东北部水系以常熟为中心，自低处向东部冈身高处排水，其水系大致经历以娄江为主排水、常熟二十四浦为主排水、浏河和白茆等为主排水的几个阶段。宋元时期，由于吴淞江不断淤塞等原因，黄浦江逐步发育成为太湖东部排水的主要干道之一。

一、太湖出水口的变窄与吴江陆淤

1. 吴江陆淤

唐宋时期，吴江地区是太湖三江地区的咽喉，那时人们所称的"松江"，即指吴江一带。宋代以前，吴江地区是一片广大的水域，大运河是单堤形式，单堤存在于吴江与嘉湖平原上，当时的运河是土坝，经常坍塌，对水流的阻隔作用较小，太湖水与东部平原基本上处于一体化状态。运河与长桥形成后，对吴淞江上游的太湖出水水流形成了横截作用，必使水流流速减缓，形成落淤，淤积变化推动了一个新区域的产生，这就是北起吴江、南至嘉湖东北部的碟形洼地区。宋代以后，长堤隔离了太湖与东部浅水地带，吴江区域逐步落淤基础上堆叠形成圩田与圩岸。人们在水中筑堤，沿堤开圩埂，形成了圩田与河道的网络。张国维在《吴中水利全书》中对这一过程进行了描述："吴江四境皆湖泽，分流百派，交横杂出，虽一望平畴，无延袤二三里之燥土，真水面浮丘也。乡村烟火非舟楫不通。自古无挽路，至宋庆历后，始相继为官塘、土塘、荻塘，以济邮传。"[38]

宋代太湖水位与运河东部有一二尺的落差，这种落差是当时湖堤阻水的一个明显证据，水流变缓，落淤形成，落淤后水流进一步减缓。堤东落淤发展，运河以东地势渐高，水位落差减小，形成大量湖田。太湖周边河流的泥沙在北宋时已经增多，单锷建议将部分长堤再改为千桥，加大过水面积，"今欲泄三州之水，先开江尾去其泥沙菱芦，迁沙上之民；次疏吴江岸为千桥，次置常州运河一十四处之斗门、石碶、堤防，管水入江。次开导临江湖海诸县一切港渎，及开通茜泾，水既泄矣，方诱民以筑田围"[64]。但他的提议没有得到落实，现实依然是长堤外水流缓和、淤涨增加。

随着落淤发展、地势抬高和圩田形成，农业水平也随之提升。宋代吴江有大量的桑蚕经营，也留下了大量的诗文描述，如陈起有诗描述在经过吴江的路途中的场景："叶老蚕登箔，泥肥燕葺窠。晓风帆腹饱，夜雨柁梢高。"[65] 有序的圩田形成了稳定的河道，碟形洼地地貌也相对整齐，南宋杨万里的《过平望》一诗描述了平望运河周边河道、树木、农田、作物的有序状态："小麦田田种，垂杨岸岸栽。风从平望住，雨傍下塘来。乱港交穿市，高桥过得桅。"[66]

吴淞江淤塞的原因是多方面的。首先是从八世纪到十二世纪，长江三角洲海岸线向外伸展二十多千米，到达川沙、南汇县城（今皆属上海市浦东新区）以东一线，随着海岸线的伸展，吴淞江河线也不断延长，河床比降越来越平，流速越来越小，冲淤能力越来越弱，这是导致吴淞江淤塞的主要因素。唐以后，吴淞江上游也有很大变化。吴淞江源出太湖，太湖东缘吴江南北数十里间原是广阔的水域，古时江湖混茫一片，吴淞江水源浩荡，清水疾驰。但唐元和五年（810年）修筑了苏州至平望间吴江塘路；230余年后，又在原有的基础上为渠，益漕运，重筑长堤80里；宋庆历八年（1048年），又在吴江县东南，唐时留着的大缺口上建木桥，长一百余丈，名利往桥，又名垂虹桥，即吴江长桥的前身；至元代泰定二年（1325年），又易木为石，改建石桥，桥孔大为缩狭。吴江塘路和长桥的修建，虽有利于航运和圩田的发展，但广阔的吴淞江进水口为之分散束狭，吴淞江进水量因之逐渐减少，无力冲淤。在这两大因素之外，宋以后盲目围垦恶性发展，致使水系紊乱，水流散漫。吴淞江流缓势弱、清不敌浑的现象一天比一天严重，终于不可挽回地趋向萎缩。

2. 诸港的发展

吴江陆淤以后形成了太湖东部的圩田体系，吴江西部则引起太湖沿岸湖田的发展，在不同的地段形成东西向的吴江十八港和震泽七十二港。吴江十八港为太湖的宣泄通道，七十二港则有进有出。杭州、嘉兴、湖州上游来水盛，南风大，水由七十二港分派同归太湖，如果太湖水位高，西北风大，湖水则由七十二港分泄苏、嘉地区。这七十二港中的北部三十余港以泄水出湖为多，这部分的水流配合吴江十八港出水，而南部的三十余港，以注水入太湖为多。

从宋代到明代，吴江地区经历了从宽大的出水口到众多细长的出水河道与圩田和湖田状态的变化，这种水环境的变迁，引起了整个江南水文环境的变化。明代中叶前，吴江附近尚有三大泄水出路出湖，有非常宽大的吴家港，也有河港穿运河达庞山湖或淀山湖。南宋以后，吴淞江主流区域被阻塞，但淀山湖一带一度发展。淀山湖在六朝时期是古河道"谷水"❹的一部分。南宋时《云间志》中称为薛淀湖，湖中有山，湖之西有小湖，南接三泖。"淀湖周回几二百里，茫然一壑，不知孰为马腾湖，孰为谷湖也"，即淀山湖是在南宋时期的马腾湖和谷湖等湖迅速相汇而成，水中有淀山，故称淀山湖[67]。到了南宋以后，淀山湖的围垦进一步发展，淀山湖开始缩小。在 12 世纪时，这一湖泊低地区北连大盈、赵屯等塘浦以通吴淞江，江湖间距离很近。到 1293 年，淀山已经从湖中的孤岛变成陆上的小丘。湖与吴淞江之间的通流要道，也基本上被垦围成田，许多小湖泊也因此消失[68]。

3. 吴淞江下游全面湮废和今苏州河的形成

明初"掣淞入浏"和"黄浦夺淞"以后，吴淞江流缓势弱，下游夏驾浦以东淤淀更加严重。从天顺二年到隆庆三年（1458—1569 年）的 110 余年内，对夏驾浦以下河段较大的疏浚工程，先后进行了五六次之多，平均不到 20 年浚治一次。到清初吴淞江仅存旧名，黄渡以东皆为平地，吴淞江下游全面湮废。吴淞江在缩狭过程中，下游河道变化很大，其流经路线，宋以前记载不详；明清上海等县地方志中留存绘有断续曲折的"虬江"残迹。明初开范家浜，虬江被截断，出海口向北转移，但西虬江道并未因之变更。据清代齐召南《水道提纲》记载，吴淞江流经五大浦，流入上海县西北境之宋家桥，又东南流至县东北三十六里与黄浦合。这条吴淞江道一直维持到明末清初，吴淞江下游河道才南移到今日的河身。

在旧江下游河段旋浚旋淤的同时，吴淞江的水道逐渐南移，由今江入黄浦。今江原为黄浦下游通向吴淞江的支流之一，别名宋家港（或作宋家浜），又名减

---

❹ "谷水"为太湖东南古松江入海古河道，宋代已湮废。

水河。在上海设市舶提举司后，它曾是商舶由吴淞旧江出入上海榷场的孔道，可见当时较为深阔。但在明代致力于恢复吴淞旧江下游河道时，它还是一条不为人重视的普通浜港，直到清初，旧江的湮废已成事实，又非人力所能改变时，宋家港才逐渐受到人们的注意并取代"吴淞江"的名称，成为正流。

鸦片战争后，上海辟为商埠，殖民者在上海任意围占江岸、填塞江流和支港，造成这一段江身迂回曲折，仅存一线。吴淞江在上海境内的河段一般称为苏州河。1914年，采用机船挖浚苏州河，越时数载，但作用不大，作为太湖下游排水主干的吴淞江演变为黄渡以下阔不过三四十米的苏州河，失去流域主干排水能力。

二、太湖东出诸支流状态

太湖下游东北方面的水系以常熟为中心，东部冈身地势较高，需自低处向高处排水，大致经历五个历史阶段：唐以前以娄江为主干；公元五世纪前后（南北朝时期）娄江湮废后，常熟一带出现最早的局部水网，高地形成二十四浦，与低地河塘连为河网；元明时期浏河发挥着主干作用；明代白茆逐渐成为最重要的河道但很快淤塞；清至中华人民共和国成立前，浏河逐渐萎缩，吴淞江亦愈形浅狭，东北方面的水多迂回南下，借道黄浦外泄。

1. 娄江

古娄江的故道和变迁史册记载很少。娄江湮废时间当在吴越钱氏以前或更早，北宋郏侨指出"三江已不得见，今只松江，又复淤浅不能通泄"，明确提出北宋时娄江已湮废。据华东师范大学地理系调查研究发现，自太湖辐射出一条线形低沙地带，通过阳澄湖向东，经现今浏河以北七浦塘以南一带入海，此为古娄江的路线，意味着现今昆山以北太仓以西的周墅、双凤等洼地，可能是古娄江经过的地区。但顾炎武在《天下郡国利病书》中提出古娄江即浏家河，崇祯末年涨塞。

2. 东北水系的疏治

太湖下游东北通江港浦很早就已存在。南朝时常熟有二十四浦，吴钱越氏对东北诸浦非常重视，疏治了常熟梅里塘（今许浦塘）、昆山七丫塘（今七浦塘）、茜泾、下张诸浦以及横沥港，并在主要通江港口设置堰闸，控制蓄泄，又专设一路"开江营"，分驻于常熟、昆山地区，专门负责通江港浦的疏浚和堰闸管理。因此吴越时期东北诸港浦基本保持水系畅通，取得水旱俱熟的较好效果。五代吴越时治理东北水系采取的对策是开浚新洋江（今青阳港）疏治东北诸浦，分流排水。新洋江是昆山市东面的南北纵浦之一，南接吴淞江，北与东北地区的横塘纵浦交络贯通，既可排洪潦以注松江，又可引江流溉冈身，又同时疏治东北诸港浦，以畅通这个地区的水系。

　　宋代重视东北诸浦的治理，导水入江海，以减轻吴淞江的排水负担。在东北方面，主要开展了至和塘的修筑和对三十六浦的疏治。至和塘位于苏州昆山之间，其前身名昆山塘，北纳阳澄湖，南吐松江。由于自唐以来至宋三百余年，苏昆之间水势弥漫，常苦水患，北宋至和二年（1055 年）开始修至和塘。至嘉祐年间（1056—1063 年），又采用桩木竹席为墙，漉水中淤泥的办法，创立两岸塘堤。前后大约经过 6 年时间，才完成塘工的修筑，因于至和年间动工修筑，所以改名为至和塘。在筑塘过程中还浚治了小虞浦、新洋江、开山塘等渚、泾、塘、浦一百多条，对农田疏潦和水陆交通都起着积极的作用。修筑后的至和塘横亘于吴淞江和阳澄湖群之间，西承鲇鱼口来水，支流与淀山湖、吴淞江沟通，下接顾泾、黄泗等浦以达于海。

　　宋代对通江三十六浦浚治的重点基本放在茜泾、下张、七丫、浒浦、白茆这五大浦上。从天禧二年（1018 年）张纶主持疏浚福山茜泾诸浦起，到淳熙元年（1174 年）陈举善组织民工对五大浦的治理为止，一百五十多年间，东北诸浦的疏导工程进行了 15 次之多，平均十年疏治一次。其中景祐二年（1035 年）范仲淹主持浚福山、浒浦、白茆、七丫、茜泾、下张诸浦，政和六年（1116 年）和宣和元年（1119 年）赵霖组织疏治昆山常熟港浦。

　　3. 浏家港的出现

　　宋以后随着吴淞江淤塞，太湖下游洪水无出路，浏家港成为太湖洪水的泄水主干。元初浏家港（今浏河）为人们所注意，元时为海运所需加以开浚，并上接至和塘，经过水流的日冲月刷，逐渐深阔，浏家港遂成为吴淞江以北的东北出海主干。由于地深港阔，成为海运千艘所聚的贸易大港和三吴东北入海之尾闾。

　　元末明初，吴淞江下游河段淤塞日益严重，自夏驾浦以下 130 余里因潮汐淤塞已成平陆。永乐初（1403 年）夏原吉治水时，采用元末周文英的主张浚治夏驾浦、顾浦等，导吴淞江水，经浏家港出海。这就是后人所说的"掣淞入浏"。同时还开福山、白茆等大浦，导昆承、阳澄诸湖及东北地区水出长江。浏家港经过"掣淞入浏"以后，由于清水来量增加，水流迅急，其势更大，在长达二百余年间，始终保持广阔通畅的局面。据清初顾士琏的回忆，直至明末天启四年（1624 年），浏家港仍相当宽广，阔者一二里，狭者亦不下百丈，在当时起着东北方面排洪主干的作用。

　　但是导淞入浏，放弃吴淞江下段不治的弊端很多。夏原吉实施"掣淞入浏"的目的是利用浏河来代替吴淞江，寻求太湖下游合适的洪水出路。但于吴淞江而言，其实践的结果却是减少了吴淞江水流，降低了水流冲击作用，从而加速了吴淞江湮塞，引起了后续的诸多矛盾。所以自明中叶以后，不少治水者仍主张开浚吴淞江。例如吕光洵认为太湖诸水，源多势盛，黄浦、浏河二江不足以泄之，放弃吴淞江下游不治，两岸支港亦因之淤塞，地区排水和引水灌溉不好解决。李充嗣进一步指出导水入浏河以后，吴淞江水弱流缓，不能冲涤淤泥，而浏河入长江，路径线直，长江水位较高，海潮倒灌较快，与吴淞江涨潮日相抵撞，更易淤塞。随着"掣淞入浏"矛盾的日益暴露和人们认识的提高，于夏原吉治水五十余年之后，又不得不重视对吴淞江的浚治，但旋治旋淤，吴淞江终不能恢复旧观，而浏河本身也逐渐淤狭。

清代以后，浏河趋于严重萎缩，上游江流纤缓，下游潮沙淤淀，几成平陆。发展到中华人民共和国成立前，浏河完全退出太湖下游排水主干的行列，成为一条无足轻重的普通港浦。东北地区的水北出淤滞，东泄路狭，终致部分南趋，借道黄浦出海。

4. 东江及东南水系

今淀泖湖群至浙江平湖一带在古代为一低洼地区，冰后期海面上升，太湖平原的东缘由于泥沙加积形成冈身之后，今淀山湖上下游一带的湖沼群和沼泽低地由于海潮经常倒灌，常常被海水淹没，上游太湖水通过白蚬湖、淀山湖和三泖湖群出海，这条水道通称东江。

《水经注》引《扬都赋》中称太湖东南入海为东江，唐末以前古东江下游向南入海成扇状分散的水系，东江东南流入杭州湾。其上游为白蚬湖群，中游为淀泖湖群，下游分散成许多分支，最西一条从今平望经嘉兴至海盐入海，其东一条从淀山湖向南经平湖以东的当湖至南浦口入海，再东一条从三泖湖群南流经芦沥浦入海，此为东江主流。同时，从华亭（今松江）东流经闵行至闸港、下沙的水道已形成。

东晋以后，东江的外泄能力进一步削弱。据史籍记载，南朝时期曾经两次计划要在东南方面开凿新河，以宣泄洪潦。一次是南朝宋元嘉二十二年（445年），因"松江沪渎，壅噎不利"，"处处涌溢，浸渍成灾"，刘浚根据姚峤的建议，拟从武康纻溪开漕谷湖至出海口。纻溪即苎溪，在今浙江德清县东25里；谷湖即谷泖，在今上海市松江、金山西。刘浚计划开凿的新河是从德清向东北接通谷水，经三泖排水出海，而不是向东南另辟新港。另一次是在梁中大通二年（530年），因吴兴郡屡遭水灾，王弇计划开河，"导泄震泽""以泻浙江"[69]。据北宋朱长文《吴郡图经续记》的记载，王弇拟开大河的路线大概是沿古谷水的支流向钱塘江口排水。这两次计划当时均未实现，但它反映那时东江已开始趋于淤淀萎缩，一部分东江地区的水已经北趋吴淞江外泄[70]。

唐宋时期，太湖东南除陈湖水北入吴淞江外，柘湖、淀山湖和当湖都分别由小官浦、芦沥浦、南浦口和澉浦口入海；今松江以南的横潦泾经闸港东流入海的水道已形成。这些东江下游出口由于海潮倒灌逐渐淤浅。五代和宋时，东南方面通海港浦很多，和东北一样，也有三十六浦。由东江较为集中排水分化为诸港分流出海，自唐代开始修筑海塘，至北宋时期东江下游的分散水系逐渐淤浅，郏亶等已明确指出东江已不存在。

到南宋初，东南三十六浦中的重要通海河港中有十七港已久皆捺断，但东南方面还未完全封闭，尚有澉浦、蓝田浦、乍浦等港与海相通。由于南宋乾道八年（1172年）兴建捍海塘，东江下游的主要出口完全阻断。明成化七年（1471年）遭受特大潮灾以后，东南沿海大筑海塘工程，旧有通海港浦都被全部封闭。明代为了防倭寇入侵将所有通海河道彻底塞断。至此，东南方面的水道被迫全部北折，亦改趋黄浦出海[68]。

三、黄浦江的形成与变迁

1. 宋元时期黄浦的变迁

东南通海港浦捺断封闭以后，东江水系的排水任务逐渐转嫁到吴淞江身上。但宋元以来吴淞江亦浚亦淤，渐趋束狭。元代曾试图恢复吴淞江之故道，但没有成功。淀山湖及浙西平原的水流东流经今闵行以东，从闸港经下沙至新场以东出海，这一段河道至明代都称为横潦泾，为黄浦江之首，自闸港以北的今黄浦河段在南宋及元时即称"黄浦"。

北宋时期，黄浦水道已经形成，水面尚不宽，修建捍海塘堵塞了东江下游部分出口，致使河面日渐加宽。北宋皇祐年间（1052—1053年）以后多次修建捍海塘，淀山湖及浙西平原水流转而东流入吴淞江，黄浦水系雏形开始逐渐形成。但宋元时期黄浦仍未称"江"，仍是吴淞江的支流。唐宋时期东南沿海大筑海塘的结果，黄浦流域形成低洼盆地，众水汇注，河道因之日益扩大，但因东出海口为海堤阻断，不得不北折，注吴淞江合流入海。《宋会要辑稿·食货八》记载："华亭县（今松江）地势南北高仰。……东北又有北俞塘、黄浦塘、盘（蟠）龙塘通接吴松大江，皆泄里河水涝。"这是黄浦之名首见于文献记载，当时黄浦已是吴淞江南的一条重要支流，同时黄浦下游已经北折而流。

宋末至元初吴淞江萎缩，随着吴淞江的淤淀愈增，宣泄能力日益削弱，太湖和淀泖之水，迂回宛转，分道宣泄，一路由浏家港北出长江，一路由新泾、蒲汇塘，经黄浦出海。黄浦同浏家港一样，在水流的自然冲刷下逐渐发展成为相当宽广的滔滔大浦。

2. 范家浜的开浚和黄浦的扩大

元代官方意图恢复吴淞江故道深阔的努力失败之后，吴淞江的淤塞情况进一步恶化。明初吴淞江下游淤成平陆，夏原吉治水苏松，发现松江大黄浦（现黄浦江上段）是通吴淞江要道，但吴淞江下游淤塞难以浚通，其旁有范家浜，至南跄浦（现外高桥）一带，可通达海。于是将范家浜开浚深阔，上接大黄浦以达泖湖之水（图2-14）。

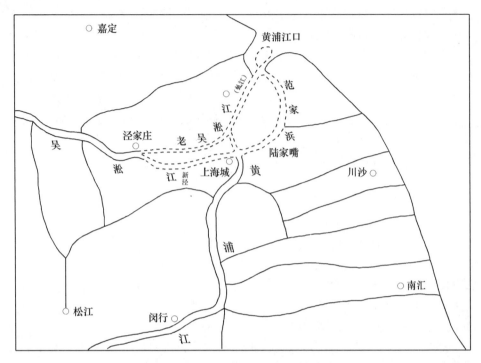

图 2-14 黄浦与范家浜示意图

范家浜为现黄浦江陆家嘴至外高桥一段，原为一条较小河浜，夏原吉开通范家浜之后，由于纳杭嘉湖与浙西来水，又纳淀泖区的太湖来水，水量大增，经过一段时间即演变成一条大河。明初海平面下降，河流发育加剧，也促成了黄浦江的形成。范家浜的出口取代吴淞江出口，即现黄浦江之吴淞口。自此吴淞江下口被黄浦江取而代之，下段更加淤塞，明正德十六年（1521 年）废吴淞江下段旧河道，新开北新泾，经曹家渡至外白渡桥的新河入黄浦江[68]。

范家浜的开凿和"掣淞入浏"一样，使太湖下游水系和水流情况发生重大变化。黄浦江的环境条件比吴淞江较为有利，它的上端紧接淀泖湖群，淀山湖、泖湖一带地势最低，大小湖泊很多，成为太湖下游众水汇集之所，水域面积广，清水水源较多；加之吴淞江的逐渐淤狭，宣泄不畅，泖淀地区的水长期没有出路，水位逐渐壅高。范家浜一开，下游通利，黄浦总汇杭嘉之水，又有淀山泖荡诸水以建瓴之势，所以黄浦得以自然扩大。范家浜未开之前，黄浦之广不及吴淞江之半。范家浜浚治之后，"水势遂不复东注淞江，而尽从诸水以入浦，浦势自是数倍于淞江，江口段由三十余丈扩大为横阔几二里余"。清初浏河湮塞后，黄浦发展成为太湖下游的唯一大河，而吴淞江下游细如沟洫，反变成它的一条支流。

3. 黄浦江成为太湖下游出海主干道

范家浜的开浚为黄浦的扩大创造了条件，同时促进着吴淞江的淤狭过程。明清两代四百五十余年间，虽然全力浚治吴淞江，但终究不能挽回其被夺溜的结局。黄浦改道由范家浜出海后九十余年，金藻就提出"黄浦窃权"的议论，但黄浦并未因此停止扩大。随着吴淞江的越淤越狭，浏河的渐形萎缩，不但进入黄浦的水量继续增加，而且来水的范围亦日益扩大。明代后期，还只是东南自嘉、秀（今属浙江省嘉兴市与上海市松江区）沿海而北的地区水循黄浦入海，到明末浙西平原水流都经黄浦江以达于海。发展至清代后期，不仅淀泖由此道归海，不复入吴淞江，并且赵屯、大盈也南流至泖浦。清代后期 80% 以上的水由黄浦宣泄，黄浦成为太湖出水的主要河道。

1842 年鸦片战争结束之后，上海开港，此时才有"黄浦江"之称。黄浦江的河口段江面宽阔，原来距吴淞口内约 5 千米处有高桥沙，分黄浦江为东、西两水道，西侧最浅水深仅 2.4 米，为民船道或帆船道；东面是弯曲的老船道，也称轮船道，水中有暗沙，即水深仅 3 米的吴淞内沙。1906 年以来不断浚深浅滩，挖深民船航道，使黄浦下游航道一般最浅水深达 8 米以上。浚浦的淤泥在复兴岛一带的堆积堵塞了老船道，人造滩地数万亩，使高桥沙岛和浦东陆地相连。此外又在吴淞口两侧筑东西两道范堤，束狭宽广的河口，范堤两侧泥沙不断淤积。1949 年以来，不断进行河道的浚治工作，使龙华以下保持 8 米以上的水深供万吨海轮航行。

四、太湖南排水系

太湖南部杭嘉湖平原缺少排水河道和必要的排水出口。主要排水河道是大运河、东塘河和苕溪，主要排水出口是太湖和黄浦江。这些河道曲折迂回，河床比降小，排水能力有限，有时形成倒流。黄浦江因在潮区界以下，下游河曲发育，加之沿岸经济活动频繁，河道不断缩窄，又受潮水倒灌的影响，水位抬高，一般排水速度为 1~2 厘米每天，当每天降水量超出 2 厘米时，水位就继续上升，可能形成长期的高水位。

历来，杭嘉湖东部平原水系在 4—7 月有两个承泄区：淀泖湖群承泄区和黄浦江承泄区。

杭嘉湖平原与淀泖连通的水道主要有两大系统：一是平望附近及其以西以頔塘、澜溪塘、苏嘉运河和大坝水道为代表的自西南向东北流动的河道系统；二是苏嘉运河东部的嘉北地区芦墟塘、伍子塘、坟墩港、和尚塘、丁栅港等南北向河道系统。淀泖湖群水网历来是杭嘉湖平原洪涝水排泄入黄浦江的主要通道和滞蓄区，它承泄杭嘉湖东部平原洪涝水量的一半，并有杭嘉湖排水走廊之称。但 20 世纪 50 年代后期开挖太湖至黄浦江的太浦河，在太浦河北岸筑堤、建闸，基本上截断了杭嘉湖平原沟通淀泖的水道，这个承泄区对杭嘉湖平原而言将成为历史。杭嘉湖平原只能利用原有在太浦河以南的北排水道，排涝入太浦河、入黄浦江。对于杭嘉湖平原而言，失去了淀泖湖群滞涝纳洪的作用，区域的洪涝治理尤其是嘉北地区局地暴雨洪水灾害的治理难度增加[71]。

黄浦江承泄区是杭嘉湖东部平原的涝水归宿，涝水经由黄浦江排入长江。水文测验表明该区的涝水直接由东西向水道排入黄浦江的水量不到区内涝水总量的一半。杭嘉湖直接东泄入黄浦江的水路也有两个系统：一是沪杭铁路的嘉北地区东西干道，以俞汇塘和红旗塘为代表的经园泄泾入黄浦江系统；二是铁路以南的以平湖市境上海塘和广陈塘为代表的经大泖港入黄浦江系统。红旗塘工程是1959年开挖，鉴于其北部开挖太浦河封闭了嘉北区全部北排水路而实施的东泄工程[71]。

太湖南部水网平原内河道密如蛛网，湖泊荡漾点缀其间。洪水期间，水流大多向东或向北，以太湖及黄浦江作为尾闾，但是当太湖水高或黄浦江涨潮时，也会发生倒流现象[72]。平原区地势低洼，河流密布，河道倾斜度极小，各河流水位不仅直接受到太湖水位和黄浦江潮位的控制，并且还受到风力风向的影响。暴雨发生时，河湖水位上涨，积水不能及时排泄，常易形成严重内涝。

东苕溪以东的平原水系以塘路为骨干，主要的塘路有颛塘、双林塘、练市塘、澜溪塘，其中德清一带的平原水网西承东苕溪自德清、洛舍方向来水，南承大运河自杭州、塘栖方向来水，进入平原河网及湖漾，大部分东流经桐乡市汇入大运河，部分北入千金塘、练市塘。平原上游承过境客水影响，下游受太湖水位制约，排水出路不畅，汛期河港水位经常高于田面，地下水位常年较高，形成易涝易渍的环境。水系中常年水位为2～5米，如澉山乡位于东苕溪水系与运河水系的夹击之中，最低田面高程为1.5～1.8米，乡内有6个漾，东部吴江围垦太湖出水口，堵塞太湖通道出路，使嘉湖地区洪涝灾害更加严重，这种水利矛盾已经持续了上千年[71]。

第四节　江南运河的治理和变迁

江南运河自镇江谏壁至杭州三堡，北控长江，环绕太湖北、东、南三面，纵贯太湖平原，全长三百余公里，是京杭运河的南段，也是运河历史上最早开挖的河段之一。运河两岸河港错列，江湖吞吐，均赖运河为之转输，运河与太湖流域水利资源的开发利用，休戚相关。江南运河沿程与通长江、进出太湖和南排杭州湾的诸多河道交汇。运河北段镇江至苏州间，北岸自西向东依次有九曲河、新孟河、德胜港、澡港河、新沟河、锡澄运河等通长江河道，望虞河原与运河相通，建望亭水利枢纽后，与运河立交，但在立交西侧北岸有蠡河沟通望虞河与运河；在丹阳与常州间，南岸有香草河、丹金溧漕河、扁担河、武宜运河等与洮滆水系相通；在常州与苏州之间，有武进港、直湖港、梁溪河、曹王泾、大溪港、浒光运河和胥江等通向太湖。运河中段苏州到平望，东岸有吴淞江通黄浦江，西岸有瓜泾港、大浦港等出入湖溇港与东太湖连通，太浦河在平望与运河交汇。运河南段经平望、乌镇至杭州，东岸北有古运河、麻溪、新农港等与嘉北河网相通，南有长山河、盐官下河等向杭州湾排水的通道；西岸有双林塘、练市塘等接苕溪东泄之水。江南运河与沿程交汇河道均有水量交换作用，除航运以外，兼有排洪、引水功能。

一、春秋时期江南运河的整治

运河开挖始于春秋时期，经历代的开凿、疏浚形成今江南运河。公元前514年，吴王阖闾由无锡梅里迁都苏州，为沟通苏州城同古都无锡以及长江的水上通道，开挖疏通了"吴古故水道"。据《越绝书·吴地传》载："吴古故水道，出平门，上郭池，入渎，出巢湖，上历地，过梅亭，入杨湖，出渔浦，入大江，奏广陵"❺。据此，这条运河大致是从苏州北上，经泰伯渎，至无锡西北行，穿越古芙蓉湖，由渔浦（今江阴利港）出江。公元前506年吴军攻破楚国郢都和公元前494年伐越大胜之后，吴王夫差一心北上称霸。为了进军中原的需要，在公元前495年，基于吴古故水道的已有河道基础，自苏州境经望亭、无锡至奔牛镇，达孟河，入长江，长达170余里，这是江南运河最早开挖的一段河渠，从行经路线看来，这是南北沟通的运河，主要为吴国向北扩展的军事需要而修建。

公元前482年，勾践乘夫差北上争霸之机，举兵攻吴。其南路大军"沂江（松江）以袭吴，入其郛，焚其姑苏，徙其大舟"，即是由海道溯松江而上，直捣吴都。越灭吴后，越治吴地一百四十余年，为了加强对吴地的统治，在苏州南凿了"通江陵道"，以改善松江进入苏州的水运交通。"陵道"是陆行大堤，在太湖水乡，它也是挖土筑堤同时开成的河港，所以《越绝书·吴地传》以"凿"书之。这条"通江陵道"，实际上就是苏州南至吴淞江间运河的前身。

公元前334年，楚取越国浙西之地，春申君黄歇"城吴故墟，大内北渎，四纵五横"，在无锡湖郡地区开拓大规模的军事屯垦；同时，又自无锡惠山大造"陵道"，对苏锡运道加以整治改造，今江南运河苏州至无锡间的河段在形成中。

公元前223年秦灭楚后，为了加强对东南地区政治、经济的控制，于公元前210年，开凿丹徒曲阿，至此春秋战国尚未开通的丹徒运河开始具备雏形。

---

❺ 平门即原苏州北门，巢湖即漕湖，在今常州、无锡之间，可能是古芙蓉湖的一部分，渔浦即今江苏省江阴市利港，奏通"走"。

同时继续修通陵道，南与惠山"陵道"相接。在太湖东南面，《越绝书·吴地传》称："同起马塘湛为陂，治陵水道"。从嘉兴到钱塘越地（今钱塘江流域），通浙江。"陵水道"是开河筑堤形成的水陆并行的通道，即后来的所谓"塘河"，这是杭嘉运河的前身。

汉武帝时（公元前140—公元前87年），为了便于征输闽、浙物资，开始南北连通。在吴江南北沼泽地带开河一百余里，南接杭嘉运河，基本上接通了苏嘉间的运道。汉代开挖的苏嘉运河是在水中挖河，出土堆于两岸，成为堤塘最初的基础。从无河到有河，从分段通航到全线贯通。经过春秋、秦、汉世代劳动人民的开挖，在公元一世纪前后已经初具轮廓。隋大业六年（610年），隋炀帝组织民工在前代的基础上把江南运河加以改进扩大，自镇江至杭州全长八百余里，广十余丈，从此江南运河全线贯通，更加径直深阔，成为我国东南地区的一条重要航道。

二、宋元时期江南运河的整治

唐宋以来，太湖地区发展成为全国最富庶的地区。范仲淹说："苏、湖、常、秀，膏腴千里，国之仓庾也。"这充分反映了这一地区的经济地位。唐、北宋和元、明、清各代，均建都北方。封建王朝的军政开支和官僚阶层的奢侈用度绝大部分仰给江南地区，维持江南运河的通航，成为统治阶级至关重要的问题。唐代以来各代封建王朝都十分重视对江南运河的治理。唐代完成了从吴江经平望至嘉兴的吴江塘路，北宋以后实行水利以漕运为纲，在吴淞江河口与太湖之间筑长堤，使苏州至嘉兴运河沿岸塘路全线贯通。南宋都于临安（今杭州），军事与国家体制全籍苏、湖、常、秀数郡之米，江南运河是其生命线。

江南运河从北到南，纵贯太湖地区的高丘、平田和洼地，横穿太湖入江出海诸河港，与太湖水利的开发利用息息相关，但由于运河所经的地形和水文条件各有差异，各河段产生的影响不尽相同。

1. 运河北段

南运河北段，从镇江至望亭（今属江苏省苏州市），地势自西北向东南倾斜，两岸河港错列，北面的河港通长江，南面的河港通洮湖、漏湖和太湖。长江汛期水位在镇江一般为5~6米，最高可达6.5米以上。因此，镇江至江阴间各港，以向内河倒灌为主；江阴以下各港，则外泄量大于倒灌量。一般说来，镇江到望亭一段运河，汛期有江水内灌，以利舟航；冬春枯水时，长江水位低落，常患水量不足，加上运河干流西北高而东南低，"渠流瓴建，南倾北泻"。为了节制水流，维持运道水深，以利转漕，历史上曾在这一河段的南北两端设堰闸控制。堰闸的始创时期，文献记载不详，但镇江的丁卯埭，至迟在晋代已经设置。顾野王《舆地志》载："晋元帝子车骑将军裒镇广陵，运粮出京口，为水涸，奏请立埭，丁卯制可，因以为名。"埭即堰，用作防止运水流失，维持航运水深。到宋淳化元年（990年）以前，这一段运河上已设有京口、吕城、奔牛及望亭四堰，分级蓄水，维持通航。这许多堰埭，唐宋以来各代均有兴修，或改堰为牐，或废闸复堰，至清末才逐渐毁坏。

镇江、常州一带，地势比较复杂，有地势高亢的丘地，有7米上下的高平田，也间有4米以下的低洼区。水体的分布也不均匀，有邻近长江、洮滆湖的多水区，也有远离江湖的缺水地区。历史上江南运河有引江灌溉之利，常润一带，"田之高仰者实赖之"。但枯水时期或干旱年份，江水低落，运道水涩，灌溉与航运矛盾突出。统治阶级为了维持运道通漕，一般"不听人户车水"溉田，甚至连丹阳练湖也"禁引灌"。及至多水年份，江潮入运，顺流而下，不仅加重太湖地区的进水负担，而且又因"运渠横遏，震泽积水，不得入江，为苏、常数邑民田害"[73]。所以，这一段运河一般虽有航灌之利，但与农田水利的矛盾比较多，这里既有技术问题，也有社会问题。

特别是运西的低湿洼地低于运河河底，积水无法排泄，往往"积而为湖，不可为田"。人们为解决排水矛盾，采用巧妙的方法，创置地下渠道，东西贯于运河底下，"暗走水入江"，这种地下排水管道，叫作"泾函"。据资料记载，"泾函高四尺，阔亦如之，皆巨石磨琢而成，缝甚缜密，以铁为窗棂"，也有"用长梓木为之"。泾函中装置铜轮刀，"水冲之则草可刈也"。北宋单锷说："今常州有东西二函地名者，乃此也。"[26] 泾函创设于五代南唐，北宋治平年间元积中开浚运河时，泾函还在，因函管被泥沙充塞，未能恢复。在一千多年前，太湖地区就有了大型地下排水渠道，并在函管中装置了铜轮刀，利用水力自动切割水草，防止函道堵塞，这确实是一项卓绝的创造。

2. 运河中段

运河中段，望亭至平望间，地平夷而流速缓。吴江八坼间为运河全线最低一段，原为太湖出水口段。直至唐初，吴江南北还是一片泽国，非但不通陆路，船只往来也无牵道。唐元和五年（810年）为便于牵挽漕舟，修筑了这一段运河的西堤，并于跨越太湖的泄水口建木桥，著名的苏州宝带桥亦在此时奠基。《新唐书》记载："堤松江为路。"北宋庆历二年（1042年），"以松江风涛，漕运多败官舟"，由李禹卿主持，又在苏州至平望间重筑长堤80里，"为渠，益漕运"。从"为渠"二字看来，这次修筑的似乎是运河的东堤。不久，又在松江广阔的出水口段植千柱水中，构筑木桥，长千余尺，名利往桥，又名垂虹桥，即后来吴江长桥的前身[70]。经过这几次修筑，今苏州南至平望间的运河面貌基本定型。

这一段运河塘堤系统的形成和巩固，避免了太湖风涛泛溢为害，便利于漕运，有利于陆路交通；同时，太湖东缘有了长堤，把水波浩渺的太湖与湖东广大水乡隔开，也促进了湖东水网圩田的发展和滨湖溇港圩田的开拓。但是，由于它们横截太湖洪水宣泄通道，不利于太湖的泄洪。在长堤和长桥修筑以前，吴江南北数十里间水域广阔，尽管因泥沙逐渐淤垫，其中也点缀着分散的浅陆孤洲，但仍保留着开阔而较径直的出水通道。吴江塘路和长桥的兴筑，使太湖水流形势发生很大变化。单锷《吴中水利书》说：长堤"横绝江流五六十里，致震泽之水，常溢而不泄。浸灌三州之田，每至五六月间，湍流峻急之时，视之，则吴江岸之东，水常低，岸西之水，不小一、二尺，此堤岸阻水之迹自可览也。"又说："盖未筑岸之前，湖流东下峻急，筑岸之后，水势缓；无以涤荡泥沙，以致增积葭芦生，葭芦生则水道狭，水道狭则流泄不快，虽欲震泽之水不积，其可得耶？"其后，苏轼在推荐《吴中水利书》的奏疏中也明确指出："自长桥挽路之成，公私漕运便之，日葺不已，而松江始艰噎不快。江水不快，软缓而无力，则海之泥沙随潮而上，日积不已，故海口湮灭，而吴中多水患。"据资料统计，太湖地区由北宋管辖后，约经四五十年，即多水患，苏、湖、常、秀诸州低地长期处于洪涝灾害之中。苏轼、单锷二人所说，在一定程度上反映了江南运河中段筑堤建桥以后的实际情况。五代吴越以后，太湖地区水灾日益增多，原因固然很复杂，航运与水利的矛盾，亦非自吴江筑岸开始。但是，吴江塘堤和长桥兴筑后，太湖水口日益淤狭，湖水下泄散漫，流缓势弱，冲淤无力，加剧了下游水系面貌的变化。同时，由于湖水东泄不利，汛期进水量大于出水量，从而抬高了太湖及其周围湖河水位，加重了苏、湖、常、秀低地的洪涝灾害。这些情况说明，长堤和长桥的出现，一方面促进了社会经济的发展，另一方面也激发了航运与水利的矛盾。随着岸西滩地的淤涨和溇港圩田的开拓，太湖出水港道益形曲折、迂回、狭窄，湖水宣泄越来越不利。航运与水利的矛盾，又逐渐演化为治水与治田的矛盾。这是江南运河中段，吴江堤岸和长桥建后对于太湖水利形势产生的深远而重大的影响[68]。

3. 运河南段

运河南段，从杭州到嘉兴，地势则由西南向东北倾斜，其倾斜度较北部河段平缓。隋唐时期，其水源主要取自于杭州西湖，湖水不足，则引钱塘江潮水补给。由于潮水盐分浓度大，泥沙较多，不仅易致河道淤湮，而且会导致两岸农田斥卤化。五代吴越时期，在引潮水口设置龙山、浙江二闸，"以遏江潮入河"，同时创设千余名撩湖兵，专职西湖清淤，既保证了运道通利，又使农田不致斥卤化。《十国春秋》卷十八《南唐四》记载："沮洳斥卤，化为乐土。"北宋"撩湖兵"废除，苏轼在《申三省起请开湖六条状》中写道："西湖日就湮塞，昔之水面，半为葑田。"天禧中，王钦若为贪图漕运方便，毁去龙山浙江二闸，江潮大量内灌，运道及其两岸沟河复为泥沙淤垫。以后，对西湖虽有所浚治，通潮河口也复设闸控制，但湖面旋浚旋淤，堰闸时设时废，管理不善。因此自宋元以迄明清，航运与水利、引江与拒淤的矛盾，始终没有得到解决。

运河以西以北地区，地势比较低洼，地面高程一般为 2.8～3.5 米，其地区积水向东泻入淀泖，向北泄入太湖。运河沿途承接东苕溪支流的来水，洪水时上塘河部分水量泄入运河，使运河水位抬高，造成运河北部地区宣泄困难，形成大面积的积潦灾害。历史上嘉湖之间成为太湖地区的一个重涝区，原因固然很多，但运河纵贯于东，洪水时形成一道"水墙"，壅阻运北地区积水排泄，也是一个重要原因。

三、明清时期江南运河的整治

明清时期，官方曾多次整治江南运河，重点在北段，南、中两段工程不多。

1. 运河北段

常州、镇江段江南运河，地形高，河坡陡，水源不足又易流失。历代为了提高此段运河通航能力，曾采取很多措施。明清两代沿袭前朝成功经验，继续整治。

明初建都南京，太湖地区的漕粮物资，可经胥溪河、天生桥河运达都城。漕舟亦有出长江转到南京的。洪武时曾浚武进烈塘河（后改名为德胜新河）和孟渎，以通轻舟。迁都北京后，京杭运河恢复为漕运干道，但由于奔牛以西的北段江南运河时浚时塞，当时曾辟孟渎、德胜两条通江河道，并在河口建闸，与常镇运河相互配合使用。

明代自洪武元年（1368 年）至崇祯十一年（1638 年）共浚北段运河 31 次，自洪武二十七年（1394 年）至万历五年（1577 年）浚孟渎、德胜河计 15 次。永乐四年（1406 年）闸官裴让，通政张璿发苏、松、镇、常四府民丁十万，浚孟渎，自兰陵沟北至闸全用六千三百丈，南至奔牛镇一千二百丈，并修建孟河闸。高水位时，漕舟自京口出长江，水涸时则改从孟渎趋瓜洲。景泰间，常镇运河又淤塞，漕舟改从孟渎出长江。据《明史·河渠志》载，景泰三年（1452 年）浙江参政胡清言看到运河镇江府段有新港、奔牛等坝，但只能容小船往来，大船俱涉大江，常致损溺，乃开浚其河，革去其坝。但建闸后，蓄水不多，船仍行孟渎。天顺元年（1457 年）尚宝司少卿凌信奏疏中也说："江南运粮者，泛大江，至瓜洲坝，有风浪之险，宜从镇江府里河（即运河），而里河自新港至奔牛一百六十余里河道浅狭，又有三坝，大船不利车盘，七里港口又有金山横阻，江水不得入。"之后，乃浚通七里港，引江水注入，并疏浚奔牛至新港一段。巡抚崔恭又增置五闸（京口、甘露、南门、吕城、奔牛），工程于成化四年（1468 年）完成。于是漕舟乃走常镇运河，回空船则走孟渎、德胜河。但常镇运河仅畅通八年，又告淤阻；而孟渎则尚宽广，漕舟又改走孟渎。弘治八年（1495 年）浚孟渎，正德八年（1513 年）重修孟河闸，正德十四年（1519 年）藏凤挑上下里河（即运河），有五十余年通达无阻。至万历五年（1577年）又淤塞，自万历六年至崇祯十一年（1578—1638年），六十年间又分段疏浚多次，但时浚时淤。至明末内河漕运处于不振状态。

清顺治九年（1652年）至道光十八年（1838年）的180余年间浚运河20次。清代虽对江南运河积极整治，但由于这段时间里，黄河屡决，漕运受阻。道光五年（1825年）以后将大部分漕粮改为海运，因而对江南运河也就很不重视。

2. 运河中段

运河中段西滨太湖，东连阳澄、淀泖湖群，水源充沛，常年通航。但由于水面辽阔，风浪汹涌，运河塘岸受到冲击。明永乐九年（1411年）修长洲至嘉兴石土塘桥路十七余里，泄水洞一百三十一处。以后各代均有修缮、改建。明崇祯十年（1637年）修平望内外塘和长洲至和塘等。清顺治八年（1651年）修苏州枫桥至浒墅关运河塘二十里。康熙九年（1670年），雍正七年（1729年）、九年（1731年），嘉庆二年（1797年），道光四年（1824年）、七年（1827年）、九年（1829年）又多次修建土塘及崇福桥至兴隆桥段石塘。

3. 运河南段

运河南段地势由西南向东北略倾。运河南段的整治，采用浚河、修筑塘堰、增辟水源、修建西湖涵闸等综合措施。水源不足时，依靠西湖、临平湖补给。明正统七年（1442年）巡抚侍郎周忱开新运河（又名运河下塘），自北新桥至石门县界（今属浙江省桐乡市）九十余里，并筑塘岸一千三百余丈。明清时期杭州至嘉兴运河多有筑闸工程，天顺元年（1457年），知县胡清疏上塘河，自德桥至长安镇，并建临平闸。正德三年（1508年），郡守杨孟瑛疏浚西湖，在钱塘门外建圣塘闸。康熙六年（1667年）石门县疏浚运河六千余丈，并修筑运河塘岸。康熙九年范承模整上塘河岸五千余丈，雍正五年（1727年）杭防同知马日炳疏浚上塘河七千八百丈，并重建临平闸。雍正五年至七年（1727—1729年）建毛家埠闸、赤山埠闸、金沙港闸，作用都是引山水入湖，并于金沙港侧添建滚坝。与此同时，还重建化湾闸、乌麻斗门闸等。自雍正二年至道光二十年（1724—1840年）的百余年间，先后疏浚西湖四次，并修建西湖闸座多次。西湖闸座有两种类型：一种是引山水入湖，如毛家埠闸、金沙港闸、化湾斗门闸等；另一种是放湖水入运，如临平闸、圣塘闸等。这些闸对蓄水灌溉、济运利漕均有重要作用。

四、民国时期江南运河的整治

民国时期江南运河的整治以中段、南段为主。其时，为了加强对江南运河的整治，官方设置了专门管理的水利机构。江苏省政府设立管理江南运河的机构繁多，机构冗杂，人浮于事，效率低下，诸如江南水利局、江苏省水利协会、太湖水利局等。浙江省政府设立治理江南运河的机构与江苏相比较为精简。1915 年 3 月，浙江省政府根据北洋政府农商部颁布条例，在杭州成立了浙江水利委员会，专门管理全省的水利工程事宜。同时，官民合办的管理组织也相继诞生，地方上根据不同情况成立了一些官民合办的水利组织，如 1916 年成立的浙西水利议事会、1919 年成立的江浙水利联合会。

民国时期江南运河的整治更加注重从大局着手，注重施工前的调查与测量，注重因地制宜，但规划与具体执行之间则尚有距离。1914 年 5 月，江苏民政长韩国钧委任水利调查员林懿均查勘丹徒、丹阳两县河道，议浚运河。因此次调查，未派测量人员，各县也没有技士协助，因此各河道的深阔度数难以详细测量。1921 年 1 月起，太湖水利工程局逐步设立流量站、量水标站 33 处，雨量站 22 处，每站派记载 1 人，逐日记载水位之升降及降雨量之多寡。1925 年，太湖水利局委华毓鹏等人调查常镇运河各水道情形。1930 年，太湖流域水利委员会副工程师林保元以调查制作的平剖面图、闸座测绘、费用估算为根据拟订疏浚常镇运河计划。1930 年 10 月，太湖水利委员会发表疏浚武进县运河施工计划书，测量自奔牛镇天禧桥至戚墅堰之储家浜段运河。1934 年 4 月，整理运河讨论会拟有《镇苏段运河整理计划初步报告》，报告指出：一到冬天，运河塘楼崇德一带，镇江至常州一带，都干涸见底。即使遇到水涨之时，也不及五寸。除了一些极小船舶以外，航运几乎完全停顿。国防设计委员会希望运河可以通行七八百吨之炮舰。因此运河至少底宽有二十公尺，终年水深度三公尺，这样才能达到通航和国防的目的。

民国时期江南运河的整治仍以挑河、修闸、复湖为主，同时辅之以一些科学的水利规划和近代技术措施。民国时期太湖水利局在江南运河的水利兴修中逐渐起到重要作用。1916 年，江苏省议会议员金天翮提议筹兴江南水利，他拟定了策略办法，计划范围分为四大区，一区即为江南运河。1919 年 1 月，沈佺向江苏省长转送丹阳疏浚运河预算书，将丹阳运河分十四段，从马桥口外至武进界止，所需费用都从县署征村木捐项内拨付。1923 年，机浚江南运河苏州日晖桥段。1924 年春，吴江震泽议事会议长龚应翔等联名上呈太湖水利局，请求开浚平望运河。工程由报恩桥西公会前起至船场浜口止，分四段挑浚。苏沪地区各轮船总局原计划捐款一千五百元，实际为一千元，剩余五百元由震泽公所代为筹垫，其余一切经费由太湖水利局承担，6 月竣工。

民国时期多采用以工代赈的模式进行江南运河水利维护。1934 年，江苏省政府于水利公债内划拨 400 万元，并成立运河工赈处，开始筑坝戽水，这是民国年间官办之大型工程，招募的灾民很少，至 1935 年 2 月，工程仍未见起色。1935 年秋冬，继续挑浚丹阳县陵口段运河，用机船挖捞无锡县戚墅堰段运河，皆无功而返，后将工程移交 1935 年 7 月成立的江南水利工程处整治，挑浚工作敷衍了事。1936 年，江苏建设厅继续整治镇苏运河计划，计划先开挖镇江南水关至丹徒镇之运河，后浚深南水关至镇江中正桥旧运河，及镇江中山桥至小京口旧运河。在北固山东麓建筑单闸，也在南水关改道运河干线与旧运河交会处添建水闸，这样可以使得运河内水位有所操控而不致溢出。中正桥至中山桥一段旧运河，在 1934 年开挖完成，虽不是通江良港，但居民用水都仰于此，往来商贾小船也很多，这段旧运河并没有完全废弃。

民国时期，针对江南运河提出的治理方案与规划很多，但具体情况还要看是否实施，以及实施效果如何。同时，政府虽重视江南运河的运输灌溉作用，但常因经费不足，使得治理无望，江南运河时常淤塞不堪。

五、中华人民共和国成立后江南运河的整治

江南运河沿线镇江、常州、无锡、苏州、嘉兴、杭州六市河线先后均有变动。江南运河北端进口位于镇江谏壁，谏壁枢纽节制闸于 1959 年建成，闸总净宽 57 米；泵站于 1978 年建成，设计抽水流量 120 立方米每秒，装机 6 台；船闸于 1980 年建成，规模为 1000 吨级，闸室净宽 20 米，长 230 米，年设计通航能力 2100 万吨。谏壁枢纽是江南运河镇江段的主要通江口门。

江南运河镇江市丹徒至丹阳段曾多次拓浚，1959 年七里庙至七里桥曾裁弯取直开新河 6 千米，同时开挖谏壁入江口段建节制闸。1992 年又完成丹阳至陵口段重点整治。至此，从入口谏壁至丹阳武进交界河底宽达 16～50 米。江南运河常州段由武进九里乡荷园里向东至横林直湖港全长 44.7 千米。1949—1969 年曾两度整治，1993 年再度整治，在 2004—2007 年又进行了南移改建工程。常州市运河南移改建段全长 26 千米，西起连江桥，途经北港、邹区、西林、牛塘、湖塘、茶山、雕庄、遥观、丁堰等乡镇，向南绕过常州老市区，至梅港横塔东汇入老运河，共穿越常州市钟楼、武进等 4 区（市）、10 个乡镇（街道），航道等级Ⅲ级，底宽 60 米。南移新运河与一期治太骨干工程❻湖西引排工程中武宜运河项目共线 8 千米，同步实施。

江南运河无锡段，西起洛社镇五牧，经城区南流，至新安镇沙墩港，斜贯无锡全境，总长 39.1 千米。无锡段运河大规模整治分 1958—1965 年、1976—1983 年及 1983 年后三个阶段。1983 年完成了黄墩埠至梁溪河市区改道段工程，自吴桥黄埠墩向南，经锡山东麓，穿锡山、梁溪两座大桥，至梁溪河，长 4.0 千米。1997 年完成了梁溪河至南门下甸桥段，下接原运河，长 11.2 千米。至

---

❻ 一期治太骨干工程：1987 年国家计委批复的《太湖流域综合治理总体规划方案》中规划工程。

2000 年绕城段新运河底宽 60 米，其他老运河段底宽 35～90 米。运河无锡段年通航量由 20 世纪 70 年代的 3000 万吨提高到 1 亿多吨。

江南运河苏州段分为三段：苏锡段，自沙墩港向东南至枫桥，长 18 千米；市河段，自枫桥由西向东入苏州古城区外城河，经盘门，至觅渡桥转南至宝带桥，长 14 千米；苏嘉段，自宝带桥由北向南至王江泾，长 50 千米。1959 年市河段曾改走横塘镇，循胥江入外城河，1985 年改道过横塘，走澹台湖与苏嘉段相接，使市河段绕开苏州古城。

江南运河浙江段在 20 世纪 80 年代改线，主航道原从平望陆家荡口省界入浙江，改线后从省界鸭子坝入浙江。原河线入浙江后经王江泾、嘉兴城区、石门、崇福到达杭州市五杭，改线后在浙江境内澜溪塘，过乌镇后，再经湖州市练市、含山、新市，到达杭州塘栖。

江南运河杭州段 1968 年向杭州市区延伸，1971 年建七堡船闸后，运河经上塘河开始与钱塘江间接沟通。运河杭州段 1983 年以来经过三阶段整治：沟通钱塘江阶段，1983—1988 年开艮山门至三堡新航道 7 千米，建 300 吨级三堡船闸；打通瓶颈阶段，1989—1992 年改善塘栖弯道，1990—1994 年改造义桥至艮山门段，1993—1996 年建 550 吨货运量三堡二线船闸；全线整治阶段，1994—2000年，进行塘栖邵家村至北新桥改造、塘栖市河改线、塘栖至博陆段杭申线护岸完善。

21 世纪以来，江南运河不断进行升级改造。2000 年以后，江苏镇江至杭州段均已达到四级航道标准，到 2014 年，苏南段完成了航道四级升三级，至 2017年，浙江段也完成了"四改三"的改造，大大提升了运河的运力。另外，由于城市防洪标准的提升，江南运河诸城市的防洪大包围工程，包括围堤口门枢纽工程、泵站以及堤防加高工程，于 2015 年基本建成，并在 2016 年大水中发挥了重要作用。但江南运河仍存在着日益加重的水污染问题，江南运河是横截太湖东西方向出水的水流，其水流本身对太湖水流的停滞起到一定的影响，污染排放入运河，会造成污染向四面扩展，加重水环境恶化。水质污染同时影响到运河洪涝水的排泄出路，如直湖港是常州市排水入太湖的通道，在 2015—2017 年高水位期间，为防太湖水源地受污染而发生供水危机，直湖港排水受到限制[74]。今天的江南运河治理应该在防御洪涝和维持通航能力的基础上，积极防治水污染，协调好运河与圩田区的排水关系，进行生态调节和水流控制。

第三章

太湖流域主要治水历史事件及成就

对治水历史的探讨，实则是考察人与水的互动关系，随着人类对自然的开发，人类生产生活对环境的影响逐步加大，治水活动折射出人类对自然的改造及其改造行为所引起的环境变化。治水重在变水害为水利，以满足社会经济发展的需要。太湖流域的治水主要包括开河、修圩、筑堤、治河等活动，因水环境与人类开发活动的变化，在不同时期的侧重点又有所不同，具有明显的阶段差异性。

在上古时期，太湖流域古代先民依水定居，开始了早期的农耕水利活动。春秋战国时期，随着国家力量的强化，在满足农业生产需要之余，出于军事或改善交通需要而陆续开凿了大量河道，逐步形成了太湖流域的早期水系，此时期便是流域治水历史的萌芽起源期。

至秦汉统一全国，建立起强大的封建帝国，太湖流域形成了安定和平的社会环境，尤其是西汉文帝至武帝时期，国力发展到达鼎盛时期，流域农业和水利事业亦随之稳步发展；东汉末年至三国时期，各方政治势力割据，战争频发，孙吴政权建都南京，在流域内推行农田水利建设，为战争提供基本的保障；魏晋南北朝年间，西晋永嘉之乱后发生了中国历史上第一次大规模的"北人南迁"，北方士族和百姓南徙，促进了太湖流域农田水利迅速发展。在秦汉至魏晋南北朝的八百余年间，太湖流域水利事业逐步进入了初步创建期。

隋唐至五代时期全国政治经济发展达到鼎盛时期，太湖流域社会安定、人民安居乐业。为克服太湖流域平原河网地区汛期水患严重的问题，流域古代先民创造了位位相接、棋盘化农田水利系统——塘浦圩田，这种将治水和治田相结合的水利体系，极大地促进了农业生产和经济发展。至此，太湖流域成为"赋出天下，江南居什九"的富庶之地，在全国经济重心的地位愈加显著。隋唐至五代的三百余年间，太湖流域水利事业得到了兴盛发展。

两宋时期，尤其是北宋末期及南宋时期，为抵抗外侮，国力损耗严重，水利事业发展受到一定限制。两宋至元明清时期，出于商贸发展及交通便利等的需要，吴江长堤、长桥以及其后的吴江塘路建设，一定程度上束窄了太湖下游出水口，导致出水水量骤减；此外，流域上游胥溪河段五堰被毁坏，流域下游的塘浦圩田体系崩坏，上下游的水流均很难受控。因此，该段时期流域围绕太湖及其下游排水出路问题开展了一系列治水活动，流域水利事业得到了延续发展。

民国期间，水利失修，加之战争破坏，太湖流域长期受洪水和内涝所困，严重影响了流域的经济发展。直至中华人民共和国成立后，流域社会日渐稳定，水利事业逐步发展，特别是流域机构成立后，建立了流域机构统揽全局、流域治理与区域治理相结合的水利发展模式，由此太湖流域水利事业发展开启了当代治水的新篇章。本章主要对民国及其以前的治水历史进行了考证梳理，为便于分析梳理，按照上古及以前、萌芽起源期、初步创建期、兴盛时期、延续发展期、民国时期六个历史时期，对各阶段代表性历史事件进行了阐述。

第一节　上古及以前

通过太湖流域考古研究的成果，可以分析距今 3000 年前的治水历史情况。太湖流域埋藏着距今 7000 年以来许多古文化遗址，我国考古学界对太湖流域新石器遗址和古文化进行了挖掘和探索，建立了以马家浜（7000～6000 年前）、崧泽（6000～5000 年前）、良渚（5000～3800 年前）和马桥（3800～3200 年前）等为主的古文化类型，古文化遗址的地理位置与环境有着密切的关系。马家浜至良渚期的许多文化遗址聚集在冈身之后的太湖碟形洼地之中，在全新世中期海平面波动中持续了约 3000 多年。太湖流域存在两种新石器遗址类型，即土墩型与平原型。土墩遗址大多是一种墓葬，土墩大小与家族等级有关，后来也被先民利用居住，可能与防御长江古洪水的治水策略有关，太湖流域的土墩遗址大多沿苏锡常平原分布，杭嘉湖平原极少。先民从马家浜到良渚时代，不断迁移聚集到太湖东部的苏州、昆山和青浦一带居住。全新世中后期以后，太湖湖面扩展造成先民的居住环境废弃，苏、青、昆一带大片居住地沦为湖沼区，该区许多良渚遗址现都埋藏在泥炭、铁沼层之下[75]。

一、马家浜文化时期的依水定居

流域古代先民在进行聚落选址时，也充分注意到对周边环境的综合利用，他们往往倾向于选择临近湖海河流的山坡、平地以及山脚下，或选择高凸于四周地面且有河流、湖泊和农田的台墩。现今发现的马家浜文化的遗址大都位于高地或墩台之上，这些高地或墩台靠近河流或湖塘，既有天然的，也有人工建造的[76]。湖州邱城遗址先民在居住地周围开掘排水沟和供水沟渠[77]；位于江苏宜兴塘南村的骆驼墩遗址，南临宜溧山地，北临广阔平原，东连山岗余脉，分南北两区，北区的西部、西北部、北部以及东北部皆有河道呈半环绕状。考古发现马家浜时期一条深阔的古河道，该河道与半环绕遗址的河道相通。古河道的作用一方面可用来排涝，也可作为水源，同时还有防御性质和围界作用[78]。

此外，水稻是距今 7000～5800 年的马家浜文化先民所种植的重要农作物。该时期考古遗址中发现了一定数量的炭化稻谷及水稻田遗迹，以及与水稻田相配套的灌溉系统。

二、崧泽文化晚期的农耕水利发展

崧泽文化晚期，太湖流域的农业生产工具和稻作技术都有一定程度的发展，这也说明当时已具备一定的水利技术。此外，崧泽文化、良渚文化的遗址主要分布在太湖流域的湖荡平原和水网平原，良渚文化晚期还有向地势更低处迁移的趋势。这说明当时先民已经有较丰富的治水经验，有能力在低洼区中逐渐建立新的定居点，并逐渐繁衍人口、扩大定居范围。

当时太湖水域还没有形成，太湖平原地表水入海通畅，地下水位较低，先民通过在"田边"打井的方式提水灌溉。良渚文化遗址中常见许多古井，如吴县大姚村附近的澄湖湖底在一个聚落遗址中挖出古井达 150 余口，吴县通安在距太湖湖岸 60～100 米以内的湖底也发现许多良渚文化时期的古井[79]。

三、良渚文化时期的古城水利系统建设

良渚文化是在崧泽文化基础上发展起来的。太湖流域的良渚文化遗址，包括苏州吴江龙南、昆山绰墩、武进寺墩、吴兴钱山漾、杭州水田畈、苏州越城、海宁荷叶地等都与水为邻，河流环绕或从遗址中穿过。良渚文化的农业经济相当发达，一般认为当时已经进入犁耕农业阶段，是中国最发达的新石器文化之一。良渚文化先民在定居聚落的营建过程中，形成了丰富的水利实践经验。如考古发现钱山漾遗址中存有大型聚落，包括 2 座房基、3 条排水沟、149 座灰坑、6 口水井和 8 条灰沟，其中房基为干栏式建筑，东侧和东南侧有 3 条大致呈东西向的沟状堆积，初步判断为排水设施[80]。

除此之外，良渚古堤坝是目前发现现存我国上古时期时间最早、规模最大、技术含量最高的水利工程遗址之一，特别是水利工程体系的规划布局思想、解决堰坝溢洪等问题的能力，充分显示了太湖流域古代治水文明的发达程度[81]。良渚文化遗址中山地（上坝）—山麓（下坝）—平原（城墙与城河等）水利工

程的建设与变化发展，是先民遵循自然演变和人类适应与改造自然规律的结果。其中，良渚古城是我国最早的水城之一，城墙有着防洪、挡潮、防卫等作用，此外古城还有环城河、城内河道、水城门等水系和设施，可用于航运。良渚山地上的上坝出现在良渚早期，主要控制溪流，拦截成水库，通过堰坝控制蓄水、灌溉，这里产生了我国历史上第一批大坝、水库。下坝出现在良渚文化的全盛时期，邱志荣等发现杭州良渚文化遗址的水利工程体系中堤坝的主要功能是围垦保护，下坝在目前发现的良渚塘坝中处于主体和核心地位，大遮山以南以塘山坝为主体的"低坝"，距今 5000 年左右，坝顶高 12～15 米，底部海拔 7～8 米，宽 20～50 米，地处山麓与平原交界地带，坝长约 11 千米，形成东西向的闭合圈[82]。近年来考古发现良渚古城的外围水利系统为古城建设之初统一规划的城市水资源管理工程，由谷口高坝、平原低坝和山前长堤的 11 条人工坝体和天然山体、溢洪道构成。初步估算，整个水利系统形成面积约 13 平方千米的水库，库容量超过 6000 万立方米。水利系统在坝址选择、地基处理、坝料选材、填筑工艺、结构设计等方面表现出较强的科学性，具有防洪蓄水、灌溉运输、调节水系等多种功能，是东亚地区人类早期开发、利用湿地的杰出范例。良渚人利用精心为城市选址和设计巧妙的堤坝系统，使得东苕溪水系的水流和 1430 平方千米的降水从良渚古城南边向东流走，汇入太湖。这样即便有很大的降水，对良渚古城构成的威胁都不大[83]。

从技术上来看，良渚古城的水坝建筑是当时世界上规模最大的水坝建筑，也是世界上最早的拦洪水坝，其堤坝材料是用草茎包裹了泥块做成"草包"，学名为"草裹泥"，这种"加筋土"技术，即在泥中掺草，能让土体内部的摩擦力和抗拉强度都得到加强，可谓当时世界上的水利工程奇迹。此外良渚人修建这些坝不全是为了保护良渚城。良渚古城筑城的很多材料，除了草裹泥之外，还有关键的石材。良渚人就是通过高低坝水利系统，把水位抬高，然后从深山里把石材、木材、竹材等放到水里，通过翻坝的形式运下山来[84]。

第二节　萌芽起源期（商周至春秋战国）

商周至春秋战国，太湖流域治水处于萌芽起源期，早期的治水活动主要是为防治太湖平原地区的水灾。公元前十二世纪初至春秋战国时期（公元前 220 年）的治水活动在满足农业生产需要之余，也开始凭借强化的国家力量，逐步开凿运河以改善交通或用于军事用途。这一时期太湖流域的人民初步掌握了挖河、筑堤障水和低地筑圩技术，治水侧重于开河等基础性工程。当时太湖还没有形成，苏州城周边是沼泽地带，没有一定的建筑技术水平，要在苏州长期建国安定下来是困难的。当时的执政者组织在水中筑圩，发展农业。而春秋战国时期的圩田与稻田模式，多来自四川，由蜀及楚，由楚及吴，因此太湖地区的稻田技术极有可能是从楚地传来。同时，与屯田、大圩相关的河道，也在这一时期不断地形成，这一阶段是太湖流域河网形成期。

一、商周时期开渎

公元前1122年，吴泰伯开渎，后人名曰"泰伯渎"，也称"伯渎河"，这是太湖流域最古老的人工运河之一，为沟通苏、锡两地间的重要水道。据考证，泰伯渎全长24千米，从今无锡市区南门外京杭大运河开始，东南流经坊前、梅村、荡口诸镇，注入漕湖（蠡湖）。

《梅里志》记道：泰伯渎，西枕运河，东连蠡湖，而梅里当其中，长八十七里，广二十丈，起自无锡县东南五里许，历景云、泰伯、梅李、垂庆、延祥五乡，入长洲界，相传泰伯所开。盖农田灌溉之通渠，亦苏、锡往来之径道也。（[清]吴存礼：《梅里志》，清雍正二年蔡名烜刻本。）

二、春秋战国时期开河

周敬王六年（公元前514年），吴王阖闾任用伍子胥开胥溪河。

吴王阖闾用伍子胥之谋伐楚，始创此河以为漕运，春冬载二百石舟，舟东通太湖，西则入长江。（[北宋]单锷：《吴中水利书》，清嘉庆墨海金壶本。）

胥溪的开通使太湖流域与青弋江、水阳江流域相通，成为沟通皖南、浙北、苏南及上海的"芜申运河"，在后世的漕运中起到了重要作用。

周敬王六年（公元前514年），吴王阖闾由无锡梅里迁都苏州，为沟通苏州城同古都无锡以及长江的水上通道，开挖疏通了"吴古故水道"。

《越绝书》载：吴古故水道，出平门，上郭池，入渎，出巢湖，上历地，过梅亭，入杨湖，出渔浦，入大江，奏广陵。（[汉]袁康撰：《越绝书》卷二《越绝书外传记·吴地传第三》，明刊本。）

周敬王二十五年（公元前495年），吴王夫差欲北上争霸，征发民夫开河通运，自苏州境经望亭、无锡至奔牛镇，达孟河，入长江，长达170余里，此为江南运河开挖的第一阶段。

周敬王二十五年（公元前495年），伍子胥开凿胥浦，沟通了太湖与今浙江北部诸水系。胥浦与胥溪、邗沟并列为吴国进攻越、楚、齐的三条重要运河。

吴行人伍员凿河，自长泖接界泾而东尽，纳惠高、彭巷、处士、沥渎诸水，后人颂其功，名曰胥浦。（[清]孙鸣庵纂：康熙《吴县志》卷十六《水利》，清康熙三十年刻本。）

　　周元王元年（公元前 475 年），越大夫范蠡为伐吴，在苏州境内开漕河，后人称之为蠡渎、蠡湖，亦称常昭漕河。

　　光绪《无锡金匮县志》所载：越范蠡伐吴，开渎因名蠡渎，亦名范蠡渎。……蠡河即《寰宇记》之蠡渎，是范蠡所开，自望亭运河分支东行，经曹家渡、杨家渡、圣渎之水出顾市桥来合，又东行华长泾亦来合焉，又东经新桥渡、三欢荡、伯渎之水出坊桥来会，又东达于漕湖。是河南与长洲县分界，东通常熟为常熟运河。漕河亦名蠡湖、孟湖，西纳蠡河，北通鹅湖。（［清］裴大中修，秦湘业纂：光绪《无锡金匮县志》卷三《水》，清光绪七年刊本。）

　　楚考烈王十五年（公元前 248 年），春申君黄歇在松江治水，导流入海，后人因其姓黄，称黄浦，亦称春申浦。

　　楚考烈王十五年（公元前 248 年），黄歇修治无锡湖，开通无锡塘。

　　《无锡金匮县志》载：无锡故水区也，芙蓉号巨浸，自春申治陂，阅千余年而骨为南亩。（［清］裴大中修，秦湘业纂：光绪《无锡金匮县志》卷三《水》，清光绪七年刊本。）

　　《越绝书》载：无锡湖者，春申君治以为陂（指堤内成田的陂田，不是堤内蓄水的陂湖），凿语昭渎以东到大田，田名胥卑，凿胥卑下以南注大湖，以泻西野，去县三十五里。（［汉］袁康撰：《越绝书》卷二《越绝书外传记·吴地传第三》，明刊本。）

第三节　初步创建期（秦汉至六朝时期）

　　秦汉至六朝的八百余年间，太湖流域兴修了海塘、圩田、堰塘、运河等多种水利工程。孙吴政权在开拓太湖流域水网、围垦湖田、兴修水利灌溉工程等方面做了许多工作。左思《吴都赋》描写吴时屯田情况，"屯营栉比，廨署棋布""畛畷无数，膏腴兼倍"，可见当时结合水利工程的修建，开辟了"无数"的肥沃农田。东晋在嘉兴置屯田校尉，"岁遇丰稔，公储有余"[85]。发展至梁，于大同六年（540 年）改晋时的海虞县为常熟县（今江苏省常熟市），《常昭合志稿》说明其改名原因："高乡濒江有二十四浦通潮汐，资灌溉，而旱无忧；低乡田皆筑圩，足以御水，而涝亦不为患，以故岁常熟，而县以名焉。"说明常熟二十四浦至南朝末期已逐步形成，原来的海虞旧县，至此出现了常熟的局面，故而改名"常熟"。二十四浦的开挖，虽无具体记载，但分析其无法由分散的力量完成，推断自吴历东晋、南朝将近四百年的时期内，在以太湖农业为经济重心的六朝，太湖地区的塘浦有较迅速的发展。在这一时期，太湖流域的治水活动随着社会经济变迁和政治格局的变化而呈现出新特点，可归纳为三个方面：一是继续实施开河等基础性工程，完善江南运河网络以及其他人工运河；二是重视农田灌溉能力，创建南湖、练湖水库以及山丘塘堰等工程；三是推行屯田制，建立治水屯田区。

一、秦汉时期开河筑塘

秦始皇三十七年（公元前 210 年），开凿丹徒曲阿；为东巡会稽，在太湖东南面开凿了从嘉兴通钱塘越地的"陵水道"，即"治陵水道到钱塘、越地，通浙江"[46]。

汉高祖十二年（公元前 195 年），吴王刘濞为运盐铁开凿盐铁塘。

刘濞役夫循沿海古冈身内侧开凿成河，名曰盐铁塘。唐代又在盐铁塘东岸筑斗门、冈门，既可堰水于冈身之东灌溉高田，又可遏冈身之水倒灌，不致危害冈西之塘浦圩田，是为中国历史上较早的高低分开治理工程。

汉武帝时期（公元前 140 年—公元前 87 年），沿太湖东缘开运河通闽越，首尾亘百余里，江南运河的苏嘉段得以接通，从而使江南运河完全贯通，轮廓初成。

西汉元始二年（公元 2 年），吴人皋伯通在长兴县东北 25 里处，筑塘以防治太湖湖水的侵袭，是为"皋塘"。

东汉熹平二年（173 年），余杭县令陈浑在城南创建南湖，调蓄苕溪洪水。陈浑利用天目余脉山麓一片开阔的谷地为湖床，沿西南隅诸山脚绕向东北修筑一条环形大堤围建而成，东至安乐山，西至洞霄宫，南至双白，北至苕溪。南湖是太湖流域历史上兴筑最早的一个丘陵水库，同时具有灌溉、滞洪等综合效益。

东汉建安八年（203 年），孙权派陆逊"出为海昌（今海宁市）屯田都尉，兼领县事"[86]，这是太湖流域推行屯田制的最早记载。

东汉建安年间（196—220 年），阳羡令袁玘修筑长桥、开凿便民河[87]。

二、六朝时期开河筑塘

三国吴赤乌八年（245 年），孙权任命校尉陈勋开凿破冈渎。

陈勋发兵三万凿句容，中道至云阳西城，以通兵会船舰，号破冈渎，上七埭入延陵界，下七埭入江宁界，于是东郡船舰不复行京江矣。（［明］张国维：《吴中水利全书》卷十《水治》，清文渊阁四库全书本。）

破冈渎实行分级蓄水通航，其开通不仅便于吴会地区的粮食运输，还活跃了运河沿岸的商业贸易。

吴国孙休时（258—264年）修筑青塘，自吴兴城北迎禧门外西抵长兴，长堤达数十里，"以绝水势之奔溃，以卫沿堤之良田，以通往来之行旅"[88]。

吴建衡三年（271年），薛莹开凿长兴圣溪[89]。

西晋咸宁年间（270—280年），吴兴太守虞潭在沿海筑垒抵御海潮侵袭。

西晋永兴二年（305年），扬州（今江苏省扬州市）广陵相陈敏引丹徒马林溪水至曲阿后湖，创建丹阳练湖，又称练塘。丹阳练湖是太湖流域较大的一个平原水库，曾经对湖西地区的农业开发和补给江南运河北段水源作出过突出贡献。

东晋太兴四年（321年），晋陵内史张闿开通新丰塘。

张闿所郡四县并以旱失田，闿乃立曲阿新丰塘，灌田八百余顷，计用二十一万一千四百二十工，以擅兴造免官，后举朝为之申白，诏以闿为大司农。（［明］张国维：《吴中水利全书》卷十《水治》，清文渊阁四库全书本。）

东晋咸康二年（336年），朝廷颁发不许"占山据泽"的禁令。

东晋永和年间（345—356年），吴兴太守殷康修筑荻塘。

筑堤岸，障西来诸水之横流，导往来之通道，旁溉田千顷。因沿塘丛生芦荻，故名荻塘。（李宗新，闫彦编著：《中华水文化文集》，中国水利水电出版社2012年版，第324页。）

后来，吴兴太守沈嘉重开荻塘，疏导淤塞的河段，"南望官河，北入松江"[90]，围田灌溉的功效超过前代，时人称"吴兴塘"；太和年间（366—371年），吴兴太守谢安开官河通苕溪以泄洪，分担了荻塘泄洪的压力。

南朝宋元嘉二十二年（445年），扬州刺史刘浚主张穿渠浍、修阳湖；元嘉二十四年（447年），疏浚临津。

南朝宋大明七年（463年），武康（今属浙江省湖州市德清县）县令沈攸之修建吴兴塘，可灌溉农田达两千顷。

南朝齐建武年间（494—498年），曲阿（今属江苏省镇江市丹阳市）令丘仲孚开凿长冈渎、丹阳云阳运渎。

萧梁普通年间（520—526年），参军谢德威在金坛县东南三十里处组织修建了南、北谢塘。

萧梁大通二年（528年），吴郡大灾，有官员上书主张"当漕大渎，以泻浙江者"[91]，太子萧统上书劝诫阻止。

梁吴兴郡屡以水灾失收，有言当漕大渎，以泻浙江中。大通二年春，诏发吴郡、吴兴、义兴三郡民丁就役，昭明太子统上疏曰：闻吴兴屡年失收，民颇流移，吴郡大城亦不全熟，榖价犹贵，劫盗屡起，所在有司不皆闻奏如复，今兹失业，虑恐为敝更深，不审可得权停否。高祖优诏喻焉。（［宋］潜说友撰：咸淳《临安志》卷八十九《纪遗》，清文渊阁四库全书本。）

萧梁大同六年（540年），常熟县低乡区的围田体系初步建成。海虞县因低乡田皆筑圩拦水，洪涝灾害不能为患，以致岁常熟，将海虞县改为常熟县，这不仅说明当地农业经岁常熟，也说明南朝时期已经形成了较大面积的塘浦圩田。

高乡濒江有二十四浦通潮汐，资灌溉，而旱无忧；低乡田皆筑圩，足以御水，而涝亦不为患，以故岁常熟，而县以名焉。（［清］郑重祥修：光绪《重修常昭合志》卷九《水利志》，清光绪三十三年刊本。）

南朝宋至萧梁时期（479—556年），太湖流域大力发展塘堰灌溉工程。南朝宋时，武康县令沈攸之建吴兴塘；南齐时单旻在金坛县主持修建了单塘；萧梁天监九年（510年），彭城令谢法崇在金坛县组织修建了谢塘，吴游在金坛县主持修建了吴塘，还开了上容渎、龙目河等。

第四节　兴盛时期（隋唐至五代）

隋唐至五代是太湖流域治水活动的兴盛期，隋朝统一全国，结束了近400年的大分裂局面，开通了长达5000余里的南北大运河。这个时期太湖流域的圩田系统不断扩展，至五代时期基本形成全局网络化。太湖地区在唐代属江南东道，有大量的屯田。李瀚称当时"嘉禾一穰，江淮为之康；嘉禾一歉，江淮为之俭"[92]，其后韩愈也说全国赋税，十分之九出在江南[93]。唐中叶以后，国家对割据北方的藩镇已失去控制力量，不得不转向江南开发，而太湖农业占全国经济重心的地位愈加显著，太湖地区的塘浦圩田系统也随之在中唐以后愈加完善。至五代吴越，进一步发展、完整和巩固，都和屯田营田措施有一定关系。

一、隋代贯通大运河

隋大业元年至六年（605—610年），隋炀帝杨广下旨穿江南运河，自镇江至杭州段号称八百余里，江南运河始全线贯通，这是一条北起涿郡，南抵余杭，贯通海河、黄河、淮河、长江、钱塘江五大水系的大运河。

隋代拓浚江南运河之事，北宋司马光记载道：敕穿江南河，自京口（今镇江）至余杭（杭州）八百余里，广十余丈，使可通龙舟，并置驿馆草顿，欲东巡会稽。（［北宋］司马光：《资治通鉴》卷一八一《隋纪五》，四部丛刊景宋刻本。）

二、唐代治水与治田

唐武德二年（619 年），润州（今江苏省镇江市）刺史谢元超疏浚了金坛县东南 30 里的南、北谢塘，用以灌溉良田千余顷。

开元元年（713 年），盐官县（今属浙江省嘉兴市海宁市）重筑北抵吴淞江的捍海塘，共 124 里。

开元十一年（723 年），乌程县令严谋达重开自乌程县（今浙江省湖州市吴兴区）至吴江县（今江苏省苏州市吴江区）境的荻塘，长达 90 里。

开元二十五年（737 年），唐政府制定了一部系统的水利法规——《水部式》，这是我国现存最早的一部水利法典。

广德年间（763—764 年），时任太湖地区观察使兼摄吴郡太守，在原来"浙西有三屯，嘉禾为之大"[94] 的基础上，进一步发展屯田垦拓。唐人李瀚写有《屯田政绩记》一文，该文记述嘉禾（即今属浙江省嘉兴市）一屯的规划布置情况。其组织："屯有都知，群士为之；都知有治，即邑为之官府。官府既建，吏胥备设，田有官，官有徒，野有夫，夫有伍，上下相维如郡县。"其规模"嘉禾大田二十七屯，广轮曲折千有余里"，则自湖边至东南沿海，环绕着广大的半个太湖地区都在嘉兴屯垦区的经营范围之内，另外还有苏州等二大屯垦区不在其内。屯垦的经营步骤："画为封疆属于海，浚其畎浍达于川，求'遂氏'治野之法，修'稻人'稼穑之政。"说明当时海边高地和内部低地还有很多没有开发，而屯垦区一直拓广到海边，所谓"嘉禾之田，际海茫茫，取彼榛荒，画为封疆"，湖海间的荒原，一律置之军屯形式之下，便于统一部署进行较大规模的围湖围海垦殖工作[95]。

永泰二年（766 年），润州刺史史韦损重修练湖，将湖水灌注到官河之中，并设官立制以保证运河水源的充沛。

大历十二年（777 年），王昕重新开浚绛岩湖。

贞元八年（792 年），苏州刺史于頔对荻塘进行全面整治，"民颂其德，改名頔塘"[96]。

贞元十二年（796 年），浙西观察巡官崔翰管理苏州的军屯，"凿浍沟，斩荄茅，为陆田千二百顷，水田五百顷，连岁大穰，军食以饶"[97]。

元和二年（807 年），浙西观察使韩皋任命苏州刺史李素、长洲县令李暵、常熟县主簿李仲方开通自苏州齐门始、北达常熟的常熟塘，塘长九十里，因修浚于元和年间，故又名为"元和塘"。功成后"事为永逸"，既疏通了淤塞的河道，促进了航道交通，舟楫往来，带动农商经济的发展，也使泄水灌溉，旱涝保收，为民之大利。

元和二年（807 年），湖州刺史范传正于湖州苏州的交界处开浚平望官河，使苏州与湖州间淤塞的水道复通，同时对八圻段运河进行裁弯取直。

元和五年（810年），苏州刺史王仲舒筑"松江堤"，这是"九里石塘"的前身；又建有木制的宝带桥。吴江居于太湖之滨，自古就是"舟行不能牵挽，驿递不通"的水乡泽国[98]。自唐代以后，历经宋元，开始沿古运河陆续修建纤道，从苏州至嘉兴，全程百余里，由古塘、北塘、石塘、官塘、土塘等"五塘"组成，迤逦南伸，号称"九里石塘"，它是我国京杭大运河上最古老也是保存最完好的古纤道。

元和八年（813年），常州刺史孟简开通古孟渎和泰伯渎。

元和年间（806—820年），常州刺史孟简开孟泾河（又名孟津河），这是武宜（武进、宜兴）漕河的前身，有助于湖西高岸之水北入长江。

《新唐书·地理志》载："武进、武德三年以故兰陵县地置，贞观八年省入晋陵。垂拱二年，复置，西四十里有孟渎，引江水南注通漕，溉田四千顷，元和八年，刺史孟简因故渠开"，同年孟简又"开泰伯渎，并导蠡湖。"（［北宋］欧阳修：《新唐书》卷四十一《地理志》，清乾隆武英殿刻本。）

长庆年间（821—824年）县令李谔开通海盐诸河。《新唐书·地理志》记载海盐县有古泾三百条[99]。当时东南沿海自今海宁以东均属海盐县地，这么多条的古泾，不是一县力量所能完成，主要是广德屯田时在前人已经有些成就的基础上搞起来的沟洫系统，长庆时淤塞，李谔加以疏浚[58]。

长庆二年至四年（822—824年），白居易在杭州钱塘门外筑白公堤，"放水入河，从河入田"[100]。

太和年间（827—835年），盐铁塘得到了进一步的治理，全长近100余千米，使该塘成为沟通常熟、太仓（今属江苏省太仓市）等地的水利运输渠道，并最终泄水入吴淞江。

三、吴越钱氏治水管水

天祐元年（904年），吴越钱氏政权设立营田军，设置都水庸田司与撩浅军。

北宋范仲淹称：且如五代群雄争霸之时，本国岁饥，则乞籴于邻国，故各兴农利，自至丰足。江南旧有圩田，每一圩方数十里，如大城。中有河渠，外有门闸，旱则开闸引江水之利，涝则闭闸拒江水之害，旱涝不及，为农美利……臣询访高年，则云囊时两浙未归朝廷，苏州有营田军四都，共七八千人，专为田事，导河筑堤，以减水患。（罗伟豪，萧德明编著：《范仲淹选集》，广东高等教育出版社2014年版，第173页。）

这种撩浅专业队伍和管理养护制度，为历代封建王朝所少有。

吴越开平八年（915年），吴越王钱镠在太湖旁设置都水营田使管理水务，以都为单位招募士卒，四都共有七八千人，称作撩浅军，又号撩清军，主要为农事服务，从事治河筑堤，"一路进吴淞江，一路自急水港下淀山湖入海"[101]。塘浦圩田系统有了进一步的巩固和发展，趋于成熟和完善。

吴越开平六年至天福七年（913—942年），陆续疏浚海虞的二十四浦，并在港口处设闸，按时启闭，以备旱涝；又创设水寨军，屯兵于浒浦的冈身地带，百姓都感到便利。

第五节　延续发展期（宋代）

隋唐五代时期，太湖流域的水利建设已具规模，奠定了太湖流域水利事业的基础。宋代至清代，是太湖流域治水活动的延续发展期。随着太湖流域水资源条件以及社会经济形势的变化，治水活动展现出新的特点。当社会生产发展到一定阶段，不仅农业对水利提出新要求，其他经济领域，特别是水运航运事业对水利的要求也更高。随着形势的变化，水利活动的方针以及工程措施也相应地作出了调整和改进，水利事业的延续发展成为生产力发展进步的一种体现。这时期的社会动荡较少波及江南地区，执政者对江南水利的重视达到一个新的水平。故水学大盛，水利工程不断出现，如因江南粮道的建设，吴江长桥一带的水利工程不断地兴起。南宋以后，北方移民增多，太湖东部地区大量的水面被围垦成圩田，由于通海港口的捺断，苏、湖、秀三州之水转趋淀山湖，出现一系列的排水问题，该段时期一系列的治水活动主要以排水出路的探索为中心。

一、北宋前期的疏浦与固塘

北宋大中祥符五年（1012年），转运使徐奭上奏朝廷请求设置开江兵，开江兵共有1200人，专修吴江至嘉兴之间长达100余里的吴江塘路。

大中祥符七年（1014年），发运使李溥、内供奉官卢守懃重视海塘的修筑，"请复用钱氏旧法，实石于竹笼，倚叠为岸，固以椿木，环亘可七里，斩材役工，凡数万，踰年乃成"[102]。

天禧二年（1018年），江淮发运副使张纶监督苏州知州孙冕疏浚常熟、昆山诸浦，将太湖水引导入海。

乾兴元年（1022年），朝廷下诏要求苏、湖、秀三州疏导壅淤，要求转运使征发相邻州郡的士兵协助疏浚。

天圣元年（1023年），两浙转运使徐爽、江淮发运使赵贺在苏州筑堤浚潦。治理区域覆盖自市泾（今王江泾）以北，赤门（今葑门）以南，修筑石堤90

里，建桥 18 座。次年四月塘成，可以灌溉良田数千顷。

天圣七年（1029 年），润州新河工程完成（新河在镇江府城之西，京口闸之东，南通漕河，北通大江）。

景祐元年（1034 年），苏州连年大水，良田荒芜，苏州知州范仲淹用官粮招募饥民兴修水利，监督疏浚了茜泾、下张、七鸦、白茆、浒浦等五大浦，使各地的水向东南导入吴淞江，向东北导入长江与大海；范仲淹还在福山置闸，人称范公闸。

景祐三年（1036 年）四月，江潮漫溢冲毁堤岸，杭州知州俞献卿征发军民在西山开凿石料用作工料，修筑堤岸长达数十里。工部侍郎张夏考虑到杭州的土壤特性，特设置捍江队伍专门采石修筑海塘，共长 12 里。

宝元元年（1038 年），两浙转运副使叶清臣察觉太湖流域的民田大部被豪强占据，导致上游之水排泄困难，百姓申诉无门，他疏凿盘龙汇使之与沪渎港相通，从而实现排水入海。

宝元二年（1039 年），两浙转运使叶清臣采取裁弯取直之策，将界于昆山、华亭之间原长 40 里的吴淞江盘龙汇弯子裁直为 10 里，谓之"道直流速，其患遂弭"[103]。

庆历二年（1042 年），苏州通判李禹卿堤太湖 80 里为渠，此举有益漕运，也有利于蓄水灌溉千余顷的农田。

李禹卿以松江风涛，漕运多败官舟，遂筑长堤于松江、太湖之间，横截五六十里。又云八十里为渠，益漕运，其口蓄水溉田千余顷。岁饥出美粟三万，活饥民万余。（［明］张国维：《吴中水利全书》卷十《水治》，清文渊阁四库全书本。）

二、庆历年间吴江长堤与长桥修建

宋代以前，运河以单堤形式存在于吴江与嘉湖平原上，且为土堤，太湖水与东部平原基本上是一堤之隔的状态。北宋庆历年间长堤与长桥的修建，成为太湖东部、南部的有力屏障，提高了抵御太湖来水的能力，但也造成运河在这一水域内横切的局面，水流因之发生变化，吴淞江中游水位无法抬高，排水不畅，形成落淤，对河网的分化起了重要影响。

庆历二年（1042 年），基于"欲便粮运遂筑此堤"[26] 的考量，吴江筑长堤，这改变了太湖的吐纳形势，水流产生了实质性的变化，长堤"横截江流"，导致宽达五六十里的太湖出水口被阻断，吴淞江水道淤塞渐重，太湖泄水能力趋弱，"环湖之地常有水患"[26]。

庆历二年，守臣以松江风涛，漕运多败官舟，逐筑长堤，界于松江、太湖之间，横截五六十里，又修获塘，通湖州，凡九十里。（［明］董斯张：《吴兴备志》卷十七《水利征第十三》，清文渊阁四库全书本。）

庆历八年（1048 年），吴江知县李问始建利往桥，又名垂虹桥、长桥，使沟通松陵至平望的陆道得以连通。自此，太湖东缘形成一条南北贯通、水陆俱利的塘路，称吴江塘路。

吴江塘路的筑成，不仅沟通了苏州与嘉兴、湖州的陆路交通，更主要的是限制了太湖水的急速东泄，五六十里的漫流区域不再漫流，水流受到约束，传统水利生态被打破，太湖以东地貌开始发生变化，促成了湖东地区湖沼滩地的淤积，为围田垦殖创造了条件。

三、至和年间至和塘修建

至和二年（1055 年），昆山主簿邱与权条陈五利，"一曰便舟楫，二曰辟田畴，三曰复租赋，四曰止盗贼，五曰禁奸商[104]"。在他的主持下，至和塘开挖成功，塘深 5 尺，宽 60 尺，累计征发民夫 156000 名，耗用米粮 4680 石，修建 52 座桥梁，栽种 57800 株柳树。这项工程于水中取土完成，河、堤、路、桥的修建可谓一气呵成。工程完成后，邱与权作《至和塘记》以志纪念，并易名"至和塘"。

沈括曾在《梦溪笔谈》中对至和塘评述道："苏州至昆山县凡六十里，皆浅水无陆途，民颇病涉，久欲为长堤，但苏州皆泽国，无处求土。嘉祐中人有献计，就水中以蘧蒢刍蒿为墙，栽两行，相去三尺，去墙六丈又一墙，亦如此。漉水中淤泥实蘧蒢中，候干则以水车汰去两墙之间旧水。墙间六丈皆土，留其半以为堤脚，掘其半为渠，取土以为堤，每三四里则为一桥以通南北之水。不日堤成，至今为利。"[105] 上述水中取土以筑堤的方法，做到了因地制宜、就地取材，是太湖流域治水的智慧结晶。

四、嘉祐与治平年间的疏河与筑圩

嘉祐四年（1059 年），常州知州陈襄"以太湖积水，横遏运河，不得入江，为民患"[106]，立法开浚运河。

嘉祐四年（1059 年），朝廷下诏在苏州设置开江兵士，其下分设吴江、常熟、昆山、城下四个指挥部，主要负责河道的撩浅、岁修工作。

嘉祐五年（1060 年），转运使王纯臣请旨朝廷，下令要求苏、湖、常、秀四州的各县官教导圩户自筑圩田塍岸，塘浦大圩古制隳坏后，修圩从此由民间力量主办。

嘉祐六年（1061 年），两浙转运使李复圭、昆山知县韩正彦，大修至和塘，开白鹤汇，将吴淞江中游的白鹤汇弯子裁直，太湖下游的排水出路得以畅通，使江水能够直达于海，因此松江又有新江、旧江之别；宜兴县尉阮洪疏浚太湖沿岸的四十九溇，农业获得大丰收。

嘉祐年间（1056—1063 年），常州知州陈襄疏浚运河；常州知州王安石开浚运河；郑向疏浚蒜山漕河。

嘉祐八年（1063 年），望亭堰闸遭到废弃，朝廷调拨兵士归苏州开江指挥，在昆山县设立指挥部，主持兴修至和塘岸。

治平三年（1066 年），吴江知县孙觉大筑获塘，开始垒石为塘岸，挖土为塘河。

治平三年（1066 年），浙西提刑元积中开浚运河。

治平四年（1067 年），开浚润州的夹岗河道。

五、熙宁年间的治水治田

熙宁元年（1068 年），无锡知县焦千之采纳单锷的计策，从小渲将湖水引入运河，又将梁溪的水引入将军堰中蓄存用作灌溉，农田获利颇大。同年，朝廷设置提举淮浙澳闸司官一员，统揽治理常、润、杭、秀、扬州等地的新旧等闸。

熙宁二年（1069 年），王安石颁《农田水利约束》，即《农田水利法》，改法是国家政权为发展农业生产的法令和具体措施。其内容主要包括发动官民，开浚河道、沟洫，修筑堤防圩岸，恢复堰埭陂塘，设置水闸斗门，垦殖荒田、废田等。实施过程中，从官民两方筹措经费，并论功行赏。这项法令颁布后，逐渐掀起了全国性的水利建设高潮。

自熙宁三年至九年（1070—1076 年），全国各地大兴水利，修建水利工程10000 多处，灌溉农田 36 万多顷❼。其中太湖流域所在的两浙路修水利最多，达近 2000 处，溉田 10 万多顷，很多地区产量倍增。

熙宁六年（1073 年），于潜县令郑亶上书《苏州治水六失六得》及《治田利害七论》。十一月，朝廷任命郑亶担任司农寺提举兴修两浙水利，因为治水举措安排不当，受地方既得利益势力的掣肘，仅仅一年就宣告失败。

熙宁八年（1075 年），大旱，运河干涸，无锡知县焦千之调引梁溪的蓄水注入运河才使其畅通。

六、元丰年间的浚河排水

元丰三年（1080 年），朝廷下拨 3 万石米，下诏开浚苏州至杭州段运河。

元丰六年（1083 年），枢密院裁定从苏州开江兵中调拨 800 人，专门修治浦闸。

---

❼ 顷为古代计量单位，1 顷等同于 100 亩。

元祐三年（1088 年），宜兴人单锷在其所撰述的《吴中水利书》主张恢复太湖上游五堰以节水，在下游则将吴江塘路改为疏水的千座木桥，以泄太湖之水，但未被采纳。单锷论水利具有很强的针对性，着重谈了决水问题，认为"排"重于一切，他倡导上节、中分、下游任其洪水泛滥之措施，即杀减太湖入水量与广开泄水通道。

元祐三年（1088 年），朝廷下诏浙西常平使调拨苏、湖、常、秀四州的民夫用以疏浚青龙江。

元祐六年（1091 年），杭州知府苏轼认可单锷《吴中水利书》中的治水主张，将其举荐给朝廷，在奏疏中总结性地阐述了水文、水利环境的变化形势，然未受重视，但单锷的治水学说因得苏轼的举荐而广为流传。单锷与苏轼皆认为苏、常、湖三州水患的根源在于吴江长堤阻水，落淤导致吴淞江下游不畅，因此太湖水溢不泄，主张改造长堤。单锷认为"今欲泄震泽之水"，主张"先开江尾茭芦之地，迁沙村之民，运其所涨之泥"[26]，苏轼的治水主张与单锷有共通之处，他建议将余处塘路再建千桥以通水流，实际上这是一种加大过水面宽度之法，"今欲泄三州之水，先开江尾，去其泥沙茭芦，迁沙上之民；次疏吴江岸为千桥，次置常州运河一十四处之斗门、石碶、堤防。次开导临江湖海诸县一切港渎，及开通茜泾，水既泄矣，方诱民以筑田围"。[64] 但二人的治水主张只言开浦泄水，不注重置闸防淤。

七、北宋中晚期的浚浦与水则碑

绍圣二年（1095 年），朝廷下诏要求武进、丹阳、丹徒三县修筑运河沿线的堤岸沟礁。

元符三年（1100 年），朝廷下诏要求苏、湖、秀三州征发开江兵卒，浚治运河沿线的浦港沟渎，修垒堤岸，开置水门斗堰。

崇宁二年（1103 年），提举常平使徐确开浚吴淞江。此前对吴淞江的治理主要集中在中段的裁弯取直，近海段的大规模开浚自此开始。

大观三年（1109 年），中书舍人许光凝开浚吴淞江并且置闸。

政和元年（1111 年），修治松江堤，即修吴江县运河堤，将土堤改建为石堤。同年十月，朝廷下诏要求苏、湖、秀三州治水并修复圩岸。

政和六年（1116 年），户曹赵霖称元和塘受风浪侵袭严重，塘堤大部遭受毁坏，遇到涝年时塘中积水甚高，往来舟楫常有倾覆之险，于是上奏朝廷请求使用民间力量设闸来构筑防线，禁止百姓的盲目围田以挡御风涛，"今若开浦置闸之后，先自南乡，大筑圩岸，围裹低田，使位位相接，以御风涛，以狭水源，治之上也；修作至和、常熟二塘之岸，以限绝东西往来之水，治之次也；凡积水之田，尽令修筑圩岸，使水无所容，治之终也"[107]。同年九月，朝廷任命赵霖为两浙提举常平主持兴修水利,他考察了平江的三十六浦,有重点有选择地进行治理,仍旧通过置闸来实现导水归海。

宣和元年(1119年),两浙提举常平赵霖主持兴修水利,修浚华亭县(今属上海市松江区)的青龙江,江阴的黄田港,昆山的茜泾浦、掘浦,常熟的崔浦、黄泗浦,宜兴的百渎;修筑常熟塘岸界岸,长洲界岸,修岸的同时也开塘。

宣和元年(1119年),在浙西设立诸水则碑,此碑为太湖流域最早的水文测量标志。"宋徽宗宣和二年,立浙西诸水则石碑,凡各陂湖泾河渠,自来蓄水灌田通舟,官为核量丈尺、地名、四至,并镌之石云云。则长桥二碑之立,正在此时。想他处立石尚多,惟兹独存耳"[108]。相较于北宋的形制,明代水则碑形制为横道。明清时期,吴江的水则碑被损毁。清乾隆十二年(1747年),吴江县知县陈其镶仿照原碑重建,改称"横道水则碑"。吴江水则碑的影响是跨越时空范围的,它的科学性一直为后人借鉴,清光绪二年(1876年)七月,江苏巡抚吴元炳仿照吴江水则碑,另立碑于苏州胥门外万年桥旁(原水厂附近),以验水位之消长,以保证熟悉农情的变化。

水则碑立于垂虹桥亭北之左右,该水则碑分左右两边,左碑为横道碑,右碑为竖道碑,碑上刻有7—12月的旬线,以记水位及发生时间。

其右一石,分为上下二横。每横六直,每直当一月。其上横六直,刻正月至六月,下横六直,刻七月至十二月。每月三旬,故每月下又为三直,直当一旬。三季二十九旬,凡二十九直。其司之者,每旬以水之涨落到某则报于官。其有过则为灾者,刻之法如前。([清]顾炎武:《天下郡国利病书·苏上》,稿本。)

关于设置水则碑的目的与运用,《吴江水考增辑》中记载道:

横道水则石碑,碑长七尺有奇,树垂虹亭北之左,建置无考。左右一碑面横七道,道为一则,以下一则为平水之卫。水在一则,则高低田俱无恙;水过二则,极低田淹;过三则,稍低田淹;过四则,下中田淹;过五则,上中田淹;过六则,稍高田淹;过七则,极高田淹。([明]沈启撰,[清]黄象曦辑:《吴江水考增辑》卷二《水则考》,沈氏家藏本。)

水则碑设置的高低位置与当地耕地的地面高程相联系,具有区域性高程基准的作用。用以观测水位的高低涨落,根据洪水水迹所处的则数,作为洪水大小的标准,从而推断免税、减税或征税的等级。若某年水至某则为灾,就在本则刻记某年洪水痕至此,水痕达到某则产生水灾,就把这次水痕发生的时间,依上法刻于左碑。水则碑有专人负责观测,每十天把涨落到某则的水情报告当地官府。这是传统社会人们认识环境、适应环境的重要举措,方法虽然简陋,但也反映出复杂水环境下人们的科学认知与科学应对。

宣和二年至三年（1120—1121年），两浙提举常平赵霖再次疏浚吴淞江，招募开江兵士，遵循旧例设置四都，为四指挥使共添置两千人，每指挥使下设五百兵士，这是历年开江兵士人数的最高额。在庞大的人力支持之下，赵霖整浚白鹤汇，并修治吴淞江周围的港浦泾渎，使吴淞江泄水通畅，航道便利，且蓄水灌田，为农甚利。范成大称"昆山田从昔号为下湿，数十年前十种九涝，自赵霖凿吴松江积潦，三十年来，岁无荐饥"[109]。此为宋代浚吴淞江之顶峰，此后，兵士营卒为运送花石纲所夺，经年减少，甚至不复设置。

八、南宋时期的开浦和围田

南宋时期，治水活动表现为高地开浦和深水区围田，由于人口增多，围田扩展，越来越多的官员强调围田扩大的危害，然围田之害仍屡禁不止，围田扩大之势愈演愈烈，南宋时期的治水在一片争议声中进行。

绍兴四年（1134年），湖州知府王回疏浚太湖沿岸的七十二溇，将水导入太湖。

绍兴十三年（1143年），两浙转运使张叔献为了防治海水对民田的侵袭而重修新泾塘。

绍兴十五年（1145年），秀州通判曹泳重开通自华亭县北门至青龙镇的顾汇浦，长达60里。

上流得故闸基，仅存败木，是为旱涝蓄泄之限。……曹泳分河为十部，因形势上下为级十等。北门外增深三尺，而下至镇浦极于一丈，面横广五丈有奇，底通三丈，据上流筑两狭堤，因旧基为新闸于河，通辟行道，建石梁四十六，通诸小泾，以分东乡之渟漫。（［明］张国维：《吴中水利全书》卷十《水治》，清文渊阁四库全书本。）

绍兴二十三年（1153年），谏议大夫史学撰写《上围田利害状》以申明围垦之害。

谏议大夫史才言：浙西民田最广，而平时无甚害，太湖之利也。近年濒湖之地多为兵卒侵扰，累土增高，长堤弥望，旱则据之以溉，而民田不沾其利，涝则远近泛溢，而民田尽没。欲乞尽复太湖旧迹，使军民各安，田畴均利。（［明］张国维：《吴中水利全书》卷十三《奏状》，清文渊阁四库全书本。）

绍兴二十四年（1154年），大理寺丞周环请求开浚常熟福山港白茆塘。

绍兴二十九年（1159年），监察御史任古监督疏浚平江（今属江苏省苏州市）的水道，使之从常熟东栅至雉浦入丁泾；开浚自丁泾口至高墅桥的福山塘，使之北注长江。同年，平江知府陈正同为铲除围田的弊端，报经户部奏准，禁止围垦湖田，并且设立了约束人户的界碑。

正同言："相视常熟诸浦，旧来浦口，虽有潮沙之患，每得上流迅湍，可以推涤，不致淤塞，后来节次被人户围裹湖瀼为田，认为永业，乞加禁止。户部奏，在法蓄水之地，谓众共溉田者，辄许人请佃承买并请佃承买，人各以违制论。乞下平江府，明立界至，约束人户，毋得占射围里，有旨从之。"（[清]李铭皖修，冯桂芬纂：同治《苏州府志》卷九《水利一》，清光绪九年刊本。）

隆兴二年（1164年），平江知府沈度征发民夫疏浚浒浦、白茆浦、崔浦、黄泗浦、茜泾浦、下张浦、七鸦浦、川沙浦、杨林浦、掘浦等常熟、昆山十浦，总共开垦围田十三所。

是年八月，臣僚奏请疏浚三十六浦开掘围田诏，两浙运判陈弥作相度措置，议开常熟许浦、白茆浦、崔浦、黄泗浦，昆山茜泾浦、下张浦、七鸦浦、川沙浦、杨林浦、掘浦，凡十浦，合开围田一十三所。诏令知平江府沈度依状开决，许浦自梅里塘雉浦口东开至白荡，白茆自黄沙港开至支塘桥，崔浦自丁泾塘开至浦口，黄泗浦自十字港开至奚浦口，茜泾浦自界泾开至鸭头塘，下张浦自东海沂开至千步泾，七鸦浦自梅浦开至李漕泾，川沙浦自海沂开至六鹤浦，杨林浦自杨林桥开至陶家港，掘浦自梅口开至五圣港，凡用工三百二十二万，钱三十三万七千，米九万六千七百各有奇。（[清]李铭皖修，冯桂芬纂：同治《苏州府志》卷九《水利一》，清光绪九年刊本。）

乾道元年（1165年），邑长李结募集民工整治吴淞江，开浚了五浦三塘，其中包括新洋江、至和塘等。

乾道元年（1165年），朝廷下诏要求苏州招募开江兵卒补充缺额，开浚白茆等浦。转运判官陈弥作、平江守臣沈度有感水利职责之重，"依旧招置阙额开江兵卒"[110]，然人数远不及前，仅常熟、昆山二县各招置100人，共200人投入到开浚之中。

乾道五年（1169年），增设平江撩湖军民，"专一管辖，不许人户佃种茭菱，因而包围隉岸"[104]，此举确定了官府对太湖的管辖范围，不许人户佃种茭菱等阻水易淤的水生植物，以保障河流的畅通。

乾道八年（1172年），秀州守臣丘崈认为旧塘"废且百年，咸潮岁大入，坏并海田，苏湖皆被其害"[111]，另建"起嘉定之老鹳嘴以南，抵海宁之澉浦以西"[112]的里护塘。

淳熙元年（1174年），提举浙西常平薛元鼎监督开浚茜泾、七鸦、下张等浦及运河。同年，平江知府韩彦左与浒浦驻军戚世明，组织军民开浚浒浦港。

淳熙二年（1175 年），镇江府疏浚了自京口腷河以北至河口段的运河，武进县疏浚常州长达运河 30 里，平江府开浚运河长达 54 里。

淳熙六年（1179 年），发运使魏峻疏浚至和塘。

淳熙十三年（1186 年），提举浙西常平罗点认为乡间豪强将淀山湖侵占围垦为田，湖水宣泄不畅导致民田积水严重，他上疏朝廷要求进行开浚实现吴淞江的正常泄水，经他治理，民田里的积水很快退去，受涝水影响的民田又重新成为良田。罗点之请反映出南宋官方在对待治水与治田的问题上缺乏全局性筹谋，默认地方加速围垦的趋势，继续沿用北宋的治水权宜之计，并未大力开展疏浚吴淞江的水利工程，而集中在吴淞江中游的东北、东南两翼开浦，围垦与开浦并行发展。

淳熙十六年（1189 年），提举浙西常平詹体仁监督平江、常州、镇江三府的治水，开浚运河并且设置斗门。

绍熙元年（1190 年），提举浙西常平刘颍上疏朝廷请求治理吴淞江的泄水通道，禁止农民的侵筑逼塞，"自此以后境宇日蹙，勤水力穑之事，有司无复讲矣，故不得而详焉"[109]。

嘉定七年（1214 年），常熟知县惠畴修筑元和塘，疏浚淤塞，挖深塘道，甃石为路，加固了塘岸，与苏州府城相连，也便利了府县之间的陆路交通。

嘉定十年（1217 年），平江知府赵彦肃疏浚锦帆泾，使之与运河相通，还修建桥梁 55 座，开河长达 1190 丈，使用民工 3 万余人，耗费资金达 3000 余缗。

嘉定十五年（1222 年），盐官县的海塘遭冲毁，朝廷任命浙西提举刘垕整治东西塘及县治左右塘，共长 50 余里，名为"嘉定土塘"。

绍定五年（1232 年），平江知府吴渊任命吴江知县李桩年重修石塘，并修建有桥梁。

嘉熙二年（1238 年），临安知府赵与欢调拨五千五百余官兵，同时招募民夫3000 余人，筑坝长达 150 丈，筑捺水塘长达 600 丈。

淳祐三年（1243 年），常熟知县张从龙开浚支塘。

《程公许重开支川记》：浙居东南，厥土衍沃，姑苏产甲两浙诸邑，常熟复甲，姑苏有湖，昆承、江浦发源也，分为支川，横贯其中，挟以东鹜，周泾、围塘、白茆浦、李王泾咸汇焉，南渡前，居甿占冒，弗克宣泄，为畛亩大棘。数十年间，乡者咸思开治，竟诛异议。（［清］李铭皖修，冯桂芬纂：同治《苏州府志》卷九《水利一》，清光绪九年刊本。）

咸淳年间（1265—1274 年），海盐的农业受海潮侵袭严重，两浙转运使常楙大修新塘长达 3625 丈，名为"晏塘"。

第六节　延续发展期（元明时期）

元代，吴淞江水道的淤塞已经为执政者所关注，到了元末明初，长期以来吴淞江等河流的淤塞也达到了必须治理的程度。明初夏原吉治水，形成了黄浦江河道，分担了太湖东部大部分水流。这时期官方的治水重点在吴淞江疏浚、白茆河的治理和太湖沿岸的圩田与河道的治理方面。

一、元初的浚河筑圩置闸

元至元二十四年（1287年），宣慰朱清疏导娄江的入海通道。

至元二十八年（1291年），行省参政燕仲楠整治淀山湖的非法围垦，使太湖排泄之水得以畅流。

至元三十年（1293年），朝廷下诏要求平江、松江等路府修治湖泖河港。

至元三十一年（1294年），朝廷下诏要求丹阳县疏浚练湖。

大德三年（1299年），在浙西、平江共设置了78所河渠闸堰，疏浚太湖及淀山湖。

大德五年（1301年），华亭县的海水内侵，华亭县的里护塘金山段被冲毁，遂后退"二里六十步"另筑新塘，长约64里，塘高1丈，面宽1丈，底宽2丈。

大德八年（1304年），从任仁发所请，浙江平章政事燕只吉台徹里浚治西自上海县界、东抵嘉定石桥洪吴淞江。

今东南有上海浦新泾泄放淀山湖、三泖之水，东北有刘家港、耿泾，疏通昆城等湖之水。吴淞江置闸十座以居其中，潮平则闭闸而拒之，潮退则开闸而放之，滔滔不息，势若建瓴，直趋于海，实疏导潴蓄之上策也。与古之三江，其势相垺。（［元］任仁发：《水利集》卷一，明钞本。）

这一时期，随着水环境的变化，太湖以东的泄水格局呈现出东北、东南两翼发展格局，故治水者开始在吴淞江南北两个方向寻找出水通道，因任仁发固守三江蓝图，将娄江比附为三江之一。

殊不知治水之法，须识潮水之背顺，地形之高低，沙泥之聚散，隘口之缓急，寻源沂流，各得其当，合开者开之，合闭者闭之，合堤防者堤防之，庶不徒劳民力，虚费钱粮，水不伤禾，民享无穷之利，岂非国家之利乎？昔自唐至宋，陈令公丞相裴度、范文正公、叶内翰、朱晦庵、苏东坡、欧阳文忠公皆陈言修浚。或客于浩费而不行，或惑于浮议而弗讲，或始行而中辍，或营修而不得治水之法，因循岁月，少见实效。归附以来，江河淮海缺官管治，愈见湮塞。二十余年之间，水利大坏，以致苏、湖、常、秀之良田，多弃为荒芜之地，深可痛惜。区区管见，惟以开江、围岸、置闸为第一义也。（［明］张内蕴，周大韶：《三吴水考》卷八《水议考》，清文渊阁四库全书本。）

任仁发继承了范仲淹的水学思想，其治水主张可总结为三点：浚河港必深阔、筑圩岸必高厚、置闸窦必多广。他反对郏亶的治田为先观点，认为水环境形势已经发生变化，水利重点不再是"治田"，而是解决过度围垦造成的中游积水不泄、下游淤塞等问题。

大德九年（1305 年），行都水监浚治练湖。

大德十年（1306 年），都水少监任仁发疏浚吴淞江。

至大元年（1308 年），江浙行省督治田围圩岸，规定圩岸共分为五等，最高为七尺五寸，最低为三寸，根据地势差异不同，水位与圩田要持平。

泰定元年（1324 年），行省左丞朵儿只班、前都水少监任仁发浚治淀山湖及吴淞旧江的大盈浦、乌泥泾。

二、元末堤塘浚治与至正石塘修筑

泰定二年（1325 年），吴江判官张显祖重建吴江长桥，将木桥改为六十二石孔的石桥。

泰定三年（1326 年），在松江设立都水庸田司，主管江南的河渠水利事务。

泰定四年（1327 年），盐官州发生海水溢涨灾害，海潮侵入内地达 19 里，都水少监张仲仁以及行省主要负责官员征发工匠两万余人，用竹落、木栅、实石为原料对海塘进行填充式抢修，但效果十分有限，仍旧不能缓解潮灾对海塘的冲击。于是张仲仁等再次征发工役数万人，在沿海用掉石料 443300 余块之多，又建造了 470 多个木柜，修筑海塘达 30 余里。等到八月秋潮水势变大时，又兴筑沙地塘岸长达 80 余步，将木柜、石囤填充在海塘的要害之处，安装的石囤数量总计有 4960 块。

致和元年（1328 年），庸田司与各路的主要负责官吏共同商议兴修盐官海塘，将石囤用接叠的方法沿东西向堆砌，修成之后有 10 里之长，又就近在塘下60 里长旧河取土筑塘，还在东山开取石材作为修葺已崩损海塘的备用料。

天历二年（1329 年），吴江知州孙伯恭出面集资，募集了 1000 锭钞、1000余石米，用巨石重筑松江堤，共计 40 里长，石堤下开水窦 133 处。

至正二年（1342 年），都水庸田使司增筑华亭县捍海塘，重新修复里护塘共计 89 段，总长达 1503 丈 8 尺。因工料耗费过于浩大，后决议让怯薄者添土帮修，在低洼处用土来增高筑垒，施工共用时 18 天，用工共 40213 人。

至正六年（1346 年），吴江州达鲁花赤那海大修石塘，采取垒石厚砌的方法，修成高 1 丈，宽 1 丈 4 尺，长 1080 丈的"至正石塘"。

至正二十年（1360年），平江路通判郜肃大修昆山州田围。

至正二十四年（1364年），张士诚遣左丞吕珍监督疏浚白茆塘。

> 时塘为芦苇所塞，涓流不通，士诚起兵民夫十万以芝塘为行府，驻节于山泾口，命吕珍督浚，堑其地为港，长亘九十里，广三十六丈，为法甚厉，民愁怨之。时有华亭县丞盛彦忠，奉檄趋事抚民，独至舆颂喧传。（［清］李铭皖修，冯桂芬纂：同治《苏州府志》卷九《水利一》，清光绪九年刊本。）

三、明初东坝改建

明洪武二十六年至三十一年（1393—1398年），朝廷连续发布五次有关修筑围田堤防沟渠闸坝等农田水利的诏命，并提出农田水利建设要秉承民办官助的政策。

洪武二十五年（1392年），重新疏浚胥溪，改建广通镇闸，打通了苏、松、常、镇、杭、嘉、湖七府之间的运道；永乐年间，因迁都北京引起的政治中心转移，漕粮逐渐北运，胥溪所承担的漕运功能再度被放弃，加之水年对苏、常二州的威胁，故将其闸改为坝，又称上坝，即东坝。

> 高皇帝定鼎金陵，刘诚意实相。厥役因取九阳江之水，自天生桥折而北，拱洪武门，绕京城，出龙江口，于是筑东坝，断西南下太湖之水，而今太湖所受惟荆溪、天目诸山水而已。是湖之水止大于潴蓄，而不驶于奔放，可足于灌注而无妨于泛滥。观吴江长桥迤南，水洞填塞，而沿堤弥望，皆成膏腴之田。其在宋元，稍塞芦苇而水即四溢，何今二百年无此患耶？实西南诸水不入之故也。吴淞江自古承太湖之流而泄之海，湖水常驶，与海潮势敌，故江流常通；水势稍微，即浑潮深入，积土淤江。故昔之治水者，必先治吴淞江。今数十年来，潮水无障，积久成陆，所苦惟沿江之田枯旱而已，不闻湖水四溢为患也。此亦足证太湖水源视宋元仅存十三矣。（［明］张德夫修：隆庆《长洲县志》卷二《水利》，明隆庆五年刻本。）

胥溪五堰由闸改坝的工程，又经历代固坝，太湖流域与青弋江、水阳江流域基本隔绝。

四、永乐年间"掣淞入浏"与"江浦转换"

永乐元年（1403年），苏松水患，太湖泄水主干道吴淞江的排水愈加困难，下游河道的泄水功能几近瘫痪，工部尚书夏原吉奉命治水东南。夏原吉采纳元末水利学家周文英的治水主张，弃吴淞江下游易淤段不治，而浚吴淞江南北诸浦，导吴淞江中游入浏河出海，史称"掣淞入浏"。夏又采纳明初华亭县人叶宗行的主张，于淀山湖、泖湖众水汇集之处，开范家浜，上接大黄浦，导水向东出海，史称"江浦转换"，这条水道在百余年后，逐渐被冲大淘深，成为太湖排水主干黄浦江。江浦变换不但改变了吴淞江的主流状态，更改变了整个太湖地区的水网出水结构[113]。淞浏共淤、黄埔坐大导致 15 世纪以东南泄水为主导的新局面形成[114]。同时，夏原吉又督浚白茆、福山、耿泾等入江港浦，导昆承、阳澄诸湖以及东北地区涝水入长江。夏原吉先开凿吴淞江两岸淤塞滩涂，疏通昆山、嘉定、安亭等地的浦港，以昆山夏驾浦、嘉定刘家港、常熟白茆港通泻太湖之水入海，后浚修范家浜接通黄浦江，使吴淞江水从黄浦江入海。

永乐四年（1406 年），闸官裴让、通政张琏征发苏、松、镇、常四府的民丁 10 万人疏浚孟渎，自兰陵沟起北至闸长达 6300 丈，南至奔牛镇长达 1200 丈，同时修建了配套设施孟河闸。高水位时漕舟自京口出长江，水涸时则改从孟渎至瓜洲。景泰年间，常镇运河淤塞，漕舟便都从孟渎出长江。

五、明中期拆圩与"堤水岸式"治水

明中期时，黄浦江夺位以后水流环境发生变化，吴淞江不再是太湖的出水主干道，吴淞江的出水环境发生变化，大圩与高圩岸的必要性降低，分圩、拆圩现象大量出现。

宣德五年（1430 年），苏州知府况钟革除圩长。况钟废除圩长，一方面是他认为圩长、治农官鱼肉乡里、侵夺百姓，实质是为加强集权统治，担忧水利共同体派生的民间乡里互助功能，所以容不下共同体的发展，不能接受乡村社会的自治倾向。圩长体制被废除后，基层水利社会渐趋崩溃，但保留了粮长与里长，反映出乡村社会权势难以全部消除，同时出于维持农田水利秩序的目的需要，里甲体制被赋予了统管小圩的职责，主职是征收赋税的粮长体制同时监管水利，但也由此导致了许多混乱现象。

宣德七年（1432 年），因年久淤塞，且逢经久大雨，太湖发生水患，为避免圩田的坍涨无常，巡抚应天府工部侍郎周忱与苏州知府况钟相度苏州水利，主张修筑圩岸沟洫，有选择、有重点地进行疏浚。

宣德七年（1432 年），况钟在苏州拆圩、分圩。

切见本府吴江等七县地方，滨临湖海，田地低洼，每田一圩，多则六、七千亩，少则三、四千亩。四围高筑圩岸，圩内各分岸塍。遇有旱涝，傍河车戽。递年多被圩内人民，于各处经河罱取淤泥，浇壅田亩，以致傍河田地，渐积高阜，旱涝不堪车戽。傍河高田数少，略得成熟。中间低田数多，全没无收。似此民艰，如蒙准言，乞敕大臣该部计议，行移本府，着落治农官员踏勘。但有此等大圩田地，分作小圩，各以五百亩为率。圩旁深浚泾河，坚筑夹岸，通接外河，以便车戽。所浚泾河夹岸所费田地，丈量现数，或除豁，或照原额税粮，均派圩内得利田亩输纳。如此则高地田亩，各得成熟，深为民便。（［明］况钟撰，吴奈夫、丁凤麟、张道贵校点：《况太守集》卷九《修浚田圩及江湖水利奏》，江苏人民出版社 1983 年版，第 93 - 94 页。）

况钟拆圩与革除圩长是相互契合的配套措施，一方面是水流环境变化后客观发展的结果；另一方面摧毁大圩，小圩便难以生成较强的地方势力。官方治水者竭力将共同体纳入官方水利集权，乡村水利失去自维持功能。

宣德三年至十年（1428—1435 年），修浚塘浦河渠，废弃民间私自修筑的堤堰，并将芙蓉湖开垦为田。

正统元年（1436 年），黄懋采买了很多木石，在原有的海塘线内修筑了复塘，总共花费白银二十六万余两，此次工程使海盐海塘渐趋稳定。

正统五年（1440 年），巡抚周忱疏浚吴淞江。周忱亲临吴淞江江心指挥施工，此次工程疏浚了壅塞的江道，江水得以疏泄。

正统六年（1441 年），周忱主持修浚吴淞江，疏导淤塞的江段，将开挖的江中泥沙作为沿江民田的肥料，对这些民田实行按亩收税。

正统七年（1442 年），吴中大水，巡抚周忱倾向于培植水利共同体，故增修低圩岸塍，提出"堤水岸式"的治水模式，由官方给定标准和技术支持，其法规也对低乡的水道整合起到了作用。

堤水岸式高一尺（以平水为定，高下加减），基阔八尺，面阔四尺，谓之平陂岸。其内有丈许者，稍低可植桑麻，谓之抵水。环圩植茭芦，谓之护岸。其遇边湖边荡，砌以石块，谓之挡浪。又于圩外一二丈许，列栅作埂，植茭树杨，谓之外护。（［清］顾炎武：《天下郡国利病书·苏下》，稿本。）

周忱通过推官僚化与标准化的治水模式，要求县里官员依照标准进行督查，将共同体捆绑在集权体系上，以处理地方政府与乡村社会的矛盾，为后来姚文灏定圩岸样式奠定了基础。

正统七年（1442 年），巡抚侍郎周忱开新运河（又名运河下塘），这条运河自北新桥至石门县（今浙江省桐乡市）界，长达 90 余里，同时沿河修筑塘岸长达 1300 余丈。

正统元年至景泰元年（1436—1450 年），疏浚塘浦河港，浚治常镇运河，修理吴江塘路桥梁，修吴淞江并将两岸的滩涂淤涨开垦为田。

六、景泰至成化年间的浚河与捍塘

景泰元年至六年（1450—1455 年），疏浚常镇运河；将新港、奔牛等处的堰改建为闸；修练湖；开通白茆塘等；疏浚横渠。

天顺二年（1458 年），巡抚都御史崔恭发文要求苏州知府姚堂、松江通判洪景德等主持疏浚吴淞江，此次疏浚的江段起自苏州夏驾口，经上海白鹤江、嘉定卜家渡至庄家泾出旧江，共长 13701 丈，江底宽约 4 丈，这次对吴淞江的疏浚是夏原吉治水五十余年后的首次治理。

天顺四年（1460 年），巡抚都御史崔恭再次疏浚吴淞江沿岸的大盈浦，同时对沿昆山夏驾浦至嘉定庄家泾一线的旧道进行开浚，疏导旧江是为了更加便于泄水。

天顺元年至八年（1457—1464 年），疏浚镇江段的漕河，修葺京口的各闸，重新疏浚丹阳县的漕渠；嘉定、松江等府县疏浚大盈浦、盐铁塘、华亭泾等河道。

成化五年（1469 年），修筑平湖的捍海塘长达 2020 丈。

成化六年（1470 年），修筑上海县的捍海塘。

成化八年（1472 年），毕亨、白中行修筑华亭、上海、嘉定三县的捍海土塘。

成化八年（1472 年），朝廷设置苏松水利浙江金事，专门管理苏松地区的水利。同年，兴筑宝山至刘家港的海塘长达 1810 丈，这段海塘是浙西海塘延筑至苏州境内的开始。

成化十年（1474 年），巡抚都御史毕亨主持开浚自夏界口至西庄家港段的吴淞江，长达 11700 余丈。

成化十一年（1475 年），毕亨、吴瑞责成常熟县令兴筑尚湖西北的赵段圩田围，修筑的圩堤长达数里，"用木为橛，橛之内编以竹，甃石为址，而高与土等，上广八尺，而下加三之一固基本也。堤之形势逶迤若环带，然其外则种以崔苇、菱芦杀水势也。……钱谷之需累巨万有奇，工役则五万三千有奇"[115]。

成化十三年（1477 年），浙江按察副使杨瑄在海盐用竖石斜砌的方法，将碎石填充在海塘内部，筑"陂陀塘"长达二千三百丈。

成化十四年（1478 年），牟俸上奏称太湖由娄江即刘家港，和吴淞江入海，各地的水患在减少，可用作耕种的土地大幅增加，于是明宪宗任命巡抚都御史牟俸兼管苏松之地的水利事务。

历代开浚，俱有成法，本朝亦尝命官修治，未得其要。而滨湖豪强尽将淤滩栽苇为利，治水官又不周悉利害，率于通泄处所置石为梁，壅土为道，或虑盗船往来，则钉木为栅，以致水道堙塞，公私交病。请择大臣深知水利者使专理之，仍博访所宜于农闲兴役，既成之后，当设提督水利分司一员，随时修理。

则水势疏通，诚东南厚利也。（［清］张廷玉等撰：《明史·河渠六》，中华书局1974 年版，第 2160 页。）

七、明代中期的沿江塘浦修浚

明代中期，除了白茆，沿江诸浦多有浚治，特别是太仓的七浦塘，浏河和常熟的福山塘。沿江塘浦的修浚，是长期以来太湖东部水网通畅的一个重要的疏水通道。

表 3 - 1 明中叶七浦、福山塘与浏河的浚治[5]

工程地点	时 间	概 况	资料来源
太仓 七浦塘	宣德三年（1428 年）	东西百里，听民自浚	同治《苏州府志》
	正统五年（1440 年）	重浚七浦塘	同治《苏州府志》
	弘治七年（1494 年）	工长 40 里	同治《苏州府志》
	弘治十年（1497 年）	浚尤泾东至木樨湾长 5500 丈	同治《苏州府志》
	嘉靖十五年（1536 年）	浚石桥至直塘 1960 丈， 深 1 丈，广 15 丈	雍正《江南通志》
	隆庆元年（1567 年）	浚河 7000 余丈，建坝闸，开月河	光绪《嘉定县志》
	万历十七年（1589 年）	浚七浦塘及顾门泾	雍正《江南通志》
太仓浏河	洪武九年（1376 年）	开浚刘家港	《天下郡国利病书》
	正统七年（1442 年）	浚河口拦门沙	雍正《江南通志》
	隆庆三年（1569 年）	浚治刘家河口	同治《苏州府志》
常熟 福山塘	永乐四年（1406 年）	浚河工长 36 里	同治《苏州府志》
	永乐九年（1411 年）	疏浚福山官渠	同治《苏州府志》
	弘治九年（1496 年）	疏浚福山塘	雍正《江南通志》

八、弘治年间的塘浦疏浚与乡村水利

弘治元年（1488 年），杨荣从御史任上受贬为溧阳知县，在任期间主持修浚百丈沟长达 800 余丈，沟内有九坝用以蓄水，有利于农业灌溉。

弘治元年（1488 年），代理苏松水利的浙江佥事伍性主持疏浚吴淞江中段，开通淤塞的水道长达 40 余里。他又疏浚了吴淞江沿岸的赵屯浦、新泾塘、杨林塘等，改善吴淞江水道环境，还曾商议开浚吴江长桥的淤土以便排水。

弘治二年（1489 年），苏州通判张旻疏浚盐铁塘，同年修筑娄江堤。

弘治年间（1488—1505 年），姚文灏在《筑圩事宜》中提出分小圩，力图在基层水利社会上重新寻求乡村治水的出路。

《分圩歌》有云：修圩莫修外，留得草根在。草积土自坚，不怕风浪喧。修圩只修内，培得脚根大。脚大岸自高，不怕东风潮。教尔筑岸塍，筑得坚如城。莫作浮土堆，转眼都颓倾。教尔分小圩，圩小水易除。废田苦不多，救得千家禾。（［明］姚文灏：《修圩歌》，载［明］张国维：《吴中水利全书》卷二十八《诗歌》，清文渊阁四库全书本。）

姚文灏所处的时代，拆分大圩已成定局，他只能在圩甲共同体与粮长体制的平衡中探寻。他继承了周忱的"堤水岸式"治水模式理念，寄希望于水利集权，以水利制度和技术标准来整合区域内的治水。

弘治四年（1491年）、五年（1492年）、七年（1494年），苏州府连发大水，灾情十分严重。提督水利工部左侍郎徐贯、治水工部主事祝萃、巡抚都御史何鉴、知府史简等人实地调研各水道，将弘治元年的提议完善并付诸实践，开浚吴江长桥，清除江口大面积的芦苇、荻竹，使太湖与吴淞江泄水通畅。

弘治六年（1493年），苏州府水利通判应能主持浚治府城内河，疏浚了枫塘、虎丘山塘。

弘治元年至七年（1488—1494年），嘉定疏浚境内的塘浦港泾，苏州疏浚塘并筑堤，常州、宜兴疏浚百渎。

弘治七年（1494年），姚文灏依照地面高低，规定圩岸体式，分为五等。

弘治七年（1494年），提督水利工部侍郎徐贯、巡抚都御史何鉴管理浙西水利事务，大力疏浚白茆港，同时还疏浚了白茆上流的白鱼洪、鲇鱼口等支流，还疏浚了与白茆相通的尤泾及盐铁塘；疏浚七浦与吴江长桥；疏浚淤塞的吴淞江江段以及沿岸的大石、赵屯等浦。

弘治八年（1495年），工部左侍郎徐贯开浚苏州府河港。

弘治四、五、七年，吴中大水，上采廷臣言，当疏浚水道，命工部侍郎徐贯奉敕谕，与从行主事祝萃，会同巡抚都御史何鉴、知府史简，寻访水道通塞之緐。以吴江万六千人开浚长桥水窦，疏太湖之水以及吴淞江。盖江口被民佃占，及丛生苇荻，蔓延千亩。至是垦除之，以长洲、吴、昆山、常熟、嘉定等县十万五千余人，挑浚白茆港，并斜堰、七浦塘，共长二万四千余丈，并东开盐铁塘十八里，西浚尤泾七里，民夫皆给以口粮，计八万八千二百六十余石。緐是诸泾首尾皆贯于白茆，而水有所归矣。（［明］张国维：《吴中水利全书》卷十八《志》，清文渊阁四库全书本。）

弘治九年（1496年），提督水利工部主事姚文灏奉旨监察水利，在湖中筑"夹堤"横截湖流，"广三丈，袤三百六十丈，至十一年功垂成，文灏以疾去，后任郎中傅潮始克成之"[104]，称"沙湖堤"。

弘治十年（1497年），姚文灏疏浚至和塘。

弘治十一年（1498年），提督水利工部郎中傅潮疏浚常熟许浦、梅李二塘。

弘治十二年（1499年），海盐知县王玺创立了海塘修筑的纵横之法，海塘修筑制度从此开始走上正轨。纵横之法具体为海塘的砥方石采用纵横交错排列堆砌，有一纵一横，有二纵二横，下部要宽阔，上部要紧缩，海塘内侧要直立整齐，外部则要有一定坡度，按照这种方法修筑的海塘可以有效地抵御潮冲，后人将其称之为"王公法"。

九、正德至嘉靖年间的治水与白茆治理

正德六年（1511年），提督水利巡抚都御史俞谏，主持苏、杭等地的治水，在职期间修治圩塘，惠及百姓。

正德十六年（1521年），巡抚兼提督水利工部尚书李充嗣，与水利工部郎中林文沛共同负责监督开浚白茆塘。次年，督同水利工部郎中颜如环主持开浚吴淞江。

充嗣发民夫，起常熟县东仓至双庙，浚白茆故道一万二千八百二十丈，又亲至支塘驻节公癖，咨询士民开出水海口，议论不一。充嗣与苏州知府徐赞拟循故河疏治，常熟主簿余浪独主凿新河，不敢发言，适巡按御史马录来会议，浪于道中陈白录，具告充嗣相度形势，以簿议为是意，遂决凿新河三千五百五十余丈，又浚尚湖、昆承、阳城等湖支河一十九道，凡四阅月功成，农田得稔，时林文沛身亲董率，暴露风日不言劳愈，役夫不敢苟且塞责。（［清］李铭皖修，冯桂芬纂：同治《苏州府志》卷十《水利二》，清光绪九年刊本。）

随着吴淞江淤塞形势的严峻，太湖以东和以南泄水依靠黄浦江，太湖以北的出水则几乎全靠白茆，吴淞江以北的支流——白茆日益成为明代河道水利的重点，国家权力对白茆的态度，体现了明代政府的水利政治特点，既体现出官方集权水利的意志，也涉及自然水文生态的变迁。

嘉靖元年（1522年），工部尚书李充嗣、水利郎中颜如环主持治理苏松地区的水利，任命苏州知府徐赞、松江知府孔辅、苏州府同知冷宗元等开浚吴淞江，疏通夏驾口至龙王庙的吴淞江旧道，将吴淞江拓宽至18丈，挖深1丈2尺。又任命苏州府通判孔贤开浚吴淞江沿岸的赵屯、大盈、道褐等浦，使水道上下通贯，河水上流下委，可保畅通入海。

夏原吉治理吴淞江时，实行"掣淞入浏"之策，距嘉靖元年已近百年余，李充嗣认为"掣淞入浏"加剧了吴淞江的淤积，颇有见地。李充嗣主持的这次吴淞江疏浚工程，持续时间较长，网罗了大批深谙水学的治水专家，起用了一批出自基层且具经验的水利官员，这次治水受到朝廷认可，成为后来供开白茆、治吴淞汲取经验的经典案例。

嘉靖元年（1522年），林文沛继续提出分圩主张，此后，嘉靖三十三年（1554年）水利学家张铎亦提倡分大圩为小圩，他说小圩岸易修，民工易集，有水淹时，则"车戽之功可以朝夕计也"[116]。文徵明之甥王同祖在《论治田法》中更是明确提出分筑小圩为治田三策之一，主张小圩要以二三百亩为限。

嘉靖二年（1523年），工部郎中林文沛在太仓州及昆山、吴县、吴江三县主持兴修水利，开浚杨林塘，将阳澄湖水引入海；开通南大虞浦，将阳澄湖水导入娄江；开通光福镇的胥江，将太湖水导入娄江；开太湖南岸的诸娄港，将天目、嘉兴一带的积水导入太湖；在常熟县开市河、梅李塘、福山港，将水导入扬子江。

嘉靖四年（1525年），蔡乾修葺宝山的海塘。

嘉靖二十一年（1542年），浙江水利佥事黄光昇制定了详细的海塘修筑方法，用《千字文》为海塘编字号，创"五纵五横桩基鱼鳞大塘"，筑塘长达三四百丈。

嘉靖二十二年（1543年），太仓知州冯汝弼曾在沿海一带修筑塘堤，自刘家河北至常熟县界，长达9278丈，自刘家河南至嘉定县界，长达1856丈。这条海塘的高度远远超出平常海塘的形制，塘高达五六丈，其主要任务是抵御倭寇、保障海疆，而非仅为了抵御潮水。同年，蔡克谦修筑上海捍海塘长达90里，冯汝弼修筑海塘长达60里，这段海塘自浏河至常熟界有9200余丈，向南至嘉定县又长达1800余丈。

嘉靖二十三年（1544年），修筑自吴淞南抵上海的捍海塘。

嘉靖二十四年（1545年），胡体乾上书治吴淞江六策："曰开川，曰浚湖，曰杀上流之势，曰决下流之壅，曰排潮涨之沙，曰立治田之规。"[117] 吕光洵上书五事："一曰广疏浚以备潴泄。一曰修圩岸以固横流。一曰复板闸以防淤淀。一曰量缓急以处工费。一曰重委任以责成功。"[118]

嘉靖二十五年（1546年），疏浚宜兴的张家坝河，河内筑有六坝以供蓄水，实行分级提水，以用于灌溉。

嘉靖三十五年（1556年），广通坝的居民在坝东十里外新筑一坝，从此以后固城的湖水不再向东流。

嘉靖二十三年至四十五年（1543—1566年），吕光洵疏浚长桥的浅滩，监督疏浚昆山的太瓦等浦、常熟浒浦等。

十、明代中晚期的治水与常熟治田

万历十六年（1588年），朝廷特设苏松水利副使一职，以许应逵为副使，由国库出资十万两白银，疏浚松江长达80余里，同时还疏浚了苏、松、常、镇四府的塘浃。

万历十六年（1588 年），乌程县令杨应聘整修荻塘，历时两年。二十年后的万历三十六年（1608 年），湖州知府陈幼学用坚硬平整的青石加固了荻塘的堤岸，故后又称"石塘"。

万历三十二年至万历三十四年（1604—1606 年），耿橘主持常熟治水。耿橘任常熟知县三年，他组织民工先后疏浚了横浦、横沥、李墓塘、三丈浦、奚浦、盐铁塘、福山塘等干河，白茆塘的疏浚，则因常熟地方士绅势力的阻挠而未能取得成就。耿橘的治水成就主要体现在他系统地总结了浚河、筑圩的技术方法，尤其是阐述了里甲系统运作失效以后，如何在新的赋役制度和乡村秩序中筹备水利经费。在苏州知府的督促下，耿橘以其治水经验和体会撰成《常熟县水利全书》，该书讲求农田水利，主张"高区浚河，低区筑岸"，成为苏州府各县的治水参考。

万历三十六年（1608 年），湖州知府陈幼学重修荻塘，用石料填充塘堤的受损之处。

万历三十六年（1608 年），巡抚周孔教浚苏州府城内河。

万历三十六年（1608 年），因胥吏与泥头的结合瓦解了塘长为中介的"官方—乡村"治水体制，巡抚周孔教出于维持水利共同体的目的，革除浚河泥头。"泥头"是产生于明代浚河工程中的一种新工种，是塘长体制下的产物，相应于现在的土方包工头，因官方与胥吏相勾结，其极易导致基层腐败。

万历三十七年（1609 年），常熟知县杨涟在元和塘岸实行垒石筑堤，其目的是为了巩固塘岸，这段塘岸起自县南门外，穿过苏州府城，绵延至长洲县界，长近 40 里，工程颇大，此后"禁遏横流，田得饶"[119]，因而又被称为"杨公塘"。此后，元和塘久未兴修，渐至淤塞。

天启元年至崇祯末年（1621—1644 年），疏浚镇江、常州段运河，修复练湖以作为漕运的水源。

崇祯七年（1634 年），台风引起大潮灾害，华亭县的海塘屡被冲毁，时任松江知府方岳贡、华亭知县张调鼎等主持修筑了长达 3370 余丈的崇阙石塘，这是江南海塘段较早修建的石塘。

崇祯八年（1635 年），巡抚都御史张国维与巡按苏松等处监察御史王一鹗一同主持大修吴江石塘，长达 3900 余丈；同时还疏导长桥桥下的出湖河流；重修了长洲县县境内东边的长达 45 里的至和塘。

时塘圮石堕，哽塞碕窾，致湖流涨没田庐，兼阻漕运缱绻。檄知县章日焌勘核，全坍应修一千五十五丈，半坍二千八百八十六丈。平望西诸家铺水缺应筑内外塘七百六十丈，并修长桥、三江桥、翁泾桥，绅士商民乐助竣工。（［明］张国维：《吴中水利全书》卷十《水治》，清文渊阁四库全书本。）

第七节　延续发展期（清代）

清代吴淞江进一步淤塞，为了旱涝平衡，执政者仍然坚持以吴淞江为主的治理模式，同时加强了白茆和其他河道的疏通与治理。在吴江一带，由于太湖口已经转移至瓜泾口，仅靠吴淞江的出水口出水，已无法满足太湖排水需求，需进一步在港潊区域大力疏通出水口以利出口。清末，随着上海港的兴起，黄浦江的修浚逐步成为重要的治理工程。

一、清初治水与马祐修浚吴淞江

顺治二年至十一年（1646—1654年），在华亭修筑漴阙、柘林等土塘。

顺治八年（1651年），修筑苏州枫桥至浒墅关的运河塘长达二十里。

顺治九年（1652年），挑浚武进运河的淤浅段与丹阳、丹徒段的运河。

顺治十一年（1654年），清廷"恩诏东南财赋重地，素称沃壤，连年水旱为灾，民生重困，皆因失修水利致误农功。该督抚责成地方官悉心讲求，疏通水利，以时蓄泄，水旱无虞，民安乐利"[115]。此诏表明清初太湖流域的治水重心在于防治水害，以维持东南财赋大局，纵观清代太湖流域治水，侧重于治淤、浚河、治圩、堤防等方面，虽仍属传统水利范畴，但更趋向防灾而非治水。

顺治十二年（1655年），朝廷下诏修浚颐塘。

康熙六年（1667年），疏浚西起奔牛、东至丁堰长40余里的武进运河。

康熙九年（1670年），范承模整治上塘河岸长达5000余丈。

康熙九年（1670年），大水，禾苗庄稼悉遭淹没，积累的涝水三月不退，入海水道全部淤塞，巡抚都御使上奏朝廷请开浚吴淞江、浏河。

康熙十年（1671年），为缓解水灾，巡抚马祐修浚吴淞江，开浚浏河淤道长达29里。

该臣看得刘河、吴淞江乃江南苏、松、常，浙江杭、嘉、湖六府积水合流，蓄于太湖，此二河分道入海，走泄湖水之咽喉也。修则六府同其利，塞则六府受其害。历代以来，凡遇淤塞俱特遣大臣驻扎吴中专修水利，动支正项钱粮拨充疏浚经费。臣稽考成书，故明嘉隆间，吴淞道复淤，太湖四溢，淹没四庐，水患频仍。民生困苦，时有巡抚海瑞条奏疏治，因费大役，繁请留漕米二十万石，又动浙江六府无碍官银俱充工费，令各处被灾饥民上工就食，修复水利兼行赈济，水灾宁息，事工告成。刊载典章，班班可考也，迄今已及百年，潮泥日壅，故道全淤。"宜酌量疏浚堤防，煌煌天语，敢不悉心讲求？随檄司道府县各官，延集士民，博采舆论，又与总督臣麻勒吉、浙抚臣范承谟咨商，疏浚刘河、吴淞故道，诚为第一急务。"（［清］许治修，沈德潜纂：乾隆《元和县志》卷十四《水利》，清乾隆二十六年刻本。）

马祐将吴淞江的畅、淤区域内各行政单元关联成利害共同体，以组织太湖流域内六府力量进行疏浚。

康熙十二年（1673年），巡抚马祐修浚自庵汇至庞山湖口长达20里的吴江长桥段的淤塞；修浚宝带桥下淤塞的诸水洞。

二、康熙年间疏浚白茆

随着太湖整体蓄泄格局的转变，吴淞江在清代的淤塞形势并未得到好转，自明代起，白茆已经成为太湖水利的重点之一，清代治水者依惯例选择白茆作为治淤的突破口，并且长期将其作为治水大事。白茆塘涉及的水文环境十分复杂，工程量十分巨大，需要国家权力进行利益和责任分配，所以清代治理白茆，多由巡抚一级的重要官员主持。

康熙二十年（1681年），巡抚慕天颜疏浚自支塘至海口长43里白茆港淤道，并主张修大闸一座用以调控水流。

康熙四十七年（1708年），总督邵穆布、巡抚于准监督疏浚浏河，这段河工西起凝碧桥，东至袁家渡，长达30里。第二年又主持修浚白茆、福山两港，修复了白茆旧闸，另建福山新闸。

康熙四十七年（1708年），明末兴建的澉阙石塘被海水侵蚀冲坏，在海塘的残缺处补筑捍海土塘。

三、康熙与雍正年间的治水

康熙五十二年（1713年），官方介入调停豪民之间的争占，立《吴江县太湖浪打穿等处地方淤涨草埂永禁不许豪强报升佃佔阻遏水道碑记》，但这种试图通过"立法"来禁绝民众侵占淤涨地的做法，并非治本之策。

仰该地方附近居民、圩总人等知悉，嗣后不许势豪、地棍假借升科名色，霸占太湖浪打穿等地方，淤涨草埂仍听乡农罱泥、撩草、捕鱼，不得借端阻挠，以致遏绝水势。如有等情，许该地方诸色人等即行呈报，本县以凭严拿究解，各宪法惩施行。事关太湖水利，毋得泛视。（［清］金友理撰，薛正兴点校：《太湖备考》卷一《太湖》，江苏古籍出版社1998年版，第46－48页。）

康熙五十八年至五十九年（1719—1720年），巡抚朱轼修筑海宁县老盐仓北岸的鱼鳞石塘，长达1340丈。

雍正五年（1727年），因江口淤塞，副都御使陈世倌主持兴修水利，再次开浚吴淞江，西自黄渡艾祁口，向东开通至虞姬墩（或称野鸡墩），工程长36里，后又在上海金家湾设置节制闸，按时启闭以通泄江水。

雍正五年（1727年），朝廷下诏发库银兴修江南水利，任命副都统李淑德、江苏巡抚陈时、总河齐苏勒等大臣亲自调研太湖及通江汇海河道，由官府出面发布浚治公告；第二年，修浚浏河、白茆二港，修理旧闸；又修浚了徐六泾、福山塘、七浦塘。

雍正五年（1727年），杭防同知马日炳疏浚上塘河长达7800丈，并重建临平闸。

雍正六年（1728年），湖州知府唐绍祖重修頔塘；李卫统揽江浙海塘修浚工程，暂时借用府库藏银，招募民众备土修筑頔塘的塘堤，此时的塘堤自震泽平望至浙江东门，仅有70余里，塘道较前代有所缩减，又因这段塘堤位于县东，又称之为"东塘"。

雍正八年（1730年），总督尹继善发文要求苏州知府徐永佑修筑吴江塘路和頔塘，在吴江塘路上修建了大浦桥，将塘路上的三江桥由一孔增扩为三孔；又修浚至和塘；将浏河上的天妃闸移址重建；同年，湖州知府唐绍祖修浚太湖沿岸的溇港，建造了数座闸座。

雍正八年（1730年），设立太湖水利同知署，这是隶属苏州府的"专司（太湖）水利"官衙，驻地位于吴江县同里镇，主要管理江浙沿湖十县的水利事务。

雍正十年（1732年），江南沿海发生潮灾后，清政府规划、修筑了松江府、太仓州和苏州府的所有滨海州县地方的海塘工程。

雍正十二年（1734年），总督高其倬发文要求原任苏州知府的徐永佑修浚自蔡家湾至海口的杨林塘，这段塘长4700丈；吴县知县江之瀚开浚南通吕波桥的紫藤坞河，主要是为了引湖水灌田。

四、乾隆前期的港浦疏浚与堤防建设

乾隆元年（1736年），震泽（今属江苏省苏州市吴江区）知县李鳞疏浚吴江的浪打穿直港。

乾隆二年（1737年），巡抚嵇曾筠修筑海宁绕城的鱼鳞石塘，长达2900余丈，同时修筑了海塘的配套工程土戗坦水。

乾隆二年（1737年），重筑元和塘。

塘自明杨连筑后，久废不修，至是巡抚邵基奏请重筑石塘，委通判王延熙等督理，长洲县自府城北齐门起至常熟县交界，止长五十里，用帑银二万四千六百九十九两四钱零，常熟县自南门外长生桥起至吴塔界牌，止长三十六里，用帑银二万三千八百一十六两六钱零。（［清］李铭皖修，冯桂芬纂：同治《苏州府志》卷十一《水利三》，清光绪九年刊本。）

乾隆二年（1737年），苏州立《奉宪勒石永禁虎丘染坊碑》，该碑文记载了苏州城污水直排引发的社会抗议和官府出面保护水环境的历史事件[120]。它是我国迄今发现的最早的地方水质保护法规，比英国《水质污染控制法》早96年，比美国《西部河川港湾法》早162年。

乾隆二年（1737年），江苏巡抚邵基奏请朝廷修筑堤防，委任通判王延熙监督治理，"长洲县自府城北齐门起至常熟县交界止，长五十里，用帑银二万四千六百九十九两四钱零"[121]。

乾隆三年（1738年），巡检孙泰来奏请朝廷修筑堤防，在海塘沿边加巨石以起加固的作用；疏浚吴江县长桥河。

乾隆四年（1739年），修筑震泽县荻塘；昭文县（今属江苏省常熟市）疏浚许浦；常熟县疏浚竺塘、景墅、长蚬、仲桥塘、西横塘等五河。

乾隆四年（1739年），修筑自顾泾至镇洋县界的土塘，并继续修建土塘。

乾隆四年至五年（1739—1740年），将海盐长达168丈的草坝头改为石塘；将海宁长达1000余丈东塘改建为鱼鳞石塘。

乾隆六年至七年（1741—1742年），修筑柴石塘约长1200余丈，修筑老盐仓草塘约长1800余丈。

乾隆八年至二十五年（1743—1760年），继续增修海盐、海宁、平湖、柴石塘共计长10000余丈；庄有恭筑海宁东西塘的坦水长达1000余丈，开浚中小门河长达1340余丈。

乾隆八年（1743年），建月浦石坝，后陆续修筑华亭金山嘴、林家嘴等处的石坝、土塘。

乾隆九年（1744年），昆山县重浚玉带河。

乾隆十年（1745年），昭文、常熟二县重浚城内诸河。

乾隆十六年（1751年），疏浚福山塘。

乾隆十七年（1752年），江苏巡抚庄有恭发文给常熟、太仓等八州县，要求酌情按亩捐资，征发民夫修浚浏河、福山等入江河港，得到朝廷嘉奖。同年，常熟疏浚三丈浦，太仓疏浚浏河。

乾隆十九年（1754年），开浚白茆塘。

乾隆二十年（1755年），常熟地区的海塘工程建成，江南海塘通塘体系形成。

乾隆二十六年至三十一年（1761—1766年），增筑海宁西柴塘的坦水长达670余丈，增筑海宁绕城的坦水以及柴塘的外篓等。

乾隆三十二年至三十七年（1767—1772年），连续6年修筑宝山土塘。

乾隆四十九年至五十九年（1784—1794年），连续11年修筑华亭县戚家墩石坝。

五、清代中晚期的吴淞江及诸河湖的治理

清代中晚期的治水者仍持"抱干遗支"的态度，重视对干河、大河的疏浚，缺乏对支河、小河的维护。许多官员继承了传统的治水思想，大力疏浚整治吴淞江，如陶澍在治吴淞江时，仍然追求干支互动，旱涝兼治的传统。鸦片战争以后，海塘建设的重点转移至江南海塘，修筑海塘的技术也迎来较大发展，在太仓、常熟的海塘工程上也采用了"护塘先护滩"的施工技术，即重视间接护岸工程，如护塘、护摊、拦水、挑水等桩石坝工。

嘉庆二十一年（1816年），疏浚吴淞江，两年后重浚时拓宽了江面，狭处有9丈5尺，宽处达22丈五5尺，浚深了江道，总共用银二十八万三千余两。

嘉庆二十三年（1818年），巡抚陈桂生发文要求苏松太道候补道唐仲冕征发民夫并监督疏浚了黄渡至万安桥段的吴淞江，长达11000余丈；并浚治吴淞江的上源庞山湖等处。这次工程暂借库银二十八万三千余两，后由长洲等十六个州县按年征粮额，以两年为期摊派弥补。

道光四年（1824年），江苏按察使林则徐统揽江浙水利全局，主持浚治太湖的出水娄港和庞山湖的淤塞，使太湖东排之水通畅无滞。

两江总督孙玉庭称：三江水利，如青浦、娄县、吴江、震泽、华亭承太湖水，下注黄浦，各支河浅滞淤阻，亟应修砌。吴淞江为太湖下注干河，由上海出闸，与黄浦合流入海。因去路阻塞，流行不畅，应于受淤最厚处大加挑浚。（〔民国〕赵尔巽等撰：《清史稿·河渠四》，吉林人民出版社1998年版，第2628页。）

道光七年（1827年），巡抚陶澍发文要求署巡道陈銮组织上海、元和、吴江等十县的民工分段浚吴淞江下游段，此次工程实行裁弯取直，浚江长达10800余丈。次年二月竣工，共计用银二十九万三千余两。陶澍对吴淞江的看法仍持太湖三江的理念，但他看到了吴淞江被夺之后，太湖东部只宜排涝而难以蓄水抗旱的格局。

窃臣查江浙水利，莫大于太湖。其分泄入海之路有三：一曰吴淞江，即太湖正流也。一曰黄浦，即东江也。一曰浏河，即娄江也。吴淞最大，自分流南入黄浦，而吴淞日微，浏河亦逐渐增淤矣！每遇霖潦，水无所归，涝而成灾。议者但咎水利不修，由于上流不疾、下流遂淤之所致，欲举全省之湖塘浦汊而挑之、浚之、捞之，无论工费浩大，亦无如许人力。就使挑挖全通建瓴直下，而水无潴蓄，一泻无余，岂民田之利哉？夫太湖号称三百余里，其实祇系薮泽宽而不深，所收江浙及宣歙诸水，发源不远，不过三五百里而止。东及海滨，亦止二三百里。源短而流亦短，非如洞庭、彭蠡有千数百里之来源也。而所灌

苏、松、常、太、杭、嘉、湖数府州之田亩，以亿万计，漕粮居天下之大半，皆恃太湖为之润溉，此不徒忧涝，而并宜防旱也。其间纵浦横塘，十湾九曲，皆天然之沟洫，所以资蓄泄而犹不免于偏灾偶见者，其来有渐，殆非一朝夕之故。究其弊端，由民田侵占，争及尺寸，而江流日隘。兼自明代以来，言水利者，往往不顾全局，遇有壅滞，不治其本而别开津汊，以苟一时之利，以致支流愈分，正流日塞。然此二者之为害，犹显而易见。

惟吴淞江口建闸一事，则不但不究其害，而群且议以为利。谓潮来下版，可以过沙；潮退启版，清水仍可畅出。其说似是而实非。夫吴淞为《禹贡》三江之一，与岷江、浙江并列，乃天地所以吞吐阴阳之气，非如无源之港汊，可以扼其吭而为之节也。海潮既能挟沙而来，即能挟沙而去。如岷江、浙江，其委未尝置闸，而沙固未尝淤也。况江身亦自有淤泥，尚欲借潮退之势推卸以入海。一经置闸，内外隔绝。潮水之挟沙而上者，无江水为之回送，而沙停于闸外矣。江水之挟泥而下者，无潮水为之掣卸，而泥停于闸内矣。

臣此次遵旨覆勘工程，由青浦、华亭至上海，亲见黄浦无闸，而海潮鼓荡，江面阔深。吴淞江有老闸，又有金家湾新闸，而沙泥停积数十里，水小如沟。船只往来，反俟潮水为之浮送。询问土人，佥称老闸建自康熙年间，甫成即圮；新闸成于乾隆二年，亦止虚设，难于下版。缘闸距吴淞、黄浦合流之处，仅六七里，全潮灌入，非闸所能御。该处沙土松浮，一经下版，闸身震动。是以徒有岁给闸夫银两，毫无实济，转足以阻碍船行，停滞沙泥，幸上年估工未修，并未糜费。

臣思吴淞江为江浙水利第一枢纽，其上源不宜直泻，所以蓄水势；而口门则断不可梗塞，以致停淤也。石闸有害无利，应行拆除，其闸前、闸后所积沙泥，并沿江湾曲浅滩，均应设法疏挑，俾资通顺，以利全省。似未可以经费未充，遂为停歇。容臣与督臣再细商推商，俟司妥议。一俟筹有成局，另行确估兴工。（［清］陶澍：《请拆除吴淞江口石闸附片》，载《陶澍全集》第一册，岳麓书院 2010 年版，第 263－265 页。）

道光十年（1830 年），太湖同知刘鸿翔征发民夫浚治太湖中的大缺口，长达 1244 丈，顺道也疏浚了大缺口附近的支河长达 2300 余丈。此次工程的资金主要由地方绅士捐款，共用银一万五千一百余两。

道光十二年（1832 年），乌程县令杨绍霆以义捐名义募集资金修筑河堤，"旧系土块，改筑块石塘。经始于三月甲子，工成五月乙亥，资费万金"[122]。功成之后，有利于农田灌溉、航道运输及驿递传递，民生获利。

道光十四年（1834 年），分别修浚了元和南塘宝带桥及元和桥窦，以利通航。

道光十四年（1834 年），总督陶澍、巡抚林则徐借款十三万四千余两，监督疏浚自吴家坟港至白家厂基东止的浏河，长 8000 余丈，又建了一道滚水涵洞石坝，到八月方完工。工程中所借款项由长洲等十六个州县以八年为期按亩摊派缴还。

同年三月，官民捐资挑浚白茆港及徐六泾，在白茆河中建老新闸，工程实行以工代赈，五月竣工。

十三年冬，岁歉民贫，所在设粥赈饥，邑东乡士民议开白茆，以工代赈，请于中丞林文忠公。文忠深然之，适以刘河定议，借帑势难并行，乃捐廉为倡，制府陶文毅公以下各捐廉助工，遂以三月兴工，迄四月毕。徐六泾亦同时并疏，统计白茆河、徐六泾挑土三十六万七千二百零三方，共用银八万九千十七两五钱三分六厘，工既竣，又建老新闸以时启闭，并修龙王庙，共用银五千九百余两。次年春，又浚七浦。案雍正初，昭文县劳必达详查河道，文云：徐六泾，前明时止一小泾，三十年来为海水冲阔，致潮汐直过梅里而西，然于内地之水不能大为宣泄也。（［清］李铭皖修，冯桂芬纂：同治《苏州府志》卷十一《水利三》，清光绪九年刊本。）

道光十五年（1835 年），太仓知州李正鼎、镇洋知县孔绍显用浏河工程的余款三万四千九百两，组织民工挑浚沙溪至浮桥段的七浦塘，工长 5600 余丈，还疏浚了太仓的杨林塘和吴江的瓜泾港。

道光十五年（1835 年），江苏巡抚林则徐修筑宝山、江东、江西海塘共计5000 丈，还修筑了保护海塘的桩石坝。

道光十七年（1837 年），陶澍、林则徐在华亭县石塘外的滩地上采用护滩坝技术，收到了良好的效果。

道光二十二年（1842 年），吴江县招募民夫疏浚吴淞江。

道光三十年（1850 年），疏浚白茆诸河。

咸丰十一年至同治二年（1861—1863 年），为了保障通航，三次疏浚吴淞江的浅段。

同治五年（1866 年），巡抚郭伯荫征发民夫并监督疏浚浮桥以下段的浏河长达 7690 余丈，又重修了浏河的天妃闸，第二年正月完工。此次工程共用银十七万两，由苏松太等十六个州县按亩摊派归还。

同治七年（1868 年），巡抚丁日昌征发民夫并监督疏浚自王家庄至土塘内止的白茆塘，工长 5900 丈，并将石闸移建到苏常石闸的东侧，次年正月竣工；又挑浚南盐铁塘长达 200 余丈，共用银七万两。由常熟、吴县、无锡、江阴等七县以三年为期按亩摊派征还。

同治十年（1871 年），成立苏城水利局，统揽苏州的水利工程。同年，苏城

水利局动用库存的水利经费，大兴水利，疏浚太湖沿岸溇港 29 处，长达 11000
余丈；又疏浚杨林、七浦等入江港浦长达 8200 余丈；并开始使用机器船挖浚泖
湖、拦路港长达 30 余里、吴淞江下游段长达 700 余丈；征发民夫疏浚吴淞江下
段长达 9020 余丈；又整修吴江、震泽两县的 115 个水窦等水利工程，修建桥梁
52 座等，共用银二十九万五千两。

设水利局，委署藩司应宝时总办，讨浚吴江境内垂虹桥内外六港、上元圩
港、翁泾桥、三江桥、沿塘、夹河，震泽境内胡溇港、薛埠港、丁家港、吴娄
港、张港、叶港、蒋家港、双板石家港、西邱庙港、徐杨港、南盛港、大庙港、
鸿雁港、南仁港、南舍港、唐家港、马家港、沈家港、西港、湖墓港、江震境
内烧香河。是年正月开工至十一年四月毕，共费银二万二千四百余两，由苏、
沪二局厘金项下撙节拨，用浚吴淞江。（［清］李铭皖修，冯桂芬纂：同治《苏
州府志》卷十一《水利三》，清光绪九年刊本。）

同治十年（1871 年），江苏巡抚张之万重筑元和、吴江等县的桥梁，并疏浚
自吴淞江下游至新闸间的溇港。

同治十二年（1873 年），苏城水利局总办藩司应宝时主持浚治瓜泾分水港，
修建瓜泾桥用以将太湖出水导入吴淞江，并在分水墩上立有一碑。

光绪九年（1883 年），长洲县修尚泽堤，建胥江菱湖石堤长达 1668 丈，用
银一万余两。

光绪十五年（1889 年），元和知县李超琼疏通葑门外的官塘，又修筑金鸡湖
长堤，时人称"李公堤"。光绪年间于吴江县浚成的牛长泾塘等，有的为历代沿
用修浚，有的曾淤塞废弃，但在其开塘时期，都曾或多或少有利于农田灌溉及
水道航运。

光绪十六年（1890 年），巡抚刚毅组织营勇、民夫大力疏浚自四江口至新闸
大王庙止的吴淞江，长达 12500 余丈，次年三月竣工，共用银十六万余两。

江苏巡抚刚毅言："吴淞江为农田水利所资，自道光六年浚治后，又经六十
余年，淤垫日甚。前年秋雨连旬，河湖泛滥，积涝竟无消路。去年十月，派员
开办，并调营勇协同民夫，分段合作，约三月内可告竣。"（［民国］赵尔巽等
撰：《清史稿·河渠四》，吉林人民出版社 1998 年版，第 2638 页。）

光绪三十四年（1908 年），无锡县西乡的农民用小型煤油引擎带动龙骨车
灌田。

宣统三年（1911 年），无锡芙蓉圩的农民用十余部五马力煤油引擎拖带龙骨
车抢排积涝之水。

宣统三年（1911 年），江苏大雨，圩堤溃决，清政府拨银四万两，实行以工

代赈，整修毁坏的圩堤。

六、清代沿江河道的治理

明末，白茆、七浦等太湖主要泄水河道又淤成一线，浏河虽尚通畅，也出现淤积现象。在这种情况下，清代对浏河、福山塘、七浦塘等沿江河道也进行了一系列的治理。

表 3 - 2　　　　　　　　　清顺治九年至道光三年疏浚诸港表[5]

河名	时　间	概　况	资料来源
浏河	顺治九年（1652 年）	浚西段 10 里	民国《太仓州志》
	顺治十四年（1657 年）	浚中段 5520 丈	雍正《江南通志》
	康熙十年（1671 年）	浚淤道 29 里，并建天妃宫闸	雍正《江南通志》
	康熙四十七年（1708 年）	浚 30 里	民国《太仓州志》
	雍正二年（1724 年）	浚老浏河	光绪《嘉定县志》
	雍正五年（1727 年）	续浚	民国《太仓州志》
	雍正八年（1730 年）	移建天妃宫闸于镇西	民国《太仓州志》
	乾隆二年（1737 年）	应动藩库匣费修波浚	民国《太仓州志》
	乾隆八年（1743 年）	仁寿桥至陆渡桥 8000 丈	民国《太仓州志》
	乾隆十七年（1752 年）	应冈子至小塘子 7800 丈	民国《太仓州志》
	乾隆四十三年（1778 年）	浚 1100 余丈	光绪《昆新两县合志》
	乾隆五十年（1785 年）	浚 7900 余丈	民国《太仓州志》
	嘉庆二年（1797 年）	浚 9500 余丈	民国《太仓州志》
	嘉庆十七年（1812 年）	巡抚朱理浚浏河	光绪《嘉定县志》
	嘉庆十八年（1813 年）	浚 2300 余丈	光绪《昆新两县合志》
	道光三年（1823 年）	浚横沥口至军工厂 5180 丈	民国《太仓州志》
福山塘	康熙四十八年（1709 年）	浚河并建新闸	雍正《江南通志》
	乾隆十六年（1751 年）	浚河，借帑二万一千余两	同治《苏州府志》
	乾隆十七年（1752 年）	福山塘岁久不修按酌亩捐，兴工修建	《清史稿·河渠志》
	乾隆二十六年（1761 年）	浚河借帑八千九百余两	同治《苏州府志》
	乾隆三十二年（1767 年）	浚河，借帑九千两	同治《苏州府志》
	乾隆四十年（1775 年）	面宽 5 丈，深 1 丈	同治《苏州府志》
七浦塘	康熙五十七年（1718 年）	太仓知州李珏浚七浦塘	民国《太仓州志》
	雍正六年（1728 年）	浚甘露巷至花婆口 6200 余丈	民国《太仓州志》

续表

河名	时　间	概　况	资料来源
七浦塘	乾隆二年（1737年）	遇有淤垫，应动藩库匣费修浚	民国《太仓州志》
	乾隆六年（1741年）	浚直塘至闸外8100丈	民国《太仓州志》
	乾隆十一年（1746年）	浚坝工皂荚桥西至转河西7500余丈	民国《太仓州志》
	乾隆十五年（1750年）	浚苏家湾至浮桥东6500余丈	民国《太仓州志》
	乾隆二十年（1755年）	浚皂荚桥至闸外6700余丈	民国《太仓州志》
	乾隆二十四年（1759年）	浚杨泾至陆家6400余丈	民国《太仓州志》
	乾隆二十八年（1763年）	浚陆家坟至姚家湾6100余丈	民国《太仓州志》
	乾隆三十二年（1767年）	浚凌家桥至沈明其宅6300余丈	民国《太仓州志》
	乾隆三十八年（1773年）	浚磨子桥至庄长观田6800余丈	民国《太仓州志》
	乾隆四十三年（1778年）	浚沙溪至海口1700余丈	民国《太仓州志》
	乾隆五十五年（1790年）	浚霍家花园至花婆口7500余丈	民国《太仓州志》
	嘉庆六年（1801年）	浚沙溪至马洞泾6700余丈	民国《太仓州志》
	嘉庆十五年（1810年）	知州仓斯升浚七鸦浦	民国《太仓州志》
	道光三年（1823年）	浚田家桥至海口	光绪《太仓州志》

七、清代海塘治理

明末清初是海岸潮流顶冲点形成的关键时期，潮水对附近海岸的冲击异常猛烈，漊阙附近海滩日渐坍塌，导致晚明时期漊阙附近的海潮灾害异常频繁，同时，海塘的塘线常随着海岸线的变化而外迁或内移。因而，海塘的修筑显得日益重要。

崇祯七年（1634年），在松江知府方岳贡领导下，大户吴嘉允负责的漊阙石塘工程是江南海塘史上的首次石工。崇祯十三年（1640年），地方贤达何刚在官府委托下，续筑该段石塘，崇祯年间的这两次修筑揭开了明清江南海塘修筑史的大幕。

崇祯年间的华亭石塘是江南海塘历史上的首次石塘工程，当时由于方岳贡以及吴嘉允的尽职，尽量避免了以往水利工程中出现的各种弊端，为以后的海塘工程树立了典范与榜样。

入清以后，江南海塘整治可以分为三阶段，第一阶段（顺治至雍正时期）的重点集中在华亭以及宝山（今属上海市宝山区）一带，随着海岸的伸涨与海滩坍塌导致的海塘内移，清代将江南海塘的土塘逐步改建为石塘和桩石工，塘工技术有较大的改进，一系列护塘保坍工程，如护塘坝、护滩坝、坦水等被建立起来；第二阶段则是乾隆年间通塘体系的形成，海塘工程的重点在江南海塘北段的修建；第三阶段则是通塘体系形成后的岁修工程。

　　顺治三年至十一年（1646—1654年），崇祯年间的澉阙两次石塘工程后，潮势开始向西转移，西段土塘屡次被冲毁，顺治六年（1649年）九月十五日夜，无风而海潮大作，潮水漫过塘面，西起梅林径东至周公墩被冲开数十处，清廷在华亭修筑澉阙、柘林等土塘。

　　康熙三年（1664年）秋，海塘大溃。巡抚韩世琦向朝廷请求赈济，同时命令地方自救，为防胥吏在塘工中作弊，他任命塘长协助海塘工程。韩世琦主持的这次海塘修筑工程，表明地方大型公共水利工程的资金和劳力动员方式均异常难行，因此韩世琦一反常态，尽量摒弃胥吏和佐杂官员参与海塘工程，转而倚靠地方义户。

　　康熙十年（1671年），夏秋之交，柘林的蔡家码头、赵家码头、施家路、唐家路等处的海堤溃决。总督麻勒视察海疆命令地方修塘，知府耿继训、同知高仰昆上报巡抚马祜，朝廷下旨令水利通判周柞昌、华亭知县董士哲检查被冲毁的海塘。

　　康熙十四年（1675年），巡抚马祜、布政使慕天颜主持修筑王家路、朱家路、大码头等处土塘，由官府派给筑塘的工料。

　　康熙二十一年（1682年），修筑王家村至施家路溃决的海塘。

　　康熙四十七年（1708年），随着金山嘴的顶冲转移已达高潮，明末兴建的澉阙石塘被海水侵蚀冲坏，澉阙石塘遭受海侵多处溃决，孤露水中，遂将原来的澉阙海塘向南内徙约百丈，另筑土塘，将张家库、龙王墩等海塘向内徙一里许，胡家厂以西的潮势微弱，在新塘与老塘相接处只能另于残缺处补筑捍海土塘等。

　　康熙五十八年至五十九年（1719—1720年），巡抚朱轼修筑海宁县老盐仓北岸的鱼鳞石塘长达1340丈。

　　雍正年间（1723—1735年），清廷对海塘工程更加重视，但雍正帝为整顿吏治和清查亏空，决定由朝廷国库拨款，以修筑海塘为切入口，仰仗捐纳与贪墨之罚款修筑大型公共水利工程，以期解救灾民和稳定社会局势。同时，清廷各层级也追求海塘工程的一劳永逸，希望"毕其功于一役"，对江南海塘空前重视，不再只修土堤，把其重要性和浙江塘工相提并论，朝廷的关注使江南海塘工程进入新阶段，随着朱轼的查勘，江南海塘石工很快被提上议事日程。

　　雍正二年（1724年）七月十八、十九两日，连续风雨大作，海水泛溢，江浙海塘大面积被冲毁，民田多被水淹，海潮漫过塘堤，涌入塘内四五里至八九里不等，海塘被冲，居民受灾严重。此次潮灾被当地人民俗称之为"海啸"。

　　雍正三年（1725年），吏部尚书朱轼提出将金山卫至华家嘴6000余丈土塘中的3800余丈改筑为石塘，第二年又新建了华亭石塘约20里，并在石塘之外大修土塘作为外护工程。

雍正五年（1727 年），将吴淞土塘改为石塘，修筑华亭漴阙石塘长 40 里。

雍正对江南海塘工程的重视不仅表现在强调大规模修筑石塘，而且还不时派遣政治、军事的各级官员明察暗访江浙海塘工程的质量，并不时训谕相关的海塘工程人员。

雍正六年（1728 年）以后，江南塘工仍以修筑华亭石塘为主，自此，李卫开始主政浙江并全面负责江南海塘工程，对此前竣工的工程进行了全面批评并提出了整改措施，俞兆岳也在李卫的举荐下统揽江南塘工事务。

雍正七年（1729 年），朱轼修建华亭石塘时，吸收了浙西鱼鳞石塘河使用条块石塘的好处，设计出一种新式的轻型条石塘。

雍正十年（1732 年）江南沿海发生潮灾后，清政府规划、修筑了松江府、太仓州和苏州府的所有滨海州县地方的海塘工程。表明江南海塘工程的重点已由华亭石塘转向其他地方的土塘，修筑的长度可谓空前，包括松江府属的上海、南汇和奉贤及太仓州属的宝山县。

雍正十年（1732 年）大灾后，时任两江总督高其倬建议把浙江海塘、江南海塘和苏北的范公堤连接起来，共同构筑沿海的防水大堤。

雍正十年（1732 年）七月十六日，大风掀起丈余高的海潮，沿海一带的民房受损严重，所剩无几，西至月浦、杨家行里外积水十余日才开始退却。

雍正十一年（1733 年），巡抚乔世臣发文要求宝山知县薛仁锡修筑自黄家湾起由宝山旧所城基至尾工止的江东土塘。

雍正年间塘工均由国帑修筑是一特例，后世不再有此现象。乾隆元年规定此后土塘出现问题由地方自行修筑，如工程浩大可暂向国库借款，但竣工后须由各县按亩摊征归还，石塘、石坝出现险情，由国家各级财政相应负担。此后江南塘工主要由地方捐修土塘，动用国库修筑石塘、石坝的机会很少。

乾隆年间（1736—1795 年），江南海塘的整治重点在北段，北段工程可以分做宝山海塘工程，太镇、常昭海塘工程，修筑经费主要采用业食佃力的方式自行解决。

乾隆元年（1736 年）和乾隆二年（1737 年）宝山江东海塘的兴工后，江东海塘工程基本完成。江东土塘坦坡的修筑，是实施当年议准的土塘岁修规则的具体表现。

乾隆二年（1737 年），巡抚稽曾筠修筑海宁绕城鱼鳞石塘长达 2900 余丈，并修筑了防护海塘的外围工程——土戗坦水。

乾隆四年（1739 年），修筑自顾泾至镇洋县界的土塘，与其他土塘相连。

乾隆四年至五年（1739—1740 年），将海盐草坝头改为石塘，长达 168 丈，将海宁东塘改建为鱼鳞石塘，长达 1000 余丈。

乾隆五年（1740 年），总督那苏图奏请朝廷在土塘内建造石塘。宝山县治紧邻海洋，原有的海塘防护工程不足抵御海潮的冲击，知县胡仁济主张在土塘内修筑南自吴淞营炮台起至城北车家园西止的护城石塘。石塘表层全部使用青石，石塘的顶四层使用黄石，其余部位则使用青黄石搭配砌实。该工程于乾隆八年（1743 年）十一月竣工。

乾隆六年至七年（1741—1742 年），修筑柴石塘 1200 余丈，修筑老盐仓草塘 1800 余丈。

乾隆八年至二十五年（1743—1760 年），续修海盐、海宁、平湖柴等石塘长达 10000 余丈；庄有恭筑海宁东西塘的坦水长达 1000 余丈，开浚中小门河长达 1340 余丈。

乾隆二十六年至三十一年（1761—1766 年），增筑海宁西柴塘的坦水长达 670 余丈，还修筑了海宁的绕城坦水以及柴塘外篓等。

乾隆八年（1743 年），建月浦石坝，后陆续修筑华亭金山嘴、林家嘴等处的石坝、土塘。

乾隆十九年（1754 年），常熟、昭文境内的海塘得以兴筑。然而常昭海塘接续兴筑是巡抚个人的建议而并非常熟滨海邻江地方自然环境的客观需要。滨海绅民多有反对意见：第一，修筑海塘的目的是抵御潮灾，保护人民的生命财产安全，但塘基距海滨尚有三五里之遥，塘外民田同为缴纳皇粮国税却享受不到筑塘的好处；第二，塘基所占均为膏腴之田而并非芦荡，划定塘基时会涉及很多民舍、坟茔的搬迁；第三，常昭海塘共占用将近万亩良田；第四，海水冲力势必消散，如果海滩宽广，潮水到达海塘时已成强弩之末，冲量自然减少许多。没有海塘的障碍，潮水旋进旋退，不会给海滨田亩带来很大危害。由于常熟、昭文位于长江尾闾，江水均为淡水，即使潮水淹没了农作物也不会造成太大的损失。

乾隆二十年（1755 年），常熟地区的海塘工程亦建成，江南海塘通塘体系形成。江南海塘的通塘体系形成后，很长时间没有再兴大工，只限于日常岁修。此后的塘工经费多来自募集，难得朝廷拨款支持，逐渐形成石塘请帑修筑、民修土塘借帑修理后按亩摊征还款的惯例，先借国库银两修筑，然后区别石塘和土塘归还国帑。

乾隆三十二年至三十七年（1767—1772 年），连续六年修筑宝山土塘。

乾隆四十九年至五十九年（1784—1794 年），连续十一年修筑华亭县戚家墩石坝。

总之，乾隆年间宝山江东以及江西土塘的修筑，仍由国帑支持，是雍正年间海塘工程政策的继续，也是当时宝山境内海塘险工地段的客观需要。太镇、常昭海塘工程则是官员主观意志的产物。虽然有滨海曹民请求修塘的愿望，但在违背时令和民事下的强制措施下，太镇海塘北段工程的质量严重受损，后续培修措施其实是对海塘质量的补救而已。

嘉庆元年至十年（1796—1805 年），修建海宁、海盐两县的坦水、盘头、柴石塘等。

嘉庆二年（1797 年），松江知府赵直善在奉贤、南汇、上海三县的协同合作下修筑戚家墩石坝、土塘。

嘉庆七年（1802 年），娄县（今属上海市松江区）、金山（今属上海市金山区）、青浦（今属上海市青浦区）三县协力修筑华亭戚家墩石坝、土塘。

嘉庆十年（1805 年），宝山县修石塘，并筑衣周塘。

道光元年至十七年（1821—1837 年），拆海宁石塘，修鱼鳞石塘长达共 106丈，并修筑平湖县独山石塘等。

道光十年（1830 年），修筑金山嘴石坝、土塘。

道光十五年（1835 年）六月十四日，海潮受东风影响高达数丈，潮水漫过海塘，直至五更时风向至转西北，海潮才退，海塘才从海水中显露。江苏巡抚林则徐修筑宝山、江东、江西海塘长达五千丈，还建有护塘的桩石坝，宝山一方希望按华亭海塘工程由松江府下属各县协理的惯例，以太仓州所属州县帮助摊派办理，但因利害不均，受到各方抵制。

道光十七年（1837 年），陶澍、林则徐在华亭县石塘外的滩地上也采用护滩坝技术，也收到了效果。就这次海塘工程而言，主要是坦坡等桩石护塘坝，其中新出现了护滩坝和挑水坝。华亭塘工中的护滩坝是江南海塘工程中最险出现的，使得华亭境内的海塘开始出现新的变化。同光年间各县海塘境内险工开始大规模建造上述两种塘工的间接护岸工程。

整个江南海塘的大规模维修在同治、光绪年间，主要背景是太平天国战争导致江南海塘长期得不到维护，各县海塘无法及时进行修护，导致海塘大面积坍塌。

同治七年（1868 年），江南水利局的成立，江南各县开始大规模兴修水利。

同治八年（1869 年），重新修复鱼鳞石塘长达 827 丈 8 尺，拆修长达 155 丈。

同治十一年（1872 年），官府征发民夫修治常熟海塘，兴筑三重护滩坝。

同治十二年（1873 年），海宁县修筑鱼鳞石塘长达 820 丈 3 尺，拆修石塘长达 241 丈 2 尺。

光绪年间（1875—1908 年），海塘整治工程集中在前期，后期因困于经费短缺，海塘工程着重于护塘、湖滩等配套防护工程。

第八节　民　国　时　期

1912 年中华民国成立，但战争频发，社会动荡不安，因政治和经济等原因，导致国家建设相对滞后。在这一段时期，太湖流域的治水活动，流于修补，主要是对海塘、河浦、堤闸进行岁修养护，大型综合性水利工程修建不多。民国时期创建的水利工程，大多兴建于在二十世纪二三十年代，为维持航道以及通商港口港区的水深，相关部门对黄浦江进行常态性整治。总体视之，鸦片战争以后的百年中一些近代技术不断被引进，太湖流域的治水开始进入科学探讨和治理领域，出现了一大批机电排灌和钢筋混凝土水闸等近代化工程。

一、北洋政府时期的治水

民国 2 年（1913 年），江苏民政厅水利主任方还、技术官周秉清主持浚治自支塘至河口的白茆塘，冬季兴工，次年六月竣工。白茆塘拓浚长度 30 里，浚深 7 尺，裁弯 8 处，并拆除旧闸、建桥 7 座，用二十万余银元。

民国 2 年（1913 年），常熟县耗资近三十余万元疏浚自支塘至口门的白茆河，长达 30 里。

民国 3 年（1914 年），江苏巡抚使韩国钧筹兴江南水利，设置江南水利局。

民国 3 年（1914 年），疏浚丹徒县自大江门至石浮桥段的运河。

民国 3 年至 24 年（1914—1935 年），对江南运河北段进行十余次重点整治，对中段进行了浚深挖掘。

民国 4 年（1915 年）二月，起太平港至小塘子止的浏河工程开始动工，长5860 余丈，四月完工。九月，江南水利局调拨挖泥机船，机浚浏河口外段长达630 丈。

民国 4 年（1915 年），疏浚丹阳自马桥至东门段运河，又浚丹阳城内自北门外运河口起穿城至东水关止的内河。

民国 4 年（1915 年），宝山吴淞镇的海塘首次采用招标办法改用水泥砌造。

民国 5 年至民国 17 年（1916—1928 年），浙西水利评议会以丝捐、蚕捐、货物附加、地丁附捐等方式，从民间筹集水利经费，浚治崇（德）桐（乡）运河；疏浚海盐白洋塘、乍浦塘河；疏浚杭县上塘河；疏浚嘉兴鸳鸯新河；疏浚余杭滚坝至蒋家河；疏浚长兴县夹浦、花桥、福缘、芦圻四港；疏浚吴兴县棣溪，疏浚雪水桥至台山镇的塘河；疏浚安吉梅溪；疏浚桐乡城南河道；疏浚武康前溪港；疏浚吴兴机场港；疏浚长兴县自宜乔桥河长达 3700 余米；整修武康、孝丰等县的块石护岸工程长达 261 米。

民国 5 年（1916 年），太仓、嘉定二县疏浚浏河，长达 2300 余丈。

民国 7 年（1918 年），疏浚苏州运河段觅渡桥南北河道。

民国 8 年（1919 年），疏浚丹阳运河马桥至陵口段，又疏浚丹徒运河大小闸口至华家桥段；在宝山县玲珑石塘吴木峰段修筑水泥坝，开始使用钢筋混凝土。

民国 9 年（1920 年），在苏州设置督办苏浙太湖水利工程局，同时组织苏浙水利联合会以筹措太湖水利。

民国 10 年（1921 年），太湖流域大水，苏浙太湖水利工程局呼吁苏、浙两省拨款修筑流域内各县低乡圩岸，圩区建设开始兴起。同时，江苏省长通令各地修筑圩岸，常熟、昆山、吴江等县均有行动。

民国 12 年（1923 年），用机器疏浚苏州日晖桥段的运河。

民国 12 年（1923 年），江阴、常熟二县仿照南通江岸办法，筑榭保坍；用水泥将牛头泾段的旧式桩石弥缝，中心则用石灰泥土胶合成浆砌型石。

民国 13 年（1924 年），疏浚吴江平望自北大桥至南大桥运河；疏浚太仓七浦河，挑浚沙溪河，长达 3900 余丈，并切除老闸口外滩，共用五万余银元；疏浚常熟县的黄泗浦、李墓塘。

民国 13 年（1924 年），石洞段开始筑钢筋混凝土修建挡潮墙，墙下打梅花桩，桩与桩之间用石块堆砌。

民国 14 年（1925 年），江苏省成立湖田局，准备用浚垦兼施办法，放垦太湖水面 40 万亩。但此说提出后，舆论哗然，遭到江浙地方人士强烈反对，湖田局便于第二年八月奉令撤销。以后，扬子江水利委员会提出将东太湖辟为国营蓄洪垦殖区，并被列为长江中下游四大蓄洪垦殖区之一。该委员会认为此举既是解决太湖流域长期存在洪涝出路问题的一项重要措施，又能从根本上杜绝地方豪强以及客民私自乱围乱垦而造成湖身日浅、蓄泄日阻的恶果。

民国 15 年（1926 年），疏浚常熟县的梅李塘及徐六泾尾段。

二、南京国民政府时期的治水

民国 16 年（1927 年），整修海盐县境内"壹字号""可字号"石塘，修筑鸣字号石坡护塘以及修补附土坍水，还整理了平湖县"云字号"石塘。

民国 16 年（1927 年），撤销督办苏浙太湖水利工程局及江南水利局，改设太湖流域水利工程处。

民国 16 年（1927 年），疏浚吴江平望安德桥下浅滩坝基，又机浚苏州阊胥段运河。

民国 17 年至民国 18 年（1928—1929 年），机浚吴县浒关运河。

民国 18 年（1929 年），海宁县整治了一、二、三区坍水及水泥修补工程，理砌了遐、问、瑞三字号石塘。

民国 18 年（1929 年），北固山西添设新码头，在长江上游两岸筑榭。

民国 20 年（1931 年），庞山湖实验场开始修建，至 1936 年，先后建成三区，至中华人民共和国时合计约有 8500 亩熟田，灌排设施全部实现机电化。

民国 20 年（1931 年），江淮发生大水灾，长江中下游干支河堤防全线溃决，国民政府成立救济水灾委员会，以美国的麦贷充抵工程经费，进行堵口复堤。

工程重点在长江中游，苏南江堤也进行了整修。江宁、句容、镇江等县滨江圩堤分段修筑。

民国 20 年（1931 年），江淮大水，太湖流域水灾严重，全流域 30 天最大降雨 487 毫米，其重现期为 53 年一遇，超过了后来的 1954 年大水。当年流域共设 41 个县（市），耕地面积 3360 万亩，对其中 31 个县（市）2960 万亩进行了灾情调查，苏南县市受灾面积占总面积的 29％～56％，浙西灾情较轻，受灾面积也达到总面积的 20％左右。除了农业以外，城镇工商业以及水陆交通损失也很大，水陆交通已有小轮航线 110 余条全部停航，自 7 月上旬至 8 月中旬水运基本瘫痪[123]。灾后未见对流域治理有系统的研究和对策。

民国 20 年（1931 年），疏浚武进县运河，工程分为七段，后因水涨仅完成了五段。

民国 21 年（1932 年），浚浦局制订了黄浦江维持改善的十年计划，主要是用挖泥方法保持航深，每年挖泥约 200 万立方米。1937 年，抗日战争爆发，浚浦工程陷入停顿。

民国 22 年（1933 年），抢修自江宁和尚港至燕子矶以及乌龙山至丹徒镇堤工 150 千米。

民国 22 年（1933 年），全国建设委员会围垦吴江县境内的庞山湖，施工三年，于民国 25 年（1936 年）建成三个耕作区，共有耕地 8500 亩、鱼池 400 亩，排灌设施全部实现机电化。

民国 23 年（1934 年），常熟县征工疏浚治白茆塘、福山塘、梅李塘、李墓塘、贵泾、徐六泾、南北盐铁塘、黄泗浦及各支河 53 条；太仓县采用业食佃力办法，土方不给价，疏浚了冬季水深"几不及膝"的顾门泾、杜陵泾、北六尺河、石头塘等 15 处支河。

民国元年至民国 23 年（1912—1934 年），于海宁、海盐二地修筑了长达二千四百多米弧形与重力式混凝土直立墙、弧形台阶式相结合的斜坡塘，并试建预制混凝土砌筑海塘和扶壁式钢筋混凝土海塘约 200 米，并对部分海塘、坦水进行除险加固和岁修。

民国 20 年至民国 23 年（1931—1934 年），对上海境内及江苏太仓及常熟二县的海塘工程进行了两次大修，此次大修之后，江南海塘已大部分改土塘为桩石工程或混凝土工程，增强了抗潮能力。

民国 24 年至民国 26 年（1935—1937 年），江苏省建设厅筹办各县劳动服务，昆山、吴江等县均有将水利劳务用于修筑圩岸工程。

民国 24 年（1935 年），疏浚镇江小闸口至无锡洛社段的江南运河，又疏浚丹阳县陵口段运河；疏浚常熟县的奚浦塘、耿泾塘及盐铁塘。抗日战争前的二十余年中，白茆、浏河、徐六泾、三丈浦、耿泾等均轮番疏浚三次，一年中浚治的港浦多者达七八条；浚治杨林塘干河以及支河钱泾、鹿鸣泾、十八港、千步泾、三港等54条。在此时期，扬子江水利委员会应用现代技术在白茆港口建成一座钢筋混凝土的五孔水闸。

民国25年（1936年），扬子江水利委员会组织完成了白茆闸建设。工程竣工后由江苏省政府接管。1946年，扬子江水利委员会设立白茆闸公务所组织修复。

民国26年（1937年），据行政院颁布的《整理江湖沿岸农田水利办法大纲》制订各分区内部各项水利设施的具体工程计划，时因抗日战争爆发而未见实施。同时，建立庞山湖灌溉实验场，作为圩田地区农田水利工程设施和经营管理的典型。

民国26年（1937年），因东太湖底日趋淤垫，居民围垦有碍蓄水，江苏省政府会同扬子江水利委员会勘定湖边界线，树立6米长水泥界桩244根，称为永久禁垦线，试图杜绝盲目的围湖垦殖。

民国26年（1937年），疏浚海宁袁化塘河二段；疏浚余杭塘河二段；疏浚上塘河二段。

民国34年（1945年），尹山湖围湖造田工程竣工，水面积达8500亩。该工程在民国32年（1943年）先由汪伪政府建设部浚垦局主办，抗战胜利后由扬子江水利委员会接收，拨归太湖流域工程处经营管理。

民国35年（1946年），整修杭海、盐平二段海塘，完成柴塘等长达3800米，并在一堡与七堡之间修筑7座挑水坝，坝长300米，以保沪杭铁路安全。

民国35年至民国36年（1946—1947年），抗日战争胜利后，国民政府设立扬子江堵口复堤工程总处，有关省设立分处。

民国35年至民国37年（1946—1948年），吴江、常熟等县对年久失修的圩堤进行了多次整修，常熟组织修圩委员会筹资修圩，受益田亩达50万亩；民国37年（1947），青浦等11个低乡组织修圩，所修圩堤共长140余千米。

民国26年至民国27年（1947—1948年），疏浚东苕溪、烂湾、浦字滩，长约40000米，并开展了培修塘堤、抛石护岸等工程；疏浚西苕溪、泄溪及老虎堤北塘河共长约2900米；疏浚张溇港等长约4000米；疏浚苕溪泗安塘长2700米；疏浚西苕溪及其支流，培修嘉兴段运河及支流，共长15000余米。

第四章

历史治水方略初析

　　人类治水，基本上依靠的是国家和社会组织的整体力量。自中华文明史开始，就有治水的策略。太湖流域早期出现了发达的良渚文化，良渚古先民居于山地，有一套独立的社区组织下的灌溉体系，但此时期整个流域层面的治水方略并未形成。流域出现了早期的国家以后，治水工作逐步在国家的干预下形成体系并延续发展。自春秋时期以来，治水主要在圩田开发和运河开拓，圩田开发依托地方社会或军屯组织，运河开拓则依靠地方政治力量，这种模式一直持续到唐代及以后。在治水和治田相结合的开发模式基础上，至两汉和六朝时期，流域内许多地区的圩田网络已经形成，客观上需要较大规模的河道治水与灌溉体系相一体的治理方略。因此随着经济社会发展的客观需要，唐代大运河南北贯通，塘浦圩田体系也基本形成。至此，贯通整个流域，至少是太湖以东地区的治水方略已逐步形成。宋代及以后，在气候变化、人为调控和干扰等多种因素的作用下，流域水文环境、水流格局等发生了较大变化，流域治水者们在当时的水文环境下，逐步形成了几种治水技术流派，大体上涉及河道治理（主要针对吴淞江开展治理）、圩田治理、圩田与河道的闸坝体系建设以及运河周边、吴江周边等关键区域治理的一系列水利措施。几千年来，随着流域各代治水者的不断实践和总结，流域治理水平不断进步，流域治水的思想和方略逐步完善，最终形成了独具特色的具有"三江水学"之称的太湖流域治水方略，同时也留下了众多的官方与民间治水文献，成为太湖流域水文化史上的瑰宝。

第一节　唐五代以前治水方略

　　唐五代以前，太湖流域的治水主要是以兴利为导向的开发模式，这种开发将治水、治田和屯田相结合，有力推动了流域水利事业的发展。这一时期围绕运河开挖,多有堤防、堰闸、水库等水利工程的建设,同时在太湖西部、南部等地的沼泽区进行了大规模的屯田活动,并在太湖东北一带出现了塘浦圩田体系的雏形。

一、运河水利开发

汉代以前,太湖流域治水以运河开挖工程为主。尧时(公元前2286—公元前2278年)全国洪水泛滥,传说大禹进行了大规模的治水,其治水事迹无从详细考证。《尚书·禹贡》记载"三江既入,震泽底定",解释众多,莫衷一是。据《史记·河渠书》的解释,当时太湖流域开沟渠通三江五湖。商末(公元前1122年)吴泰伯在无锡东南开"泰伯渎",进行农业开发。周敬王六年(公元前514年),吴王阖闾开河运漕,春冬载二百石舟,东通太湖,西入长江,后人名为胥溪河。周敬王二十五年(公元前495年),吴王夫差开河通运,从苏州经望亭、无锡至奔牛镇,达于孟河入长江;伍员开河,自长泖接界泾往东,接纳惠高、彭巷、处士、沥渎等水流,后人称为胥浦。周元王元年(公元前475年),越大夫范蠡伐吴,开漕河东达蠡湖,后人称为范蠡渎。楚考烈王十五年(公元前248年)春申君黄歇治水松江,导流入海,后人称之为春申浦;黄歇又治理无锡湖即芙蓉湖,立无锡塘。秦始皇三十七年(公元前210年)开凿丹徒曲阿运河[124]。

汉代续挖江南运河,同时也开始注重防洪堤防与水库建设。汉武帝时(公元前140年—公元前87年)为了便于福建、浙江物资贡赋的转运,沿太湖东缘的沼泽地区开挖了苏州以南的运河,江南运河经过春秋和秦汉时期的开挖,轮廓已经形成。汉代还在太湖西部、南部地区开始进行防洪堤防建设与水库建设,汉平帝元始二年(公元2年),吴人皋泊通筑塘,即今长兴县之皋塘,首建太湖障水堤岸。汉熹平年间(172—177年),余杭县令陈浑在城南开辟上南湖、下南湖,调蓄苕溪洪水[124]。

六朝偏安江南,太湖流域的水利开发成就集中体现在运河水利方面。孙吴以后,由于定都建康(今江苏省南京市),则开太湖西部的通道入建康,太湖西部地区较早形成了复杂的运河堰坝体系,据记载:

吴大帝赤乌八年,使校尉陈勋作屯田,发屯兵三万凿句容中道至云阳西城,以通吴会船舰,号破岗渎,上下一十四埭,上七埭入延陵界,下七埭入江宁界,于是东郡船舰不复行京江矣。晋宋齐因之,梁以太子名纲,乃废破岗渎而开上容渎,在句容县东南五里顶上分流。一源东南流三十里,十六埭入延陵界;一源西南流二十六里,五埭注句容界西,流入秦淮。至陈霸先,又埋上容渎而更修破岗渎。(《嘉定镇江志》卷二,清道光二十二年丹徒包氏刻本。)

埭是运河上重要的水利设施，破岗渎的埭是文献记载中最早的埭。埭是横拦渠道的坝，渠道纵坡太陡，用堰分成梯级，可以蓄水、平水，保证通航。船过堰时需要拖上坝，再下放于相邻段内。拖船上下坝最初用人力，后来用牛拉，需用牛拉的坝称作牛埭。此外，小船可以直接拖拉，而大船则需借助绞盘等简单机械，可以看作是早期的"升船机"。因此，借助此类技术，且西部有着丰富的湖泊和河流水资源，可以借以行舟。

二、屯田体制下的圩田水利开发

晋代至南朝时期，官民注重江南地区的农田水利开发，多有堰、闸的修建。晋惠帝时（290—306 年），引丹徒马林溪水为曲阿后湖，灌溉农田，称为练塘，后名为练湖，兼有蓄水济运功能。晋元帝时（317—322 年）计划在无锡湖置堰，泄芙蓉湖水入五泻，注于太湖地区灌溉农田，这一计划因当时气候寒冷没有成功。晋元帝时还因镇江城南丁卯港淤浅，建设丁卯堰蓄水通航。宋文帝元嘉二十二年（445 年），吴淞江下游排水不畅，东江逐渐萎缩，扬州刺史王浚提出从武康纻溪开凿谷湖直到出开口一百余里河道泄苕溪洪水的建议，这一工程当时并没有完成。齐梁（479—556 年）时期，在太湖湖西平原区大量发展塘堰灌溉。梁武帝大通中（527 年），今湖州市一带屡遭水灾，有人建议开凿大的沟渠，排水入浙江[124]。

这一时期，由于太湖流域近都城建康，为了战争和运输的方便，官方将大量的北方移民移至南京附近，由此促进南京附近地区兴起屯垦活动和塘堰灌溉工程建设。期间，开塘与圩田形成亦互相协同，圩田增多的过程也是塘浦河网形成的过程。一个地区最早的屯田可能是造一条单堤，堤的一边形成圩田，在不远处再造一条单堤，堤的另一面形成圩田，堤与堤之间就形成塘浦河道。随着人口增加，圩田叠加，塘浦进一步延伸，才逐步形成网络化。这种过程非一般小农户所能及，军屯、民屯才有能力形成这样的统一格局。左思在《吴都赋》里很清楚地描述由此形成的景观："屯营栉比，解署棋布。横塘查下，邑屋隆夸。长干延属，飞甍舛互。"[125] 此处提到横塘、屯营的设置以及有序而规模相当的聚落建筑，也可说明这种屯田区呈现一种沿塘浦分布的有序状态。其中，常熟一带处于战争前沿，屯田较多，故首先形成了塘浦圩田的网络化格局。这一网络兼顾低地与高地之间的联系，塘浦河流同时有闸坝体系加以控制。左思言："百川派别，归海而会。控清引浊，混涛并濑。"[125] "控清引浊"之术必是塘浦之置闸才能有这种功能，这一带的各塘浦在入海处有闸的控制，高地与低地之间也有闸的控制。低地蓄清，才可以引流灌溉高地。

屯田体系下的圩田形制是大圩形制。先形成的圩田往往不是单个圩田，是整体在浅水中修塘筑浦而后成，是先有河道在水中形成，后有圩田在两边分出。

113

《晋书》中有段记载点明此问题："孙休永安四年五月，大雨，水泉涌溢，昔岁作浦里塘，功费无数，而田不可成。"[126] 此段记载较好地证明了圩田与河道的开垦为一体化的状态。人们在河沟上略加分水筑岸便成塘浦，壅高水流向围田深处，围出的田不见得都能种植，但因当时土地资源丰富，也就没有必要挤出狭窄的河道，所以当时的许多塘浦非常广阔。据北宋时赵霖言："昔人筑圩里田，非谓得以播殖也，将恃此以狭水之所居耳"[107]。"塘"的原意原本就有筑堤挡水之意，成塘的同时，圩田也形成。不但三国时期如此，早期的河道与圩田也是相伴而生。早期的圩田扩展是国家力量主导下的河道修浚与屯兵点布局的设置，圩田中施行的是火耕水耨的稻作模式，不同于后期的精耕细作。

第二节　唐五代时期治水方略

唐中后期至五代时期，是以太湖流域为中心的江南地区经济快速发展的时期，主要得益于该区域农田水利建设的长足发展。这一时期内，结合太湖流域自然水文生态特点进行了初步系统的整体水利规划与建设，通过开塘、筑圩、开发低地圩田，五代时期太湖流域在割据政权的管理下出现了高效的塘浦圩田体系，建立了"都水庸田司"和撩浅军专司河道维护和其他水利事务管理，这些治水之策受到后人的一致推崇。

一、唐代的开塘筑圩方略

唐代，太湖东部兴起诸塘的开辟与塘浦圩田的开发。在常熟地区，开塘开浦较多。唐元和二年，苏州刺史李素开挖了常熟塘，位于澄锡虞平原与阳澄低地之间，沟通低地与高地。常熟塘上通低地之水流，下通长江，既可以通船行舟，同时也可以沿低地和高地开辟圩田；涝时导水入江，旱时引江水灌溉。此塘形成以后，成为后续常熟水文与水利的基础。唐大和中期，疏浚常熟的盐铁塘，盐铁塘西起今江苏省张家港市，入常熟福山、赵市、梅里、支塘，入太仓的直塘，在黄渡流入吴淞江；盐铁塘以东是冈身区，西部为阳澄低洼圩田区[5]。

唐代以前的圩田体系大多是位于局部浅水地带，在高地的开河与开圩田是容易理解的；而唐代中后期的开发模式已是向"深水圩田"发展，借助于官方组织的力量以筑岸开河，同时围出圩田。此时的治水模式，仍主要为开发模式，与后期单纯的防止水灾和排水模式不同。在低地深区的开塘与开圩，可参照《梦溪笔谈》记载的宋代至和塘"深水圩田"的开发模式："苏州至昆山县凡六十里，皆浅水无陆途，民颇病涉，久欲为长堤，但苏州皆泽国，无处求土。嘉祐中人有献计，就水中以蘧篨（粗竹席）刍藁为墙，栽两行，相去三尺，去墙六丈又为一墙，亦如此，漉水中淤泥实蘧篨中，候干则以水车汰去两墙之间旧水，墙间六丈皆土，留其半以为堤脚，掘其半为渠，取土以为堤，每三四里则为一桥以通南北之水，不日堤成，至今为利。"渠成便为利，因渠成后圩田也成，但这种深水大岸有一定的风险性，难经风浪。此外，唐代开塘时对圩田系统进行了统一规划，进行开浦置闸等水利工程之时在低区通过高筑圩岸的方式，一方面保护农田，一方面形成河道，导水入海的过程中抬高水位灌溉高地之田，"先自南乡，大筑圩岸，围裹低田，使位位相接，以御风涛，以狭水源"[25]。

鉴于唐代开塘筑圩方略的实施，流域局部地区已形成了圩田棋布的景观形态。如唐代嘉湖平原除了荻塘运河周边以外，其东南部局部半高地也被开发，李翰提到："浙西有三屯，嘉禾为之大。二十七屯，广轮曲折千余里，乃以大理评事朱自勉主之。元年冬，收若干斛数，与浙西六州租税埒。颂曰：夫伍棋布，沟封绮错；旱则溉之，水则泄焉，曰雨曰霁，以沟为天。"[127] 即嘉湖沿运河一带有三屯，还有二十四屯位于吴淞江北部的沿长江一带。据研究，吴淞江北部的二十四浦可能正与这二十四屯相关，屯田的配置很可能是"一浦配一屯"的格局，其排水的格局亦是后期熟知的由支达干的格局。唐时诗人刘长卿作诗描述这种有序的圩田排列："泪尽江楼北望归，田园已陷百重围。平芜万里无人去，落日千山空鸟飞。"这也是常熟一带长期开发形成的农田景观[128]。

此外，唐代治理河道偏于单纯的筑岸。当时水面较多、圩田较少，仅在大水之年筑岸防溢基本上就可以使水患得以消除。因此对于河道的治理，唐代一般坚持着自然生态的办法，即平时以蓄水，涝时以容水，仅在需要之时单纯筑岸。唐代的治河主要是治理吴淞江，在吴淞江两岸筑岸是主要的措施。此措施受到宋代治水者郏侨的推崇，指出此措施使水流可通过吴淞江河道入沟浦，也可使洪涝水通过河道快速入海："殊不知开吴松江，而不筑两岸堤塘，则所导上源之水，辐辏而来，适为两州之患。盖江水溢入南北沟浦，而不能径趋于海故也。倘效汉唐以来堤塘之法，修筑吴松江岸，则去水之患，已十九矣。"[107]

二、五代的统一治理塘浦方略

唐末五代时期吴越国的治水方略主要体现在宋代郏亶对江南一带环境考古后形成的治田理论和民间记忆里面。郏亶对钱氏治水的认知，其实是长期以来，特别是唐中叶江南成为王朝的经济中心后，官方与当时民间的一整套治河与治田的经验总结，是防水患与防旱灾综合平衡的水利思想。出于当时的水文形势与社会环境，这种平衡的水利思想多体现为一种高低田兼顾的水利平衡之法。五代时期，太湖地区有大量的湖泊和自然河流，低水地区的水田基本上开发完毕，而深水田的开发，需要大量的人力物力，即需要统一的水利调动，而五代时期吴越地区的地方独立政权，正好满足了这一需求。在钱氏吴越政权前后，均少有吴越这样的国家统一的官方管理体制。

　　吴越钱氏统治者，用河道治理和圩田体系筹了高地与低地的水利网络，实现旱涝两利，如图4-1所示。流域地形地势塑造出独特的高低田形态，五代时期致力于推行将太湖沿岸低田与沿海高田进行兼行治理的方案。这种"古人治低田高田之法"是在对太湖以东整体的地势与水文环境深切认知的基础上形成的。沿海堰阜为高田，环湖之地为低田，两者水文、地势环境截然不同，但开发时又互相影响，是地区农业生产面临的难题，如下文所言："尚有二百余里可以为田，而地皆卑下，犹在江水之下，与江湖相连，民既不能耕植，而水面又复平阔，足以容受震泽下流，使水势散漫，而三江不能疾趋于海。其沿海之地亦有数百里可以为田，而地皆高仰，反在江水之上，与江湖相远，民既不能取水以灌溉，而地势又多西流不得蓄聚春夏之雨泽以浸润其地。是环湖之地常有水患，而沿海之地常有旱灾，如之何而可以种艺耶。"

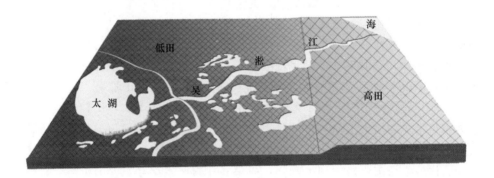

图4-1　五代时期圩田体系与水网

　　古人遂因其地势之高下，井之而为田。其环湖卑下之地，则于江（吴淞江）之南北，为纵浦以通于江（吴淞江）。又于浦之东西，为横塘以分其势而棋布之，有圩田之象焉。其塘浦，阔者三十余丈，狭者不下二十余丈。深者二三丈，浅者不下一丈。且苏州除太湖之外，江之南北别无水源。而古人使塘浦深阔若此者，盖欲取土以为堤岸，高厚足以御其湍悍之流。故塘浦因而阔深，水亦因之而流耳。非专为阔其塘浦以决积水也，故古者堤岸高者须及二丈，低者亦不下一丈。借令大水之年，江湖之水，高于民田五七尺；而堤岸尚出于塘浦之外三五尺至一丈。故虽大水，不能入于民田也。民田既不容水，则塘浦之水自高于江，而江之水亦高于海，不须决泄，而水自湍流矣。故三江常浚，而水田常熟。其堰阜之地，亦因江水稍高，得以畎引以灌溉。此古人浚三江，治低田之法也。（［宋］范成大撰，陆振岳校点：《吴郡志》卷十九，水利上，江苏古籍出版社1999年版，第269-270页。）

　　此处提到的古人之法，是排吴淞江之水入海，同时灌溉圩田的方法。具体的措施是修筑高大圩岸，低地之水可以尽驱吴淞江，达到以清释浑的效果，在解决农业旱涝的同时，也解决吴淞江出水与积水问题。郑寊认为五代时期的圩田体系很好地解决了水利生态问题，吴淞江两岸的塘浦系统抬高了水位，太湖水在冈身西汇入吴淞江，最后在冈身上通过吴淞江最后一段出海。

除了高筑圩岸以利水流由低地流向高地外，五代时期还形成了大圩、浚河、置闸三合一的治水技术体系。太湖平原区是一个以太湖为中心的碟形洼地，太湖西部、南部与北部水流向太湖汇水，主要出水经吴淞江入海。吴淞江故道经由太湖东部地势较低的地区进入地势较高的冈身地区入海的同时，水流还受潮水的顶托，上述两种因素使水流总体上呈缓流状态。五代时形成大圩、浚河、置闸三合一的治水技术体系，使广阔的太湖水流漫散地进入各地区的圩田后，最终以涨溢的方式注入吴淞江，众塘浦充水，也使吴淞江两岸高地得到了灌溉，最后出水。这种状态看似排水困难，实利于太湖东部的稻作农业，正是这种奇特的出水方式，使最早的江南鱼米之乡出现于太湖东部。浅水缓流的塘浦体系，为圩田开发提供了最佳水环境，这就是太湖东部地区的自然水利生态。个体大圩不足以抬高吴淞江流域下游的整体水位，只有地区性统一管理的圩田水利系统才能达到这个效果。这种技术非个人或村庄等小型组织所能完成，必须依靠国家或地方治水组织的力量。郑寊对钱氏政权下引低地以灌冈身之田的做法推崇备至。

在圩田体系的经营和管理上，吴越钱氏政权按照古代"井田制"下的理想水利社会模式进行塘浦与圩田的设计和经营，此时的塘浦圩田系统事实上是儒家的"井田制文化"与江南水环境相结合的产物。北宋朱长文评价吴淞江两岸的水系与农田是一种类似《周礼》中记载的农田水利制度，"自二江故道既废，而五湖所受者多，以百谷钟纳之巨浸，而独泄于松陵之一川，势不能无浸溢之患也。观昔人之智亦勤矣，故以塘行水，以泾均水，以塍御水，以埭储水，遇淫潦可泄以去，逢旱岁可引以灌，故吴人遂其生焉"[129]。这里关于"以泾均水"方法的记载，是仿《周礼》"稻人"条而成："以潴蓄水，以防止水，以沟荡水，以遂均水"。只是当时"稻人"种稻法是北方种稻法，钱氏政权的建立受封建文化的影响，也致力于建设这种井田景观。宋代治水者郑寊也称当时的圩田网络为井田制："古人遂因其地势之高下，井之而为田。其环湖卑下之地，则于江之南北为纵浦以通于江；又于浦之东西为横塘以分其势而棋布之，有圩田之象焉"。井田制与乡村社会合一，每个井田对应着相应的乡村社会单位，仿井田建立的圩田体制下的乡村社会水利管理体制也有这样的特点。如《吴郡志》中所记载："古人治田，高下既皆有法。方是时也，田各成圩，圩必有长。每一年或二年，率逐圩之人，修筑堤防，浚治浦港。故低田之堤防常固，旱田之浦港常通也。"人们住在圩中，像是古人居于井田之中，圩岸如同城墙，"人户各有田舍，在田圩之中浸以为家"[25]。每个自然圩形成以后，也不会轻易改变，以圩长为中心的乡村社会也相对稳定。

吴越治水比较注重农田水利的整体治理与维护工作。塘浦圩田体系需要经常的维护，清代陆陇其指出这种系统在统一规划治理基础上的日常管理十分重要，"疏于此者，不能不塞于彼；疏于一时者，不能不湮于异日"[130]。在整体治理特别是经常性养护方面，吴越都经营得比较好。治水业绩直接体现在农业生产上，关于农业生产，文献有十年之蓄、免税三年、斗米十余钱等记载。水旱灾害的频次也在一定程度上反映了水利的发展程度。唐朝末期，九世纪初开始至三十年代，太湖地区水旱灾几乎连年不断，但九世纪四十年代以后至吴越国亡（978年）的一百三十余年内，水旱灾仅6次，平均23年1次。可能由于连年灾害频繁，促使唐末水利的进一步发展，吴越继唐之后加以发展和巩固，保持了水旱灾害较少的局面，如果和宋代以后比较，吴越时期水旱灾害的次数就显得更少。虽然如此，吴越时期仍有5次见于记载的水旱灾害，水旱灾总平均17年1次。其中：水灾4次、平均21年1次，旱灾1次。并且至末期，塘浦圩田体系已起变化，已不能很好地维持。这说明在封建统治下农田水利的发展有很大的局限性[58]。

此外，吴越时期建立了官方的撩浅军："至钱氏有国，而尚有撩清指挥之名者，此其遗法也。"[25] 元代的任仁发在叙述长期以来的水利制度变迁时，也提到吴越时的水利制度，称当时设置了"都水营田使"这一官职，并设置了四部撩浅军，分派7000~8000专业军人专门负责河流疏浚、修筑堤防等农田水利事务；但这种制度北宋时一度废弛，"昔钱王时，置都水营田使，有撩浅军四部，七八千人专为农田导河筑堤，亡宋初年废弛"[131]。

第三节　宋代治水方略

到宋代，由于全国性的专制集权对地方水利的忽视，早期形成的圩田体系处于崩溃状态；同时由于许多湖泊被开发，排灌体系受到影响，太湖流域因水面减少而易患水灾。至宋代中期，水灾已成常态。郏亶等一批兼具官方和民间治水经验积累的治水者，围绕流域排水出路问题，开展了热烈讨论，有些付诸实施，最终形成了较为成熟的治水方略，即力主师法古人，将治水与治田相结合，这也成为太湖流域以后上千年治水的基本思路。此外，由于该时期吴淞江等通江河道的淤积，治水者仍然不断疏浚河道，筑圩、导水、置闸，调控水流。

在水利管理体制方面，宋代形成了中央都水监与地方行政官员共同协理治水的政务运作机制，中央朝廷全面负责运河的经营、堰闸兴修等，地方水利委托给相关的监督官员和地方官员，包括经费的筹措事宜。宋室南渡后，流域所处区域接近首都临安府（今浙江省杭州市），在治水方面投入的人力物力增加，撩浅军制度曾一度恢复。宋代仍然实行基层圩长制度，田各成圩，每圩设有圩长，圩长每年或两年率领本圩人修筑堤防。此外，海塘工程建设得到朝廷重视，较大的海塘工程多委派官员专人负责督办。南宋还设立"修江司"，专管两岸海塘的修筑与保固，这是我国历史上最早的海塘专设管理机构。

一、范仲淹的疏水与大圩治理之策

宋初，吴越时期遗存的有序的圩田管理模式逐渐瓦解，当时太湖东部的排水通道主要是吴淞江，但吴淞江淤积已形成低水难排的局面，苏州一带低地因出水不畅而频发水灾。与此同时，宋代朝廷对江南农业产生赋税的依赖程度较五代吴越政权低。在此种情况下，范仲淹治水苏州。范仲淹通过对年长者的访谈得知宋朝建立之后当地的水利变化，"云：曩时两浙未归朝廷，苏州有营田军四都，共七、八千人，专为田事，导河筑堤以减水患，于时，民间钱五十文籴白米一石。自皇朝一统，江南不稔，则取之浙右，浙右不稔，则取之淮南，故慢于农政，不复修举。江南圩田，浙西河塘，大半隳废，失东南之大利"[132]。由于以前时代的体制和军事化屯田体制不再持续，水利设施的功能不再持续，故水利失修。另外，宋代的官僚体制是士人治国，一般官员基本持儒家轻薄徭役的治理思想，文人的兴水利之议往往使治水者成为众矢之的，因此除非有朝廷的特别建议，一般不敢轻启治水，纵使治水，其方略也需经官僚士人集团的讨论才可以实施，"畎浍之事，职在郡县，不时开导，刺史督县令之职也。然今之世，有所兴作，横议先至，非朝廷主之，则无功而有毁"[133]。因此，范仲淹指出圩田不治、水利失修的原因在于中央政府的不作为，并且提出太湖一带的苏州、常州、湖州和秀州是国家的仓廪，举凡浙省漕官守令都要把疏浚河道、维护水利作为要点，以使国家不失东南之利。

范仲淹在《上宰相书》中叙述了江南的水情和水利，主张疏治吴淞江（时称"松江"），并指出必须要把入海、入江的吴淞江的骨干支流都挖深、拓宽、疏浚，才能把苏、湖、常这三州低洼地区的洪涝水都排入东海或长江："今疏导者，不惟使东南入于松江，又使西北入于扬子之与海也，其利在此"。但当时对于治理吴淞江，仍有众多不同意见，范仲淹力摒争议，从财政损失和兴修水利所得的角度上充分分析水利之必要：

或曰江水已高，不纳此流。某谓不然，江海所以为百谷王者，以其善下之，岂独不下于此耶？江流或高，则必滔滔旁来，岂复姑苏之有乎？矧今开畎之处，下流不息，亦明验矣。或曰：日有潮来，水安得下？某谓不然，大江长淮，无不潮也，来之时刻少，而退之时刻多，故大江长淮会天下之水，毕能归于海也。

或曰：沙因潮至，数年复塞，岂人力之可支？某谓不然，新导之河，必设诸闸，常时扃之，御其来潮，沙不能塞也。每春理其闸外，工减数倍矣。旱岁亦扃之，驻水溉田，可救燋涸之患。潦岁则启之，疏积水之患。或谓开畎之役，重劳民力。某谓不然，东南之田所植惟稻，大水一至，秋无他望。灾沴之后，必有疾疫乘其羸，十不救一，谓之天灾，实由饥耳。如能使民以时，导达沟渎，保其稼穑，俾百姓不饥而死，曷为其劳哉？民勤而生，不亦愈于惰而死者乎？或谓力役之际，大费军食。某谓不然，姑苏岁纳苗米三十四万斛，官私之籴又不下数百万斛。去秋蠲放者三十万，官私之籴无复有焉。如丰穰之岁，春役万人，人食三升，一月而罢，用米九千石耳。荒歉之岁，日以五升，召民为役，因而赈济，一月而罢，用米万五千石耳。量此之出，较彼之入，孰为费军食哉？或谓陂泽之田，动成渺弥，导川而无益也。某谓不然，吴中之田，非水不殖，减之使浅，则可播种，非必决而涸之，然后为功也。昨开五河，泄去积水，今岁平和，秋望七八。积而未去者犹有二三，未能播殖，复请增理数道以分其流，使不停壅，纵遇大水，其去必速，而无来岁之患矣。又松江一曲，号曰盘龙港，父老传云出水尤利。如总数道而开之，灾必大减。苏秀间有秋之半，利已大矣。（〔宋〕范仲淹：《范文正公文集》卷第九，上吕相公并呈中丞咨目，四部丛刊景明翻元刊本。）

除了治水疏水之策外，范仲淹还主张恢复前代留下的大圩田治理模式。由于吴越归宋不久，吴越时期留下的大圩在宋代仍然起到一定的作用。但大水时亦有圩田被毁，由此他认为仍需维持圩岸和圩田。并且，他认为不单要维持圩岸，也要同时维持河道，因大圩本身有闸以控制外河与内河，这是江南复杂的水利技术体系的一部分。正是基于圩田的统一治理之策，才需要统一安排河道的规划与兴修，这也是宋代各治水者反复强调的技术策略。

二、郏亶水田一体化治理方略

1. 对五代旱涝一体化治水方略的分析

宋代中期，由于大圩体系和河道水流控制体系基本上都遭到了破坏，江南水旱灾害已成常态，低田常患水灾，高田者常患旱灾。"高田常欲水，今水乃流而不蓄，故常患旱也。唯若景祐、皇祐、嘉祐中，则一大熟耳。水田者常患水，今西南既有太湖数州之水，而东北又有昆山、常熟二县堰身之流，故常患水也"[25]。关于太湖以东此种冈身患旱、低地患水的局面，这是太湖东部涨溢水流所常有的现象，这种水旱格局现在依然存在。

郏亶以古人治高田与低地之遗迹分析古代旱涝一体化的治水方略，认为五代的治水治田结合格局值得借鉴。"今昆山之东，地名太仓，俗号堰身。堰身之东有一塘焉，西彻松江，北过常熟，谓之横沥。又有小塘，或二里，或三里。贯横沥而东西流者，多谓之门。若所谓钱门、张堽门、沙堰门、吴堽、顾庙堽、丁堽、李堽门及斗门之类是也。夫南北其塘，则谓之横沥。东西其塘，则谓之堽门、堰门、斗门者。是古者堰水于堽身之东，灌溉高田，而又为堽门者，恐水之或壅，则决之而入横沥，所以分其流也。故堽身之东，其田尚有丘亩、经界、沟洫之迹在焉。是皆古之良田，因堽门坏，不能蓄水，而为旱田耳"。郏亶同时也寻求低田的遗迹："若夫水田之遗迹，即今昆山之南，向所谓下驾、小虞等浦者，皆决水于松江之道也。其浦之旧迹，阔者二十余丈，狭者十余丈。又有横塘以贯其中而棋布之。是古者既为纵浦以通于江，又为横塘以分其势。使水行于外，田成于内，有圩田之象焉。故水虽大，而不能为田之害，必归于江海而后已"[25]。

在这种环境下，郏亶指出了景祐以后的治水之失。王安石以后的变法提倡水利，地方的水利经验被充分发掘出来，正是在这种形势下，具有地方乡村水文与水利知识的郏亶，开始全面地阐述江南的治水环境与圩田水环境特点。这阶段的水灾不断发生，官方开塘浦以疏水，但并未起到作用。熙宁三年，他在上疏中指出了苏州的地势、水利工程建设等对排水无效的原因："苏东枕海，北接江。但东开昆山之张浦、茜泾、七丫三塘而导诸海；北开常熟之许浦，白茅二浦而导诸江。殊不知此五处者，去水皆远百余里，近亦三四十里。地形颇高，高者七八尺。方其水盛时，决之则或入江海。水稍退，则向之欲东导于海者反西流；欲北导于江者反南下，故自景祐以来，展开之而卒无效也。"[25]

当时的吴淞江水环境与五代时期经过塘浦圩田水利治理下的水环境比较，已经发生了变化。此时期正处于海平面上升时期，降水量也较大，湖泊沼泽面积扩张，许多前代塘浦体系下的水田变成湖泊。他认为当时官方没有将治河与河田实行一体化治理，于是导致了水灾。他考证了当时苏州水田、旱田不治的原因在于曲解了古人的高低田治理之法："其低田，则阔其塘浦，高其堤岸以固田。其高田，则深浚港浦，畎引江海以灌田。后之人，不知古人固田、灌田之意，乃谓低田、高田之所以阔深其塘浦者，皆欲决泄积水也。更不计量其远近，相视其高下，一例择其塘浦之尤大者十数条以决水。其余差小者，更不浚治。及兴工役，动费国家三五十万贯石。而大塘、大浦，终不能决水。其塘浦之差小者，更不曾开浚也。"[25]

在郏亶的治水论述中特别提到乡村水利制度的崩溃是水利格局崩溃的社会原因。塘浦大圩体制下乡村水利的有序格局被破坏之后，产生的治水组织依托新形成的小圩与泾浜。塘浦分出小泾，以泾为核心的局部水环境也在形成，小圩也在这个基础上形成。"人户各有其田舍，在田圩之中浸以为家。欲其行舟之便，乃凿其圩岸以为小泾、小浜。"[25] 大圩时期的圩长制度崩溃后，又产生了两种适应性制度。一种是小农式的自作塍岸模式，另一种则由县令重整圩田系统和水利社会系统。古代的每个自然大圩形成以后，有以圩长为中心的乡村社会以维持水利与水文环境，大圩崩溃时的低田区，人各私其利，停舟垦岸，圩田失序，泾浜分化。在冈身地区也是这样。"其高田之废，始由田法隳坏，民不相率以治港浦"。田法就是五代大圩时代的乡村水利岁修制度。乡村无水利常督，整体河道与圩田无人整治，圩中的农民为停舟之便，"或因决破古堤，张捕鱼虾，而渐致破损；或因边圩之人，不肯出田与众做岸。或因一圩虽完，傍圩无力，而连延隳坏。或因贫富同圩而出力不齐；或因公私相吝而因循不治。故堤防尽坏，而低田漫然复在江水之下也"[25]。塘和闸的制度也因此毁坏。

　　总之，郏亶对唐以来太湖地区河道与圩田体系的分析，既说明了古代制度的完善，也为他提出的太湖治水之法寻找到了古代经验性的理论基础。

　　2. 治水与治田相平衡的策略

　　郏亶总结了宋代开国以来只注重治理几条重要的干道而忽略治田的偏差，认为宋代的官员已经丧失了古代对圩田体系治理的基本常识。"而大小塘浦，一例更不浚治。积岁累年，而水田之堤防尽坏。使二三百里肥腴之地，概为白水。高田之港浦皆塞，而使数百里沃衍潮田，尽为荒芜不毛之地。"这是他对当时高田与低田水利破坏而导致水灾加强的原因分析，同时指出了宋代治水偏向，"然自国朝统御已来，百余年间，除十数条大者间或浚治外，其余塘浦，官中则不曾浚治"。在这种环境下，他提出应恢复吴越钱氏的治水体系，特别是"浚三江治高低田之法"以及圩岸、河道与闸坝三合一的体系。

　　"浚三江治高低田之法"是郏亶的基本措施，实际也是一种水利的自然生态之法，具体为将浚三江与治高田、蓄雨泽的治水治田相结合，建高圩深浦，将南北两个方向的积水导入吴淞江入海，只有西北部直接通过冈身三十六浦入江或入海："今欲先取昆山之东、常熟之北，凡所谓高田者，一切设堰潴水以灌溉之。又浚其所谓经界、沟洫，使水周流于其间以浸润之。立塴门以防其壅，则高田常无枯旱之患，而水田亦减数百里流注之势。然后取今之凡谓水田者，除四湖外一切罢去。其某家泾、某家浜之类。循古人遗迹，或五里、七里而为一纵浦，又七里或十里而为一横塘。因塘浦之土以为堤岸，使塘浦阔深，而堤岸高厚。塘浦阔深，则水通流而不能为田之害也。堤岸高厚，则田自固而水可拥，而必趋于江也。然后择江之曲者也。若所谓槎浦、金灶子浦，而决之使水必趋于海。又究五堰之遗址而复之，使水不入于城。是虽有大水，不能为苏州之患也。如此则高低皆利，则无水旱之忧。然后仿钱氏遗法，收图回之利，养撩清之卒。更休迭役，以浚其高田之沟洫，与水田之塘浦，则百世之利也。"[25]

　　郏亶的圩岸、河道与闸坝三合一体系不单要求全部河道皆处于治理状态，同时要求高筑圩岸，也需多建闸坝，"今当不问高低，不拘大小，亦不问可以决水与不可以决水。但系古人遗迹，而非私浜者，一切并合公私之力，更休迭役，旋决修治。系低田，则高作堤岸以防水。系高田，则深浚港浦以灌田。其堙身西流之处，又设斗门或堽门、或堰闸以潴水。如此则高低皆治，而水旱无忧矣"[25]。

郏亶也支持古代的治水与治田兼顾的水利管理模式："古人治田高下，既皆有法。方是时也，田各成圩，圩必有长。每一年或二年，率逐圩之人，修筑堤防，浚治浦港。故低田之堤防常固，旱田之浦港常通也。"[25] 但是郏亶的治田需要强大的政治支持，统一管理所要求的政治成本也很高，吴越钱氏时期的政权具备此条件，而后的两宋时期等统一王朝难以支持这种经营，故出现圩岸崩溃的局面。

但总体而言，郏亶的治河与治田相平衡这一方略，在以后一千多年的时间内，得到了后代治水者最大程度的传承，这一派被称为"治田派"。

三、单锷的系统治水方略

1. 对太湖水环境的分析

单锷，北宋嘉祐四年（1059 年）进士。他独留心于吴中水利，常独乘小舟，往来于苏州、常州、湖州之间，经三十余年，凡一沟一溪，无不周览其源流，考究其形势。

单锷著水利书，首先在太湖西部区域寻求苏湖一带水灾与积水的原因。单锷对荆溪百渎区开展过实地调查："古人以溪流不足以胜数郡奔注之势，复于震泽之口，开渎百条。各有地分之名，而总谓之百渎。又开横塘渎一条，绵亘四十里，以贯百渎，而通濒湖诸乡阡陌之水。盖横塘直南北以经之，百渎直东西以纬之，既分荆溪之流下震泽，由震泽入太湖，抵松江，由江入海。是以昔年未尝有水患，而震泽亦不为吴中害。今荆溪受数郡之水不少减，而百渎、横塘太半堙塞。"[25] 前人郏亶之书所述的水利与水文环境主要分布于太湖以东的塘浦圩田，单锷的治水之书正补郏亶所书之缺，指出了"今荆溪受数郡之水不少减，而百渎横塘太半堙塞"的自然历史原因。

其次，单锷还谈到五堰的废弃与吴江长桥修建对太湖流域水灾的影响。五代以前，运河上筑有五堰，节制西水东注，下游太湖地区水网圩田系统完整，以吴淞江为主干、东北及东南诸港为两翼的排水出路通畅。太湖地区虽因胥溪的开凿增加了部分来水，但洪涝问题并不突出。北宋以后，高堰圮毁，石白、固城、丹阳诸湖水易东泄，湖区圩田大兴，湖面大为缩小。清人赵一清言："《东坡奏议》云：'溧阳县之西有五堰者，古所以节宣、歙、金陵、九阳江之众水，直趋太平州、芜湖，后之商人贩卖簰木，东入二浙，以五堰为阻，因给官中，废去五堰。五堰既废，则宣歙、金陵、九阳江之水或遇暴涨皆入宜兴之荆溪，由荆溪而入震泽。时元祐六年也，是时中江尚通，其后东坝既成，中江遂不复东。'"[134] 太湖地区居其下游，适当其冲。汛期水阳江流域的洪水以及由长江倒灌进来的江水，以高屋建瓴之势，经胥溪奔流东泄，加重了苏、湖、常、秀洪湖灾害。单锷基于其对太湖上下游水文环境的研究，为保证太湖东南部地区的发展与繁荣，提倡修五堰以杀太湖上游水势的治水思想，他在《吴中水利书》中指出，若将五堰修复，"使宣、歙、金陵、九阳江之水不入荆溪太湖，则苏、常水势十可杀其七八"。

此外，单锷写作《吴中水利书》正值太湖扩张之时，在当时的降雨量没有显著增加的情况下，水灾却加剧，由此单锷重点分析了太湖下游地区因吴江长桥修建引起的水文环境变化。吴江长桥修建首先是引起了太湖湖面的扩展，原来"临江数里皆民庐墓，今皆在风波浩渺中矣"。其次，吴江长桥形成后的泥沙淤积，也使水灾兴起："庆历二年，以松江风涛，漕运多败官舟，遂接续筑松江长堤，界于江湖之间。堤东则江，堤西则湖，江之东，即大海堤，横截江流五六十里。震泽受吴中数郡之水，乃遏以长堤。虽时有桥梁，而流势不快。又自松江至海浦诸港，复多沙泥涨塞，葭芦丛生，堤傍亦沙涨为田。是以三春霖雨，则苏、湖、常、秀，皆忧弥漫。"[107] 他还指出，"今自庆历以来，筑置吴江岸及诸港浦，一切堙塞，是以三州之水，常溢而不泄"[64]。单锷的水利书对于太湖上下游水流情势的精准分析，尤其是其对吴江长桥造成的影响的认知，得到了苏轼的认可和推荐。苏轼言："臣到吴中二年，虽为多雨，亦未至过甚，而苏、湖、常三州皆大水害稼至十七八。今年淫雨过常，三州之水遂合为一，太湖、松江与海渺然无辨者，盖因二年不退之水，非今年积雨所能独致也。父老皆言：'此患所从来未远，不过四、五十年耳，而近岁特甚。'盖人事不修之积，非特天时之罪也。"[64] 这不过是四五十年以来所形成的水文环境变迁，而这正是庆历年间建成吴江长桥以后所带来的水文环境变化以及由此引起的水灾。

单锷对水文环境变迁的分析，在中国水文环境科学发展的历史上非常罕见。他做出了非常具有现代科学性质的水流观察，这种水流上下淤积和整体水流动态的分析，有益于明晰当时的水环境。

2. 上、中、下分泄治水策略

单锷关注太湖来水、去水、蓄水三者的关系，认为"纳而不吐"是太湖水患的症结，指出破坏太湖水量平衡的主要原因有两个：其一是五堰的毁坏，使湖水大增；其二是吴江筑岸，去水减少。单锷提出"上节、中分、下泄"的处理方略，主张上、中、下游并举，实现来水、去水的平衡，解决洪涝灾害，其具体治理对策是：一是掘掉吴江岸土，改造千座木桥，使去水畅通；二是修复五堰，减少太湖进水量；三是开通夹苎干渎，疏导太湖以西之水北入长江；四是疏排积水，修复圩田；五是修复运河堰塸和蓄水陂塘，以利航运和灌溉；六是逐步开通宜兴、苏州等地港口。

对于上游，他提出分杀上游之说，以此减少来水以减缓水患。对于吴江岸以及以东地区，提出分疏之策。在吴淞江入海区域，实施疏导之策。

今若俟开江尾，及疏吴江岸为桥，与海口诸浦同时兴工，则自然上流东下，吃去诸浦沙泥矣。凡欲疏通，必自下而上，先治下则上之水无不流；若先治上，则水皆趋下，漫灭下道，而不可施功力，其理势然也。故今治三州之水，必先自江尾海口诸浦疏凿吴江岸，及置常州一十四处之斗门，筑堤制水入江，此与吴江两处分泄积水，最为先务也。（［宋］苏轼撰：《东坡奏议》卷九，载《苏文忠公全集》，进单锷《吴中水利书》状，明成化本。）

总之，《吴中水利书》提出的对太湖地区洪水进行上杀、中分、下导的治理主张，后期的治水者在治理太湖周边地区和太湖以西的水利时，多用单锷之说。苏轼认可并赞赏单锷的治水方略，同时提出自己的治水方略，也即再开千桥之议："近日议者，但欲发民浚治海口，而不知江水艰噎，虽暂通快，不过岁余，泥沙复积，水患如故。今欲治其本，长桥挽路固不可去，惟有凿挽路，于旧桥外别为千桥，桥骐各二丈，千桥之积，为二千丈水道，松江宜加迅驶。然后官私出力以浚海口。海口既浚，而江水有力，则泥沙不复积，水患可以少衰。"[64]

3. 以"汇"蓄水的治理之策

长期以来，对"汇"的认识，一般治水者认为应该裁弯取直，如叶清臣治汇，引起历史上的好评。早期的吴淞江弯曲浅狭，水流缓慢，淤积严重，太湖民田又为豪强占据，上游水不得泄，经常成灾。吴淞江因江流与支港汇合而形成白鹤汇、顾浦汇、安亭汇、盘龙汇等五个汇的大湾子。盘龙汇介于华亭、昆山之间，迂回盘曲，水流不畅，盛夏大雨即泛滥成灾，殆无宁岁。叶清臣查勘以后，上疏请求另凿新渠，裁直盘龙汇，使吴淞江这一段"道直流速，其患遂弭"[135]，解除了水患。

单锷则提出合理地利用"汇"的弯曲以兴圩田和河道排水。"盖古人为七十二会曲折宛转者，盖有深意，以谓水随地势东倾入海，虽曲折宛转，无害东流也；若遇东风驾起，海潮汹涌倒注，则于曲折之间有所回激，而泥沙不深入也。后人不明古人之意，而一皆直之，故或遇东风，海潮倒注，则泥沙随流直上，不复有阻。凡临江湖海诸港浦，势皆如此。所谓今日开之，明日复合者此也。今海浦昔日曲折宛转之势，不可不复也。夫利害挂于眉睫之间而人有所不知。"[64]

4. 斗门和泾涵泄水的治理之策

关于江南运河的治理，单锷也提出一定的策略。对江南运河的吴江长桥和运河北段的常州地区的运河，他还特别提出斗门泄水的提议。

吴江岸为阻水之患，泾函不通。其言然则然矣，惟言吴江岸而不言措置水之术。盖古之所创泾函，在运河之下，用长梓木为之，中用铜轮刀水冲之，则草可刈也，置在运河底下，暗走水入江。今常州有东西两函地名者，乃此也。昔治平中，提刑元积中开运河，尝云见函管，但见函管之中皆泥沙，以为功力甚大，非可易复，遂已。今先开凿江湖海故道堙塞之处，泄得积水，他日治函管则可。若未能开故道而先治函管，是知末而不知本也。（［宋］苏轼撰：《东坡奏议》卷九，载《苏文忠公全集》，进单锷《吴中水利书》状，明成化本。）

此外，单锷在当时提出的涵洞技术，在古代社会是非常先进的水利技术。为解决排水矛盾，采用巧妙的方法，创置地下渠道，东西贯于运河底下，"暗走水入江"，这种地下排水管道，叫作"泾函"。"泾函高四尺，阔亦如之，皆巨石磨琢而成，缝甚缜密，以铁为窗棂"，也有"用长梓木为之"。泾函中装置铜轮刀，"水冲之则草可刈也"。常州有东、西二函地名就是泾函设置所在地，"泾函"创设于五代南唐，北宋治平中，元积中开浚运河时，"泾函"还在，因函管中被泥沙充塞，未能恢复。在一千多年前，太湖地区就有了大型地下排水渠道，利用水力自动切割水草，防止函道堵塞，是一项卓绝的创造。

他所提倡的斗门和"泾函"等设施的建设，可以及时地排泄积水，对江南低地地区的运河畅通，非常重要。

四、郏侨的全局治水策略

宋时太湖流域排水的形势已较为严峻，因上游五堰被毁，入太湖流域水量甚大，下游排水三江仅存吴淞江："而三江所决之水，其源甚大，由宣、歙而来，至于浙界。合常、润诸州之水，钟于震泽。震泽之大，及四万顷。导其水而入海，止三江尔。二江已不得见，今止松江，又复浅污不能通泄，且复百姓便于己私，于松江古河之外，多开沟港。故上流日出之水，不能径入于海。"[107]郏侨为郏亶之子，对太湖地区的水利之学非常熟悉，他认为真正的导水之路，应通过大筑圩岸由低地汇水吴淞江，然后由吴淞江出海，同时他认为疏治于东北一路的入江通道不甚合适："今若就东北诸渚，决水入江。是导湖水经由腹内之田，弥漫盈溢，然后入海。所以浩渺之势，常逆行而潴于苏之长洲、常熟、昆山，常之宜兴、武进，湖之乌程、归安，秀之华亭、嘉禾，民田悉已被害。然后方及北江、东海之港浦。又以水势之方出于港浦，复为潮势抑回，所以皆聚于太湖四郡之境。当潦岁积水，而上源不绝，弥漫不可治也。此足以验开东北诸浦为谬论矣。"关于堰坝，他提出："往者官吏非不施行，然决堰未多，而民田已没。何也？盖止知决堰，而不知预筑堰下民田之堤岸，以防水势，故也。五卸地形，与民田相去几及丈余。平居微雨，水即溢堰而过，已有浸溺之忧。

今直欲决去其堰，使诸路之水，举自此而出。又不曾高其民田圩岸，以为堤防，则决堰未多，而民田已没。"[107]

同时，郏侨认为各地的积水各有排泄之路，他特别指出苏湖之水和常润之水各有通道："若欲决苏州、湖州之水。莫若先开昆山县之茜泾浦，使水东入于大海。开昆山之新安浦、顾浦，使水南入于松江。开常熟县之许浦、梅里浦，使水北入于扬子江。复浚常州、无锡县界之望亭堰，俾苏州管辖。谨其开闭，以遏常、润之水，则苏州等水患可渐息，而民田可治矣。若欲决常州、润州之水，则莫若决无锡县之五卸堰，使水趋于扬子江，则常州等水患可渐息，而民田可治矣。"[107]

在治田方面，郏侨继承了其父对圩田体制变迁的看法，认为这是当时水利衰败的原因之一："浙西，昔有营田司。自唐至钱氏时，其来源去委，悉有堤防、堰闸之制。旁分其支脉之流，不使溢聚，以为腹内畎亩之患。是以钱氏百年间，岁多丰稔。惟长兴中一道水耳。暨纳土之后，至于今日，其患方剧。盖由端拱中，转运使乔维岳不究堤岸、堰闸之制，与夫沟洫畎浍之利。姑务便于转漕舟楫，一切毁之。初则故道犹存，尚可寻绎。今则去古既久，莫知其利。营田之局，又谓闲司冗职，既已罢废。则堤防之法、疏决之理，无以考据，水害无已。至乾兴、天禧之间，朝廷专遣使者，兴修水利。远来之人，不识三吴。地势高下，与夫水源来历及前人营田之利，皆失旧闻。受命而来，耻于空还，不过遽采愚农道路之言，以为得计。但以目前之见，为长久之策。"此外，他认为小农经济下一般农民和权豪们对水道的破坏也是水利崩溃的原因："疏泄之道，既隘于昔。又为权豪侵占，植以菰蒲、芦苇。又于吴江之南，筑为石塘，以障太湖东流之势。又于江之中流，多置罾箷，以遏水势。是致吴江不能吞来源之瀚漫，日淤月淀，下流浅狭。迨元符初，遽涨潮沙，半为平地。积雨滋久，十县山源并溢。"[107]

郏侨从整体的水文环境与相关的水利系统，分析了治田与治河一体化的重要性：

今之言治水者，不知根源。始谓欲去水患，须开吴松江，殊不知开吴松江，而不筑两岸堤塘，则所导上源之水，辐凑而来，适为两州之患。盖江水溢入南北沟浦，而不能径趋于海故也。倘效汉唐以来堤塘之法，修筑吴松江岸，则去水之患，已十九矣。震泽之大，才三万六千余顷。而平江五县，积水几四万顷，然非若太湖之深广弥漫一区也。分在五县，远接民田，亦有高下之异，浅深之殊，非皆积水不可治也。但与田相通，极目无际。所以风涛一作，回环四合，无非水者。既非全积之水，亦有可治之田。潴泻之余，其浅淤者，皆可修治，永为良田。况五县积水中，所谓湖、瀼、陂、淹，若湖则有淀山湖、练湖、阳城湖、巴湖、昆湖、承湖、尚湖、石湖、沙湖。瀼则有大泗瀼、斜塘瀼、江家瀼、百家瀼、鳗鲞瀼；荡则有龙墩荡、任周荡、傀儡荡、白坊荡、黄天荡、雁长荡；淹则有光福淹、尹山淹、施墟淹、赭墩淹、金泾淹、明社淹，仅三十余所。虽水势相接，略无限隔。然其间深者不过三四尺，浅者一二尺而已。今乞措置：深者如练湖，大作堤防以匮其水。复于堤防四傍，设为斗门水濑。即大水之年，足以潴蓄湖、瀼之水，使不与外水相通；而水田之圩埠，无冲激之患。大旱之年，可以决斗门水濑，以浸灌民田；而旱田之沟洫，有车畎之利。其余若斜塘瀼、大泗瀼、百家瀼之类，深不过三四尺，浅止一二尺而已。本是民田，皆可相视分勒人户，借贷钱粮，修筑圩埠，开导泾浜。即前所谓湖、瀼三十余处者，往往可治者过半矣。某闻江南有万春圩，吴有陈满塘，皆积水之地。今悉治为良田，坐收苗赋，以助国用。（［宋］范成大撰，陆振岳校点：《吴郡志》卷十九，水利下，江苏古籍出版社1999年版，第285页。）

此外，在太湖周边水系问题上，如对苕溪一带的水流，他主张："杭州迁长河堰，以宣歙杭睦等山源决于浙江"[107]，在洪涝时直接排入钱塘江，高水高排，以此节制西南地区的水流。

郏侨在平衡治田与治水之间的关系中，认为如果治理只限于导江开浦，则必无近效；若只限于浚泾作岸，则难以御暴流，当合"二者之说，相为首尾，乃尽其善"。总之，郏侨的治水策略有全局性的观点，地区上包括了上游、中游和下游；内容上包括了防洪、排水、围垦和治田等诸多方面。综合治理、洪涝分流、多路排水等思想，一一都在他的治水思想中得到了体现。

五、赵霖的筑圩导水与置闸方略

政和、宣和年间（1116—1121年），赵霖在常熟和昆山一带兴工治水，主要包括治塘浦、修河道、修圩岸。他的治水与治田思想，在前人开治港浦、置闸、筑圩裹田三要素的基础上，进一步完善了置闸技术。他继承了郏亶的高大圩岸之说，认同筑高大圩岸，将积水狭入河道，河道之水入吴淞江，水流由低地涨溢入吴淞江出海的治理方略。

尝陟昆山与常熟山之巅，四顾水与天接。父老皆曰：水底，十五年前，皆良田也。今若不筑圩岸，围裹民田，车畎以取水底之地，是弃良田以与水也。况平江之地，低于诸州，唯高大圩岸，方能与诸州地形相应。昔人筑圩裹田，非谓得以播殖也，将特此以狭水之所居耳。昆山去城七十里，通往来者，至和塘也。常熟去城一百五里，通往来者，常熟塘也。二塘为风浪冲击，塘岸漫灭。往来者动辄守风，往往有覆舟之虞，是皆积水之害。今若开浦置闸之后，先自南乡，大筑圩岸，围裹低田。使位位相接，以御风涛，以狭水源，治之上也。

修作至和、常熟二塘之岸，以限绝东西往来之水，治之次也。凡积水之田，尽令修筑圩岸，使水无所容，治之终也。（［宋］范成大撰，陆振岳校点：《吴郡志》卷十九，水利下，江苏古籍出版社 1999 年版，第 289 页。）

与此同时，他也提出了乡村筑圩取土的方法。

目今积水之中，有力人户，间能作小塍岸，围裹己田，禾稼无虞。盖积水本不深，而圩岸皆可筑。但民频年重困，无力为之。必官司借贷钱谷，集植利之众，并工戮力，督以必成。或十亩或二十亩地之中，弃一亩，取土为岸。所取之田令众户均价偿之。（［宋］范成大撰，陆振岳校点：《吴郡志》卷十九，水利下，江苏古籍出版社 1999 年版，第 290 页。）

他对当时的冈身坝堰系统作了观察，认为那是古代大闸体系崩溃之后的一种存留，并阐明了诸港浦淤塞的原因："平江之地，虽下于诸州。而濒海之地，特高于他处，谓之堰身。堰身之西，又与常州地形相等。东西与北三面，势若盘盂。积水南入，注乎其中。所以自古沿海环江，开凿港浦者，藉此疏导积中之水。由是以观，则开治港浦，不可不先也。港浦既已浚，则必讲经久不埋塞之法。今濒海之田，惧咸潮之害，皆作堰坝以隔海潮。里水不得流外，沙日以积，此昆山诸浦埋塞之由也。堰身之民，每阙雨，则恐里水之减，不给灌溉。悉为堰坝，以止流水。临江之民，每遇潮至，则于浦身开凿小沟以供己用，亦为堰断以留余潮。此常熟诸浦埋塞之由也"[107]。在此基础上，他除了提出完善圩岸和开江导浦之议外，还提出了在冈身地区置闸的建议：

濒海临江之地，形势高仰。古来港、浦，尽于地势。高处淤淀，若一旦顿议开通，地理遥远，未易施力，以拒咸潮。今于三十六浦中，寻究得古曾置闸者，才四浦。惟庆安、福山两闸尚存，余皆废弃，故基尚存。古人置闸，本图经久。但以失之近里，未免易埋。治水莫急于开浦，开浦莫急于置闸，置闸莫利于近外。若置闸而又近外，则有五利焉：江海之潮，日两涨落。潮上灌浦，则浦水倒流。潮落浦深，则浦水湍泻。远地积水，早潮退定，方得徐流。几至浦口，则晚潮复上。元未流入江海，又与潮俱还。积水与潮，相为往来，何缘减退。今开浦置闸，潮上则闭，潮退即启。外水无自以入，里水日得以出。一利也。外水不入，则泥沙不淤于闸内，使港浦常得通利，免于埋塞。二利也。濒海之地，仰浦水以溉高田。每苦咸潮，多作堰断。若决之使通，则害苗稼。若筑之使塞，则障积水。今置闸启闭，水有泄而无入。闸内之地尽获稼穑之利。三利也。置闸必近外，去江海止可三五里。使闸外之浦，日有澄沙淤积。假令岁事浚治，地里不远，易为工力。四利也。港浦既已深阔，积水既已通流。则泛海浮江，货船木筏，或遇风作，得以入口住泊。或欲住卖，得以归市出卸。

官司遂可以闸为限，拘收税课，以助岁计。五利也。（［宋］范成大撰，陆振岳校点：《吴郡志》卷十九，水利下，江苏古籍出版社 1999 年版，第 288 - 289 页。）

赵霖的治水方略在郏亶的基础上又有进一步的发展，对筑圩岸和诸州地形的相互关系做了具体的论述。他的特色是置闸理论，对古代闸坝与潮水关系作了系统而具体的分析，丰富了中国古代水文学的内容，对太湖流域后期的治理，产生了较为深远的影响。

六、黄震筑高圩治吴淞江之策

黄震在吴县地区为县尉时，曾于华亭治水。景定二年（1261 年），他主张恢复范、郏之法，讲究高下兼治及诸塘泄水，排水吴淞江，整理水系，实行灌排一体化管理。

自景祐以来，岁岁讲求，迄无成功。盖但知泄水，而海口既高，水非塘浦不可泄。故东坡尝请去吴江石塘，王现尝奏开海口诸浦，朝廷皆疑而不敢行。范文正公守吴，尝开茜泾，亦止一时一方之利。……今浦闸尽废尤甚，前日海沙壅涨，又前日之所无。地之高下，非人力可移。沙之壅涨，非人力可遏。惟复古人之塘浦，驾水归海，可冀成功，……然未可仓卒议也。若止纵人户就近泄放，则彼此皆水。虽欲以邻田为壑，而不可得。议者多谓围田增多，水无归宿，然亦只见得近来之弊。古者治水有方之时，汙下皆成良田，其后堤防既坏，平陆亦成川泽。（［南宋］黄震：《代平江府回马裕斋催泄水书》，载《吴中水利全书》卷十七《书》，清文渊阁四库全书本。）

针对治吴淞江之法，他亦主张筑圩以抬高吴淞江各支流大浦的水位，使浦入吴淞江，使江高于海，使江入海，完善涨溢方式排水，"盖吴地不特太湖为大，若尹山、昆承等湖，斜塘等诸灢，黄天等诸荡，市宅等诸村，皆蓄水深处，脉络与太湖贯通，止籍吴淞一江通注入海，水去不速，而所籍者又在塘浦。其如元计一百三十有二，浦之阔率三二十丈，塘堤之高率二丈。大要使浦高于江，江高于海，水驾行高处，而吴中可以无水灾矣"[136]。这种提高圩岸的主张，是一种浦高于江，江高于海，水驾行于高处的策略，基本上仍是郏亶和早期等治水之臣以大浦狭水之策，这种策略又称为"驾水归海"之策[137]。

七、罗点与王彻的浚浦拆坝方略

淀山湖一带大兴围田，导致淀山湖北侧大石浦、小石浦并斜路港口被围断，水流排泄受阻严重。罗点认为需要开导圩田体系中的坝与圩岸，才可以使水流北流通达。

浙西围田湮塞所在，皆有独淀山湖一处为害最大。因奸民包裹围田，筑断堰岸，致水势无繇发泄。此湖上通苏、湖、秀三州之水，全籍斜路等港通泄湖水，下彻大、小石浦出吴松江入海。委吴县主簿刘允济、昆山县尉吴溥躬亲看视，采问利害。据申到淀山湖东西三十六里，南北一十八里，旁通太湖，汇苏、湖、秀三州之水，上承下泄，不容少有壅遏。华亭在湖之南，昆山在湖之北。湖水自西南趋东北，所赖泄水去处，其大者东有大盈、赵屯、大石三浦，西有千墩、陆虞、道褐三浦，中间南趋淀山湖，北趋吴淞江，凡三十六里。并湖以北、中为一澳，系吐吞湖水之地，今名山门溜，东西约五六里，南北约七八里，正当湖流之冲，非众浦比。贯山门溜之中，又有斜路港，上达湖口。当斜路之半，又西过为小石浦，上达山门溜，下入大石浦。凡斜路港、大小石浦分为三道杀泄湖水，并从上而下，通彻吴松江。江湖二水，晓夕往来，疏灌不息。以此港浦通利，无有沙泥壅塞，可以宣导水源。

今来顽民辄于山门溜之南，东趋大石浦、西趋道褐浦，并缘淀山湖北，筑成大岸，延跨数里，遏绝湖水，不使北流，尽将山门溜中围占成田。所谓斜路及大小石浦泄放湖水去处，并皆筑塞。父老尝言：闲岸初筑时，湖水平白涨起丈余，尽壅入西南华亭县界。大小石浦并斜路港口既被围断，共浦脚一日二潮，则泥沙随潮而上。湖水又不下流，无缘荡涤通利，即今淤塞，反高于田。遇水则无处泄泻，遇旱则无从取水。大抵水性趋下，下流既壅，其势必须溃裂四出，散入民田，理无可疑者。事闻有旨命罗躬亲相视开掘，农民闻命欢跃，不待告谕，已是裹粮合夫万余，先行掘凿，并湖巨浸，复得为田。（［宋］罗点：《乞开淀湖围田状》，载《吴中水利全书》卷十三，清文渊阁四库全书本。）

淳熙十年（1183 年），王彻上《奏开五浦状》，认为常熟地区及苏州一带地势低平且河道泥沙淤积严重，是此区域内积水泛滥的主要原因，建议对相关的入江河塘进行疏浚。

镇江府兵马钤辖王彻言：绍兴二十八年，因积水泛滥，欲泄入大江。宜自常熟县东开浚至雉浦五十里，入许浦，纵水入江。却自雉浦之西就民创河二十五里，引水入福山浦，使二浦复归一浦，俾近县田稍获灌溉。且镇江以往地势极高，至常州地形渐低，钱塘江北地势尤高，秀州地形渐低，而平江在最下之处。岁有一尺之水，则湖州平陆之田悉皆淹没。闻江滩海岸常列三十六浦，各置巡简寨捍卫浚治，故数十年前，浙西不闻每岁被水。今三十六浦其最急者，平江五浦，就五浦之内，黄泗浦尤甚，大抵除福山通不用开凿外，崔浦、许浦、白茆，沙泥壅积，几与岸平，使千里之水不达江海，所凿陂塘亦狭，要使江与海濒注水如旧，然后百川之流断有归宿。（［宋］王彻：《王彻奏开五浦状》，载《吴中水利全书》卷十三《奏状》，清文渊阁四库全书本。）

八、章冲与李珏的疏港置闸方略

淳熙九年（1182 年），江南运河北接长江的区域处于相对敏感的地带，北部运河和通江诸港都有一定的淤塞，水文环境有干旱的趋势。官方重视这一区域的水流疏治和通江诸港的疏治，特别是重视临江置闸。在此情况下，章冲作《上浚河置闸状》，建议在常州一带疏港置闸，并指出如此治理可使运河畅通，也可使北部地区的田地得到灌溉。

知常州章冲奏：常州东北曰申港、利港、黄田港、夏港、五斗港，其西曰灶子港、孟渎、泰伯渎、烈塘。江阴之东曰赵港、白沙港、石头港、陈港、蔡港、私港、令节港，皆古人开导以为溉田无穷之利者也。今所在堙塞，不能灌溉。臣尝讲求其说，抑欲不劳民，不费财，而漕渠旱不干，水不溢，用力省，而见功速，可以为悠久之利者。在州之西南曰白鹤溪，自金坛县洮湖而下，今浅狭特七十余里，若用工浚治，则漕渠一带无干涸之患。其南曰西蠡河，自宜兴太湖而下，止开浚二十余里，若更令深远，则太湖水来漕渠一百七十余里，可免浚治之扰。至若望亭堰闸置于隋之至德，而撤于本朝之嘉祐，至元祐七年复置，未几，又毁之。臣谓设此堰闸有三利焉：阳羡诸渎之水奔趋而下，有以节之，则当潦岁，平江之邑必无下流淫溢之患，一也。自常州至望亭一百三十五里，运河一有所节，则沿河之田，旱岁赖以灌溉，二也。每岁冬春之交，重纲及使命往来，多苦浅涸，今启闭以时，足通舟楫，后免车戽灌注之劳，三也。乞敕下施行。（［宋］章冲：《上浚河置闸状》，载《吴中水利全书》卷十三《奏状》，清文渊阁四库全书本）。

嘉泰元年（1201 年），李珏上《奏浚常州漕渠修建望亭二闸状》，指出此时期常州运河仍然需要巩固，在关键地点置闸非常重要。李珏就这一区域的河道与水流的动态，建议修建望亭的上、下两闸：

臣尝询访其故漕渠，东起望亭，西上吕城一百八十余里。形势西高东下，加以岁久浅淤，自河岸至底，其深不满四五尺。常年春雨连绵，江湖泛涨之时，河流忽盈骤减。连岁雨泽愆阙，江潮退缩，渠形尤亢。间虽得雨，水无所受，旋即走泄，南入于湖，北归大江，东径注于吴江，晴未旬日，又复干涸，此其易旱一也。至若两傍诸港，如白鹤溪、西蠡河、直湖、烈塘、五泻堰，日为沙土淤涨，遇潮高水从之时，尚可通行舟楫。若值小沙久晴，则俱不能通应，自余支沟别港皆已堙塞，故虽有江湖之浸，不见其利，此其易旱二也。况漕渠一带纲运于是经繇，使客于此往返，每遇水涩，纲运便阻。一入冬月，津送使客，作坝车水，科役百姓，不堪其扰，岂特溉田缺事而已。望委转运提举常平官同本州相视漕渠，并彻江湖之处，如法浚治，尽还昔人遗迹，及于望亭修建上下二闸，固护水源[138]。

第四节 元明时期治水方略

元代一统后，一开始"军散营废，田米归朝廷，被豪强占湖为田。闭塞河港水脉，因此积水不去，农民失修围塍，所以连年水灾，实由于此"[131]。同时，随着江南开发的完成和全国性气候向冷干方向的转变，江南水面大幅度减少，河道淤积的倾向也越来越严重。元时，吴淞江已严重淤塞，至明初，黄浦江形成后，水流形势发生了重大的变化，吴淞江中游的水流下归黄浦江，吴淞江中游两岸由于无法与低地水流沟通而形成旱情，这也决定了太湖治水的格局产生了变化。此时期，圩田体制也发生了变化，从大圩转换到小圩，以致早期的用大圩狭水排水的格局逐步减弱，太湖东部涨溢出水的格局也逐渐减弱。鉴于此，吴执中、任仁发、周文英、夏原吉等多位治水者多以疏浚和置闸措施为主治理吴淞江以及东部诸浦。

水利管理体制方面，元代设都水庸田司，专管本区水利，负责确定圩田分等标准及界限、督治圩岸、疏浚河道、督办塘务、督视闸坝等，这是继五代和南宋以后，又一次以一定的国家体制管理江南水利。但后期随着国家管理的松弛，这一区域性的水利管理机构被废除。至于经费的筹措，元代更倾向于向民间的富人征收相关的费用，周文英甚至提出将富民募捐和以工代赈相结合。元代浙西塘务由都水庸田司监管。至明代，设立"江浙水利佥事"专门负责苏州府、松江府和杭州府的海塘塘政[139]。元明时期还形成了与大圩结合的基层圩长水利共同体制度，随着圩田形制变化，至明代中期乡村水利共同体逐步瓦解。同时，明初曾因河道大量淤塞不治设置塘长，专门负责基层水利治理派役，后至嘉靖年间因雇佣夫役商品化与水利成本太高，塘长逐步成为虚设，民间水利衰退。

一、吴执中疏吴淞故道方略

至元年间（1264—1294 年），吴淞江积淤形势愈加严重，苏州的水患也愈加严重。督水书吏吴执中建议开挑淀山湖和练湖等处的入海通道。

《都水书吏吴执中顺导水势议》：国家收附江南之初，年谷屡登，不闻水患。所司因循，失于经理，积而至于至元二十四年、二十七年、二十九年，六年之间，三遭大水，所在膏腴，悉成巨浸。百姓缺食，卖子鬻妻者不可胜计。官粮更有何望？至元三十一年中书省奏准，大兴工役，开挑太湖、练湖、淀山湖等湖并通江达海河港，又加以修筑围岸，自此岁获丰收。（［明］张内蕴、周大韶撰《三吴水考》卷八，清文渊阁四库全书本。）

对吴淞江的问题，吴执中看到的和南宋时期有类似之处，即淀山湖一带的围田阻挡水流入吴淞江，但这时的出太湖水流多迂回宛转，故要从吴淞江北部的诸浦中开河引水出江出海："吴松古江已被潮沙湮涨，役重工多，似非人力可及。其淀山旧湖多为豪户围裹成田，恐亦未易除毁。即今太湖之水迂回宛转，多由新泾及刘家港流注于海，合无顺其必趋之势，于上海、太仓等处，相视可开河港，尽行开凿，务使支脉贯通流泄顺便。乞照腹里会通河并新开通惠河拨户差军体例，设立撩浅人夫，专一修理，以防向后复淤之患，官民幸甚。"对于田岸之事，吴执中提出两项必须，一是明界限，二是除豪强以疏水道和湖泊："浙西水乡农事为重，河道田围必常修理，二事可以兼行而不可以偏废，今除修围筑岸之一节，有司已有定式。淀山、练湖亦有原定界畔，拟合严切申明常加整治外，太湖一水乃浙西诸水之上源，万顷汪洋，必须疏泄。上年霖雨，平江、松江已受其敝，若更因循不治，复遇霖潦，则泛溢之患，抑又甚焉。为今之计，若欲浙西水势通流，免被水患，必开吴淞之故道，复淀山之旧规，庶乎可以有济"[103]。

二、任仁发、麻哈马和潘应武的开浦置闸方略

1. 任仁发浚江置闸

元代太湖清水向淀山湖一带汇集，势头强劲，由于纵浦的潮淤形成了新的淤淀。如大盈浦和赵屯浦二浦长期是此区域内向吴淞江泄水的主要通道，宋代水面宽达三十丈到五十丈，任仁发治水时，已"渐至淤塞，有若平地"。加之与淀山湖连接处的淀淤地区"渐为富豪围占，变其湖为田地。由是二浦与湖相去渐远，而注泄亦迟不能冲海浑潮，此即淤塞之因也。今至元甲午年增工开修其赵屯浦，至今通泄。其大盈浦为支流沟汩，如李墟泾、孔宅泾、顾坊泾、苏沟、沈麻沥、井亭沥等处，尤欠浚治，兼浦口不曾整置堰闸堤防，潮沙所以复致涨塞"。此外，宋代以后吴淞江南部的纵浦置闸水平很低且不加维护，闸很快废弃。吴淞江段没有浦水冲淤，淤积更快，传统的疏浚之法已不可行，"若欲浙西水势通流，少遇水患，必开吴淞江之故道，复淀山湖之旧规，庶乎可以有济，然而吴松古江已被潮沙湮涨，后重工多，似非人力可及，其淀山蓄湖多为豪户围里成田，恐亦未易除毁"，于是官方考虑吴淞江下游河段直接置闸，以求以清刷浑[140]。

任仁发将吴淞江及其周边地区水流形势长期不同的圩田区分成四个：吴淞江北岸 56 河，吴淞江南岸 47 河，扬子江南岸 41 河，冈身入海地带 32 河[141]。其治水主张最根本的三点：浚河港必深阔、筑圩岸必高厚、置闸窦必多广。大

德八年（1304 年）任仁发任都水庸田副使，其主要工作是在吴淞江区域开浦置闸，"吴淞江置闸十座以居其中，潮平则闭闸而拒之，潮退则开闸以放之，滔滔不绝，势若建瓴，直趋于海，实疏导诸水之上策也"[142]。

至正年间浚吴淞江河道时，官方要求疏浚"各闸旧河直道深阔"[143]，即将闸前和闸后的江道和河道取直深阔之意。任仁发在吴淞江置十几个闸，"开江身二十五丈，置闸十座，每闸阔二丈五尺，可泄水二十五丈"。又有，"吴松江道面阔二十五丈，上源通彻江浙诸山，众水注于太湖，入吴松江以达于海，今止造闸三座，每座且以二丈言之，三闸止该六丈，岂能尽泄水势。照得台州路管下黄岩小州，止蓄泄溪山些小之水，尚然建闸一十有四。今吴松江拟合造闸一十有三，每闸面阔二丈，方可通彻二十五丈之江水"，意为并非在吴淞江面上一字排开地置闸，可能是分别分流以置闸，"望乞多差人员，相视下源，必须置闸去处，更造一十座泄去上水，诚为便益"。

大德十年（1306 年），任仁发继续浚江并在此基础上再添置木闸，"自上海县界赵屯浦、大盈浦、白鹤汇分庄嘴、樊浦、西浜、盘龙旧江共长三十七里三百二十一步，阔二十丈，深一丈五尺。役夫二百四十五万六千四百四十九。又于庙泾、西盘、龙东开挑出水口并新泾，安置木闸二座"。泰定二年到泰定三年，任仁发又一次浚吴淞江并置三闸，"泰定三年任仁发置赵浦、潘家浜、乌泥泾三闸"。从置闸的效果看，大德九年水灾时，吴淞江一带有两个闸和一些减水河起了一定作用；大德十年，新华之地有石木二闸起了一定的作用。尽管如此，一些议者仍认为吴淞江上的闸不起作用[141]。与此同时，元代多在吴淞江南部的沿湖泊圩田区置闸。任仁发在乌泥泾上感潮地区也置了闸，这种闸可顾及圩田区的感潮与防淤[144]。

总之，任仁发的吴淞江置闸，是当时较为突出的一种治绩，在古代社会工程技术相对落后的环境条件下，寻求开江置闸，无疑是一种创举。

2. 麻哈马浚河筑坝

元代的都水庸田使麻哈马曾指出吴江长桥对于吴淞江一带水流形势改变的作用。

《都水庸田使麻哈马治水方略》：近年以来，因上源吴江一带桥碛塘岸椿钉坝塞，流水艰涩，又因沿江水面并左右淀山湖泖等处，权豪种植芦苇，围裹为田。并边近江湖河港隘口，沙滩滋生，苃芦阻节上源太湖水势，以致湖水无力，不能渲涤潮沙，遂将东江沙泥塞满，江边中有江洪，水势不能全复古道。其水性润下，是故潮水就其地所顺下而行，此天地自然之理。今太湖之水不流入江而北流入于至和等塘，经由太仓出刘家等港，注入大海，并淀山湖之水，望东南流入大曹港、柘泽塘、东西横泖，泄于新泾并上海浦，注江达海。（﹝明﹞张内蕴、周大韶撰：《三吴水考》卷八，清文渊阁四库全书本。）

他的治水方案：一是将上源吴江一带 130 余处石塘、桥洪、水洞展洞一丈，使太湖水势泄流快便；二是将淀山湖以东湮塞河道及东西横泖疏浚深阔，以泄淀山湖、长泖等水流；三是开浚平江路、昆山州、嘉定州湮塞河道，分泄太湖水势，添注入刘家港入海；四是在这一地区的通海河港上筑砌土坝，安置名曰水窦的通水槽，潮来闭窦以阻浑沙，潮退起窦以泄湖水；五是开决阻碍水流的各江湖河港的桩坝、围田、茭荇、鱼箔[145]。

麻哈马也致力于开纵浦解决吴淞江泥沙问题，"欲得江道通流，先将江南竿山前通波塘、大盈、赵屯、石浦、道合、陆虞、千墩、西宿浦八处，用工开挑。及将江南通波塘、大盈浦、直、南、黑桥边，江北瓦浦、下驾浦、新洋、小虞浦、界浦、箭浦八处各置一堰，使诸处之水，并归江中，冲渲沙泥。工毕日用船一百只，每只梢水手一十八人"[141]。

3. 潘应武浚淀山湖

至元年间（1264—1294 年），淀山湖在权势开垦下形成淤塞，引起上游水涨泛滥，潘应武主张疏浚淀山湖。为了应对水灾危害，潘应武在至元三十年于太湖东部地区增加"桥梁闸坝达九十六处"，治理重点在淀山湖周边地区[145]。他认为淀山湖的泄水尾闾已为权势占据，卒难复旧，淀山湖的北道，可以开浚。此区通潮，长期以来，潮水通道被权势占据为田，湖水、潮水不相往来，形成四年两涝的形势，朝廷亏失米粮数百万石，应及时疏通。同时，他也建议修通吴江长桥与诸处的通道[146]。

三、周文英和夏原吉的掣淞入浏

1. 周文英的掣淞入浏设想

周文英，元代后期人，著有《论三吴水利》，创"掣淞入浏"之说。周文英在太湖东北的刘家港、白茆浦一带实地考察，发现刘家港水深港阔，认为这是古三江之一的娄江，据此建议放弃吴淞江海口段涂涨之地，因水势所趋，顺水性疏导，专治娄江、白茆，引导太湖之水由夏驾浦入娄江，弃吴淞江东南段不治。张士诚据苏时，得是论，遂浚白茆、盐铁诸塘，明初夏原吉采其论，实施"掣淞入浏"。

2. 夏原吉实施掣淞入浏方案

明初的太湖排水形势是：东北的吴淞江淤塞，来水排入长江受阻；东南有张泾港口筑闸，向杭州湾出水有限；东部淀泖湖群围湖成田，内水滞留，蓄水剧减。永乐元年（1403 年），太湖地区六月初久雨，高原水数尺，洼下丈余，苏、松、嘉、湖等水泛滥成灾。户部尚书夏原吉治理太湖水患。夏原吉亲自踏勘，并征求当地官吏和熟谙水利人士的意见。其时华亭人叶宗行以生员身份上书建议，浚范家浜迎浦水入吴淞江入海，放弃吴淞江下游淤塞旧道，接大黄浦，使中部地区的太湖来水直接入江[147]。这就是"以浦代淞"方案，后被夏原吉采用并实施，夏原吉在《治水疏》中亦分析了当时吴淞江的阻塞形势，提出了开大黄浦疏水的治水策略，促成了太湖出水格局的大变化，也促成了大量小圩的产生。

此外，夏原吉采用周文英的策略，实施"掣淞入浏"，即浚治夏驾浦、顾浦等，导吴淞江水，经刘家港出海，同时开福山、白茆等大浦，导昆承、阳城诸湖及东北地区水出长江。"掣淞入浏"的直接结果是夏原吉着重疏导的浏河在此后一度宽深通畅，成为太湖之水从东北进入长江和东海的一条主要泄水道，也成为郑和船队由长江入东海的航海基地。在这种认知的基础上，夏原吉受太湖东部三江论的影响，认为应向吴淞江的南北两个方向疏水，于是提出了疏白茆等河道的建议。

按吴淞江旧袤二百五十余里，广一百五十余丈，西接太湖，东通大海，前代屡浚屡塞，不能经久。自吴江长桥至夏驾浦，约百二十余里，虽云通流，多有浅狭之处。自夏驾浦抵上海县南跄浦口，可百三十余里，潮沙障塞已成平陆，欲即开浚，工费浩大。潲沙淤泥，浮泛动荡，尚难施工。臣等相视，得嘉定之刘家港即古娄江，径通大海，常熟之白茆港，径入大江，皆系大川，水流迅急。宜浚吴淞南北两岸安亭等浦，引太湖诸水入刘家、白茆二港，使直注江海。又松江、大黄浦乃通吴淞要道，今下流壅塞难疏，旁有范家浜至南跄浦口可径达海，宜浚令深阔，上接大黄浦以达湖泖之水，此即禹贡三江入海之迹。每岁水涸之时，修筑围岸以御暴流，如此则事功可成，于民为便。（［明］张国维：《吴中水利全书》卷十四《章疏》，清文渊阁四库全书本。）

夏原吉治水有一时之效，却被后世认为在一定程度上加速了太湖流域的洪涝水情。夏原吉治水以后，黄浦江逐步替代吴淞江成为太湖下游的出水干流，吴淞江反成为一条排水量较小的河道，以致从千灯浦到安亭一带，吴淞江清水不盛，加上长期的潮沙积淤，周边低地逐步成为高地。昆山与嘉定等地区逐渐淤成高地。长期以来，这一区域靠南北诸河浦注水吴淞江才得以灌溉，夏原吉开黄浦以后，南部诸浦泄水直接东向泄水黄浦江，形成这一区域无水注入，到明代中后期，这一高地不断地出现干田化和荒田化，传统的水乡出现了旱情。最后，这一区域靠棉作和纺织业，才逐步脱贫。

四、周忱减税治水与况钟治河治圩

1. 周忱减赋以利治水

明代太湖流域是朝廷的财赋重地，承担着官僚、勋贵的巨额俸禄支应。从明初起就一直颁布减轻税额的诏令，但多数情况是朝令夕改。宣德五年，国家再次下诏减轻官田税额，并令巡抚江南诸府，总督税粮，整顿田赋。据《明史·周忱传》记载："周忱一切治以简易。……遇长吏有能，如况钟及松江知府赵豫，常州知府莫愚、同知赵泰辈，则推心与咨画，务尽其长，故事无不举。常诣松江相视水利，见嘉定、上海间沿江生茂草，多淤流，乃浚其上流，使昆山、顾浦诸所水，迅流驶下，壅遂尽涤。"周忱与苏州知府况钟等经过一个多月的筹算，对各府的税粮都作了认真调整，并以灵活的政策办法促进赋役改革和均平负担。周沈的赋税政策，减轻了农民的负担，同时使得水灾危害时期水利施工仍得以开展。

2. 况钟的分圩与里甲制管理方略

宣德五年（1430年），况钟出任苏州知府，在苏州任期达十三年。此时正值夏原吉治吴淞江导致水文格局发生了重大变化以后。在疏河方面，况钟提议疏浚吴淞江、白茆、浏河三条水道，以此缓解太湖地区水患。

在治田方面，况钟提出了分圩策略。黄浦江成为主要的出海通道后，快速泄水，太湖地区的水流直接从南部冈身地区行洪至吴淞江下游故道，此种情况下无需利用大圩抬高水位，原有的吴淞江南部诸浦沿岸的高大圩岸，也已不再重要；黄浦江主流在冈身转北后，河道刷深，冈身上更没有建大圩岸的必要。鉴于此，况钟认为大圩已无法适用太湖水流环境的变局，大圩不利于灌溉排水、罱泥施肥，难以抵御旱涝灾害，小圩则更有利于引水灌溉，同时，结合拆圩对疏水的便利之处，况钟开始行分圩之制。在他的《修浚田圩及江湖水利奏》中有：

> 切见本府吴江等七县地方，滨临湖海，田地低洼。每田一圩多则六七千亩，少则三四千亩。四围高筑圩岸，圩内各分岸塍。遇有旱涝，傍河车戽。递年多被圩内人民于各处泾河葑取淤泥浇雍田亩，以致傍河田地渐积高阜，旱涝不堪车戽。傍河高田数少，略得成熟；中间低洼数多，全没无收，似此民难。如蒙准言，乞敕大臣该部计议，行移本府，差落治农官员踏勘，但有此等大圩田地，分作小圩，各以五百亩为率。圩旁深浚泾河，坚筑夹岸，通接外河，以便车戽。所浚泾河夹岸所费田地，丈量现数，或除豁，或照原额税粮均派圩内，得利田亩，输纳如此，则高低田亩各得成熟，深为民便。（［明］况钟：《修浚田圩及江湖水利奏》，载《况太守集》卷九，清光绪十年刻本。）

圩田管理方面，在拆除大圩与革除圩长的基础上，况钟提出依靠里甲体制直接统管小圩。因圩甲是自然圩之圩甲，拆圩后规模很小，需粮里等的督催才能完全开展戽水行动，于是令县里的治水官和粮长、里长一干人督催圩甲，使日常水利事务置于粮里体制的整合之下，以此有目的地加强官方集权。此外，为革除圩长制弊端，提议官吏、粮里疏浚河道："各县高低田地不一，河道有淤塞者，岸塍有崩塌者，该管官吏、粮里人等，随即修渠疏通，毋致误事，有妨农业。"[148]

总体来说，唐宋时乡村社会共同体自治性很强，大圩对应着相应的圩长等乡村治理组织；到明代中期时，吴淞江的出水环境发生了改变，吴淞江不再是主要的太湖出水干道，大圩与高圩岸没有存在的必要性，在此时开始大量拆圩。圩长在这时也开始被革除，水环境变迁和官方分圩，使乡村共同体逐渐走向衰落。

五、归有光等的吴淞江治理之策

1. 归有光恢复吴淞江之主张

归有光是明代嘉靖、隆庆年间（1507—1571 年）江南地区著名文人，他主张应水归吴淞江，恢复吴淞江为出水干道的地位。自夏原吉开黄浦江、放弃吴淞江干道地位以后，吴淞江沿岸地区出现了旱情："吴淞江为三州太湖出水之大道，水之经流也。江之南北岸二百五十里间，支流数百，引以灌溉。自顷水利不修，经河既湮，支流亦塞。然自长桥以东，上流之水犹驶。迨夏驾口至安亭，过嘉定、青浦之境，中间不绝如线。是以两县之田与安亭连界者，无不荒。"[149] 到明代中后期，这种现象愈加严重："顷二十年以来，松江日就枯涸。惟独昆山之东、常熟之北，江海高仰之田，岁苦旱灾。腹内之民，宴然不知。逐谓江之通塞，无关利害，今则既见之矣。"

归有光关于太湖流域水利有着严密的逻辑，首先，辨析"三江"；其次，反复论述吴淞江畅通的重要性；最后，阐述治理吴淞江、治水和治田相结合的治水主张。归有光认为夏原吉之所以采取"掣淞入浏"的战略，主要原因就在于他对"三江"的误解。因此，归有光治水主张的核心是将吴淞江作为排泄太湖之水的唯一途径：排泄太湖之水，不在于江河数量之多，而在于排水势力之大。排水势猛，有利于冲击泥沙，不至于湮塞；反过来说，如果因江河过多而分流，水流过于缓慢，容易造成泥沙淤积，久而久之，江河日渐湮塞。他在《奉熊分司水利集并论今年水灾事宜书》中指出："诚以一江泄太湖之水，力全则势壮，故水驶而常流；力分则势弱，故水缓而易淤。此禹时之江，所以能使震泽底定，而后世之江，所以屡开而屡塞也。松江源本洪大，故别出而为娄江、东江。今江既细微，则东江之迹灭没不见，无足怪者。故当复松江之形势，而不必求东江之古道也"[150]。因此，力排于一江，则可以使水有所归，也可以使吴淞江两岸的高地上水，民可收种稻之利。

此外，他考证了吴淞江及其主要支流河道束窄的过程，认为黄浦窃吴淞江之权是吴淞江淤塞的原因之一，并指出长期不重视吴淞江干流治理造成支强干弱的局面是嘉靖以来旱灾增多的原因。因此他主张优先开浚吴淞江干流，恢复吴淞江为出海干道，干流既正，支流自然可以沟引以溉田亩。

治水六事曰：探本源，顺形势，正纲领，循次序，均财力，勤省视也。其形势纲领之说可谓深识东南之水势，今之有司徒知开一浦一港，规规尺寸之间，而反为水之害者多矣，因附著其略。所谓正纲领者：臣愚以为七郡之水有三江，犹网之有纲，裘之有领也。昔者东江既塞，而淀湖之水无所泄，故人以为千墩浦等处可泄淀湖之水，殊不知此处虽通，但能利此一方之水道耳。而淀湖之水乃属东江，终不逆入于松江，松江既湮，而太湖之水无所泄，故人以为刘家河可泄太湖之水，盖不知此河虽通，但能复此娄江之半节耳。其南来之半节，与夫新洋江及千墩等浦，反被其横冲松江之腰腹而为害莫除，此则举其一而遗其二者也。或又以为浦者导诸处之水自江以入海，殊不知山水下于太湖，湖水分于三江，江水入于大海，初无与于浦。然而浦不可无者，如古井田之有浍也，水漫则泄沟水以入于江，水涸则引江水以入沟，此乃古人之水利，非若后人反藉导湖水以趋江也。此皆纲领之不正者也。若其沟洫既深，浦渎既通，然后寻东江之旧迹，以正东南之纲领。而淀湖所受急水港以来之水，与夫陈湖所接白蚬江之水，皆得以达于东南以入海，则黄浦之势可分，而千墩浦等水不横冲于松江，而松江可通矣。又开松江之首尾，以正东西之纲领，则黄浦之势又可分，而跄口既通，吴江石窦增多，而松江可以不塞矣。又开娄江之昆山塘，以至吴县胥塘，另接太湖之口，添置石窦，则新洋江之潮势可分，而不使横冲淞江，而东北之纲领又正矣。

所谓顺形势者：臣见今人之论，有以为黄浦即是东江，而黄浦通，松江通矣。为此说者，盖不知江浦之子母纵横，水势之大小顺逆也。臣愚以为松江乃东西之水，其势大而横，譬则母也，黄浦乃南北之水，其势小而纵，譬则子也。太湖之定位在西，大海之定位在东，必藉东西之江以泄之，则为顺而驶，若藉南北之浦以泄之，则为逆而缓。盖松江之塞，西由吴江石门之少，中由千墩浦等与新洋江之横冲，东由黄浦窃权之盛，而跄口所以不通也。……况黄浦不独北为松江之害，而南又为东江之害。盖其中段南北势者乃是黄浦，其至北而反引松江迤逦东北达于范家浜以入海者，又名上海浦也。臣愚以为江有入海之名，浦无入海之理，而今皆反之者，此即江变为浦之明验也。其至南而折于西以接横潦泾者，又名华泾塘也。华泾塘东去有闸港，此皆东江之东段也，但欠西与华泾塘接续而东入海耳。大泖西北有烂路港、陈湖，西去有白蚬江，此皆东江之西段也。但东南与朱泾，斜塘桥等处欠通顺耳。三江既通，则太湖东之形势顺矣。（［明］归有光：《三吴水利录》卷三，清咸丰涉闻梓旧本。）

2. 海瑞疏吴淞江与白茆之策

隆庆三年（1569年），海瑞总督粮道巡抚应天十府。当时太湖流域仍然处于水利不修、河道淤塞的状态，常暴发大水灾："日至潮泥，日有积累，日月继嗣，通道填淤，虽日水势就下，而无下可为就矣。时遭久潦，震荡太湖，因之奔涌四溢，势所必至，为害之大，淹浥禾亩如嘉靖四十年、今隆庆三年是也。"海瑞治理太湖，以归有光《三吴水利录》为治水方略主要来源，认可治理太湖当务之急是治理吴淞江："三吴水利，当浚之使入于海，从古而然也。娄江、东江系是入海小道，惟吴淞江尽泄太湖之水，由黄浦入海。"[150]

与此同时，由于吴淞江阻塞，吴淞江以北的主要出水通道是白茆河，海瑞认为："若止开吴淞而不开白茆，难免水患"[151]。因此他建议开白茆并置闸防淤，但当时海瑞采取了简单的裁弯取直、挖深开阔方法并未从根本上解决问题，十几年后就淤塞了。此外，白茆河漕宽、清流弱，闸在阻挡潮水的同时，也阻挡了清流，冲淤难成，淤塞会更强，闸很快被废。

3. 吕光洵疏诸浦导水吴淞江之策

吕光洵，嘉靖十一年（1532 年）进士，授翰林院庶吉士，出为福建崇安县（今属福建省武夷山市）令；后任江苏溧阳县令；嘉靖十九年（1540 年），擢为河南监察御史，出巡陕、甘；后又巡按苏、松、常、镇等府。其时四府地势低洼，常患水旱灾害，吕光洵实地考察后作三吴水利图，提出修筑堤岸、疏浚水道等策略，水患得治。吕光洵认为太湖诸水，源多势盛，黄浦、浏河二江不足以泄之，放弃吴淞江下游不治，两岸支港亦因之淤塞，同时浏河与娄江通道难治，应在疏浚各浦的同时，导水吴淞江。他关于疏水通道的理解，仍然继承了宋代的相关看法，认为不单是以吴淞江为主，仍应按照水入小浦，然后入大浦，最后入吴淞江的格局。在他的《谨题为敬陈东南水利》中有：

> 自嘉靖十八年以来，频遭水患，而去岁尤剧。今年又值旱灾，田皆荒落不实，无以为命，伏蒙诏蠲常税数十万石，又命郡县发廪以赈之，恩泽甚厚，然困者未苏，饥者未饱，而公私储蓄已空竭矣。万一来岁雨旸少，恐民复告饥，又何以继之？臣尝巡历各该地方，相视高下，询问父老，颇得其说，辄敢陈之。一曰广疏浚以备潴泄，盖三吴之地，古称泽国，其西南翕受太湖诸泽之水，形势尤卑，而东北际海冈陇之地视西南特高，大抵高者其田常苦旱，卑者其田常苦涝。昔人于下流之地，疏为塘浦，导诸湖之水，繇北以入于江，繇东以入于海，而又引江潮流衍于冈陇之外，是以潴泄有法而水旱皆不为患。近来纵浦横塘多湮塞不治，惟二江颇通，一曰黄浦，一曰刘家河，然太湖诸水源多而势盛，二江不足以泄之，而冈陇支河又多壅绝，无以资灌溉，于是高下俱病，而岁常告灾。臣谓治之之法当自要害者，始宜先治淀山等处一带茭芦之地，导引太湖之水散入阳城、昆承、三泖等湖，又开吴淞江并大石、赵屯等浦泄淀山之水以达于海。浚白茆港并鲇鱼口等处，泄昆承之水以注于江，开七浦、盐铁等塘泄阳城之水以达于江，又导田间之水悉入于小浦，小浦之水悉入于大浦，使流者皆有所归，而潴者皆有所泄，则下流之地治而涝无所忧矣。（［明］归有光：《三吴水利录》卷三，清咸丰涉闻梓旧本。）

在治水组织方面，他认为应当以水利之治绩考核官员以定升迁。田岸治理方面，他基本上继承了郏亶的治田之法，提出一系列治理之法。在他的《修水利以保财赋重地疏》中有：

圩岸高则田自固。虽有霖涝，不能为害，且足以制诸湖之水，不得漫行，而咸归于河浦，则河浦之水自高于江，江之水自高于海，不待决泄。自然湍流而冈陇之地亦因江水稍高，又得亩引以资灌溉，盖不但利于低田而已。（［明］吕光洵：《荒政要览》卷二，明万历刻本。）

4. 林应训疏吴淞江中段

明代末期，吴淞江中段的淤积越来越严重。基于对黄浦江、浏河和吴淞江的水情全面认知，林应训治水东南时，主动提出开吴淞江中段的建议，他所指的区域主要为昆山一带，这一区域由于淤塞，江流仅存一线。由于水流形势的变化，他特别重视黄浦和吴江长桥一带的水流状态对整个吴淞江流域的影响。"看得三吴水利莫重于苏松，而其在苏州者，尤莫重于吴淞江，若吴江县长桥一带。则太湖入江之口在松江府者，亦莫重于黄浦，若山泾港、秀州塘诸处，则淀泖入浦之路皆不容不急为之图也"。林应训在认识到疏浚吴淞江重要性的同时，也关注到吴江一带诸出水水道以及淀山湖一带的河道治理对太湖总体出水格局的重要性。

此外，林应训在河道治理经费的筹措方面有一定建树："至于工费浩繁，别无措处，搜括库藏，既无锱铢之余，加派民间又苦征输之困，诚有如该道所言者，则所恃以济必用之费，不得不叩阍而请矣。至各州县类有新涨、滩田侵占河基等弊法，应清查改正，就中有可设处以助工费者，臣不敢不竭尽其愚也。除田间水道民力可办者，随经责令得利人夫秉时修浚，不敢烦渎圣听。"[151]

一、议开吴淞江中段以通入海之势。为照太湖入海其道有三：东北繇刘家河入海即古娄江之故道也；东南繇大黄浦入海即古东江之遗意也；其中则为吴淞江经昆山、嘉定、青浦、上海四县界上入海，乃太湖之正脉，比之河浦尤为要害，今河浦皆通而中江独塞者，何也？盖江水之流与海潮遇，海潮浑浊来则汹涌而其势莫御，去则迟缓而其泥易淀，所赖江水迅驶而冲涤之耳。刘家河独受巴阳诸湖之水，而又有新洋江、夏驾浦诸水从旁而注之，大黄浦总会杭嘉二郡之水，而又有淀山泖荡诸水从上而灌之，是以流皆清驶，足以敌潮，虽有浑浊而不能淤也。惟吴淞江则不然，其源出于长桥、石塘之下，经庞山湖、九里湖而入，今长桥、石塘二处则湮塞矣。庞山、九里二湖则滩涨矣，其来已微且其中又为新洋江、夏驾浦等处掣其水以入刘家河，其势益弱，及其与潮遇也，安能胜其汹涌之势而涤其浑浊之流耶？日积月累则其至于淤塞而仅容一线，不惟水失故道，时有淫溢之虞，然巨流既滞，则小港亦壅，旧熟之田半成荒亩，而食利之民至有买米以充兑运甚，且衣食无措，展转而散之四方矣。故前任巡抚都御史海瑞破群议而开之，几八十里，遂使两旁居民渐归故土，而积荒之地近皆播种，是吴淞江之开也，其有益于民生甚大，所惜者一旦迁去事功未竟耳。臣今看得自艾祁至昆山慢水港六十余里，急当开浚，覆经丈计土方，实该工食银四万五千七百三十九两有奇，此江一开则太湖之水直入于海，岁或淋涝可免泛溢，而就中傍江湖渠得以引流灌田，将来青浦一带积荒之区，俱可垦种而成熟矣。伏乞圣裁。

一、疏吴家港、长桥以宣出湖之源。为照吴江县治居太湖之正东，而湖水经其前入吴淞江达之海。宋时运道经其地，为有风波阻险，乃建长桥石塘以通牵挽之路，夫以湖水从出之处而以桥塘横贯其中，诚不能碍，但古人制作自有深虑，如长桥为长一百三十丈，为洞六十有二，至于石塘小则有窦，大则有桥，内外浦泾纵横贯穿，皆为泄水计，今石塘泾窦半皆淤塞，而长桥内外俱已滩涨为田，仅得一二洞门通水，若又不治将尽长桥而没之矣，故长桥不疏，则虽开吴淞江亦无益也。除石塘工费另行议处，而长桥一带急应开浚，臣今看得自庞山湖口繇长桥至吴家港，覆经丈计土方，实该工银二万二千八百八十六两有奇，此河一开则河水有所泄，江水有所归，源盛流长，为利固甚大矣，伏乞圣裁。

一、议浚山泾港、诸渎以导达浦之流。为照松江府之大黄浦，西南受杭嘉二郡之水，西北受淀泖诸荡之水，总会于浦入海，方今黄浦洪流滔滔无容议矣。而秀州塘、山泾港诸处渐已淤浅，狃于目前之安者，既不知预防之术，而泥于通方之论者，乃徒归咎于开江之非不知江自江浦自浦，如人两足，然各无疾痛则各自伸缩，原不相妨，今惧江之开而浦之塞者，是必入浦之路有所碍也。若自淀山湖分流入浦一带，港泾凡有淤浅并为疏瀹，则两利俱存，此不易之论矣。臣今看得自黄浦、横涝泾经秀州塘入南泖至山泾港等处，急应开浚，覆经丈计土方，实该工食银三万六百一十余两，此河一开，则云间西来之水无所阻滞，而黄浦之流为益盛矣。浦流益盛，则田间沟洫皆可旁达以资灌溉之泽也，伏乞圣裁。（［明］张国维：《吴中水利全书》卷十四《章疏》，清文渊阁四库全书本。）

5. 归子顾与薛贞干支并举浚吴淞江

万历四十年（1612年），归子顾上《请疏治吴淞江疏》，较全面地总结了三江的历史，认为把重点放在吴淞江方面，是相对正确的建议。他提出开吴淞江淤塞之议，并建议循故道以浚河。

考宋时江面原阔九里，可敌千浦，故与钱塘、扬子并称三江。胜国之末，水利旷修，江流淤塞，已失九里千浦之旧。圣朝正统间，巡抚周忱始立表江心，设法开浚，淤塞顿通。嗣是天顺四年，巡抚崔恭；弘治七年，侍郎徐贯；嘉靖元年，尚书李充嗣；隆庆三年，巡抚海瑞；浚者凡五。迄今四十余年，废不讲矣。皇上御极以来，亦尝有建议开浚，然用不得人，求通反塞。迤水旱相仍，如万历三十六七八等年，大浸稽天，三吴之民，胥沦鱼鳖，禾稼不登，非以下流无从泄泻之故欤？从此民困输将，赋额日缩，上供边饷，司农仰屋咨嗟。苟不先去病根，通其利源，徒望生聚殷蓄，贡赋盈额，不可得已。说者谓必宜修浚吴淞江，循故道，仿前迹，探其源而析其委，采于众而断于独，大兴畚锸，壅阏者疏瀹之，霸占者清复之，务使江身阔深，水流驶迅，滔滔入海。他如塘浦支河，交畅四达，股引灌溉，旱暵无虞，即遇霪霖，亦有宣泻，无复滔天潒地之患，田得成熟，何至额征岁亏，动烦庙堂之虑。臣又稽海瑞浚江六十余里，所费官帑不过六七万金。若能设处有方，何爱六七万之费，而不以开江南无穷之利，且朝廷每年经理河道，费颇不赀，盖惧漕船飘损，缺误军食。乃三吴正漕粮所自出，而国与民兼利，其吃紧只在吴淞一江，奈何听其久湮，不为釜计，束手坐困耶？恳祈勅下该部酌议具覆，移咨抚按，查节行事例，设处钱粮，刻日兴工，岂惟利泽地方，实今经国急务，臣伏疏可胜悚切仰望之至。（〔明〕张国维：《吴中水利全书》卷十四《章疏》，清文渊阁四库全书本。）

薛贞对明末的吴淞江治理和吴淞江一带的干旱有清楚的认识，故在明末请浚吴淞江。当时黄浦以东的区域是低地地区，吴淞江周边的高地地区由于吴淞江的淤塞，周边的水道也必然浅淤，稍雨即涝，稍少降雨即可成旱，引起旱涝无常的现象日益加剧，开吴淞江支流，可以使周边地区得到灌溉。此外，他对当时乱境下的治河之款的筹备也提出了建议。他在万历四十二年（1614 年）所上的《请浚吴淞江疏》中有：

沿至今日，黄浦以东，宋桥以西，尚皆通流如故，而此江遂成平陆矣。此江既塞，则田间水道日就浅淤，臣尝亲历其处，过旬日之雨，一望弥漫，无从泻出，苏、松之间，尽变为沼。二麦新禾，俱成腐烂。幸而晴霁数日，则又车戽无资，田畴龟坼，禾苗立见枯槁。今有司奉檄追征，但知痛恨逋负，而不知逋负之敝，实原于此。监司但知东南凋敝，而不知凋敝之繇，亦原于此。此江之开浚，胡可一日不讲哉！……但当今日水旱频仍，上下交诟，既不可加敛于民，而内帑又不可望乞，故百计思维，求所以凑济其用者，惟有节年钱粮，系解粮大户侵欺者，设法行追。又如原派导河夫银，及存留拨剩各项银米，抚、按、司、府、州、县及各衙门赃罚，与夫应解钱粮，堪以挪借，大约通计，足开此江之用，已经委官清查，似有可稽之数。若使有司诸臣，奉公体国，按籍而行，则底绩之期可指日而成也。惟是众志难壹，浮言易起，事每阻于筑舍，而多毁于旁挠。臣窃见近湖咽喉之地，淤淀丰衍，悉成膏腴，多为势豪家所占踞，久假不归，视为故物，一旦欲取而疏之，是必游扬其说，作梗其事，多方设难，以为兴作不便耳。此非杜豪强之口，破流俗之见，恐挠之者不无其人也。臣巡历日久，颇悉此中变态，故询之父老，访之舆论，无不一口称当开者。（［明］张国维：《吴中水利全书》卷十四《章疏》，清文渊阁四库全书本。）

六、史鉴等治吴江和吴江长桥方略

明代吴江长桥一带的水患与淤塞，既属于运河的治理，也与吴淞江的治理相一体。到明末，吴江长桥依然发挥着作用，而吴江一带，除了城区以外，已是圩田之区，河道与圩田的治理，需要官方加以管理。

1. 史鉴之治吴江

史鉴是吴江当地人，在弘治四年（1491年）为巡抚御史献水利之计。吴江之田皆居江湖滨，支流旁出，荡漾众多。吴江之治，这时已不在于吴江长桥附近，而在于整个地区的圩田体系与河港体系。他分析当时的水流动态，包括吴江的各处荡地和小水体。史鉴建议不再是像宋代那样开长桥一样的主体建筑，而在各处支河水流有所堤防，同时多造过水之桥，疏导积淤，清理水生植物引起的河道堵塞。其《水利议》中有：

吴江水多田少，溪渠与江湖相连，水皆周流无不通者，特有大与小、急与缓之异尔，假令南置一闸，而北流者自若；东开一渠，而西溢者如故，固不当与诸县治法同也。窃以为今日措置之方，其要有四：

一曰筑堤。吴江之田皆居江湖滨，支流旁出，皆荡漾不可以名计，苟不致力于堤防以御捍之，则未见其可也。本朝永乐中，治水东南，尚书夏忠靖公创于前，通政使赵君继任于后，无不注意于堤防，皆妙选官属分任诸县，而二公则周爰相度而考课焉。其法常于春初编集民夫，每圩先筑样墩一为式，高、广各若干尺，然后筑堤如之。其取土皆于附近之田，又必督民以杵坚筑，务令牢固。堤既讫工，令民罱泥填灌，取土之田，必使充满。复于堤之内外增广其基，名为抵水。盖堤既高峻，无基以培之，则岁久必颓矣。又课民于抵水之上，许其种蓝而不许种豆，盖种蓝必增土，久而日高；种豆则土随根去，久而日低矣。此虽为繁碎难行，然亦可使民繇之而不知也。厥后二公去任，二三十年间，岂无水患？而不至于大害者，良繇堤防犹存之力也。然人亡法废，堤日就倾，水患复作。正统间，尚书周文襄公讲求二公之法而损益之。繇是，水患渐平，民安其业。近年以来，法度废弛，……坏者十七八，欲求水之无害，难矣！……今为之计，莫若上按三公已行之成规，严为之制，于来春课民兴作，官属躬亲临视，务臻实效，毋令吏胥得售其奸，则堤防有成，民免其害矣。……

二曰审分泄。吴江之地当太湖东南，其在南者分众流以入湖，吴娄港、宋家港、朱家港、蠡思港、直渎港、黄沙港、韭溪是也。其居东者引湖水以入江，花泾港、七里桥、柳胥港、虹桥、长桥、三江桥、三山桥、定海桥、万顷桥、仙槎桥、甘泉桥、白龙桥是也。又自县治至平望四十里间，亦系分泄湖水之所，今为石塘，虽便往来，前辈尝言有害水道，故凿道以通水流。近年倾圮，俗吏鄙夫不知大计，辄堙而筑之。又湖水多浑，易为停积，沿湖之人多种茭芦，岁久成田，咸登粮额，遂致水道日微。又花泾港、长桥正当太湖东流入江要道，至为深阔，而花泾港居民虑为盗贼所侵，苟利于己，辄寅缘巡捕官为之筑堰长桥，又为豪家堙塞，规为田宅，水遂不通，为患极大。今则入湖者泛滥而南流矣，入江者洄流而西浸矣。日滋月长，其害将见，甚于今日。伏惟深为利民至计，不惜小费，不求近效，不惑浮言，一切疏浚，仍为之防，不许踵袭前迹，则水有所归而无泛滥之患矣。（［明］张国维：《吴中水利全书》卷二十二，清文渊阁四库全书本。）

在吴江治水方面，史鉴分析了出太湖诸港的水流动态，指出这些河港的堵塞与乡村人种茭芦留淤占田有关，可见加强乡村河道管理的重要性。

2. 沈启著《吴江水考》

沈启，嘉靖戊戌进士，官至湖广按察司副使。他撰写的《吴江水考》成书于明嘉靖四十三年（1564年），是一部记载太湖水利的重要文献，大旨以吴江为太湖之委，凡苏、松、常、镇、杭、嘉、湖七郡之水，其潴于湖，流于江，故述其源委之要，辑为一编。《吴江水考》全书分五卷：第一卷含水图考、水道考、水源考等三章；第二卷含水官考、水则考、水年考、堤水岸式、水蚀考、水治考、水栅考等七章；第三卷、第四卷、第五卷均为水议考，记载历代太湖治水名人的议论，其文体有奏疏、公移、上书等种。

此书在吴江治理方面，不单有诸多的治水之议，也有吴江水则的考证。吴江水则可以测定全局性的水位，是中国的水位测量技术的代表，最迟在宋代，这种技术已经非常成熟，也完全适应了当时的中央集权需要。在江浙一带，五代时钱镠修的江浙海塘就设有水则，水位上涨时，官方有专人负责报道水位，为官方的水灾防御决策起到参考作用，一如现代的各水位测量设施的作用。江南太湖地区的水尺多种多样，水则都由地方官主持管理。有的水尺设立在河道，有的水尺设立在陂塘，吴江的水则碑设立在平原水网区，更具特殊性[152]。说明当时的官方基本上可以通过水位以控制水灾的状态。

太湖东部的水文状况与其他地区不同，是一个水脉互通的水网区域，故吴江水则碑所显示的水位具有全局性的指导意义，其指示的水灾可能涉及一个范围而非一条河流，这是吴江水则碑与其他地区水则碑的差异。吴江水则碑立于宋宣和二年（1120年），当时吴江长桥已经修建。水则碑分"左水则碑"和"右水则碑"。左水则碑记录历年最高水位；右水则碑则记录一年中各旬、各月的最高水位。右水则碑有碑文为："一则，水在此高低田俱无恙；二则，水在此极低田淹；三则，水在此稍低田淹；四则，水在此下中田淹；五则，水在此上中田淹；六则，水在此稍高田淹；七则，水在此极高田俱淹。"可见此处的水位测量，可以完全了解水灾的状态。后人测算了水则碑的高程以及与吴江地区各水则刻度下所对应的耕地面积（表4-1），增高的水位与所对应的受灾面积是逐步增加的。

表4-1　　　　　　　　　吴江田面高程与水则高关系表[153]

田面高程/米	耕地面积/万亩	加上圩堤后的高程/米	相应水则/则
2.7米以下	2.0	3.2米以下	一
3.0米以下	7.1	3.5米以下	二
3.2米以下	12.6	3.7米以下	三
3.5米以下	47.3	4.0米以下	四
3.8米以下	65.5	4.2米以下	五
3.8米以上	96.8	4.2米以上	六

3. 张国维疏吴江长桥

张国维是水利专家，为《吴中水利全书》编纂者。崇祯九年（1636年），张国维上《覆请开浚吴江县长桥碶疏》对吴江长桥一带的水文、水利状况进行了描述并提出了治理方略。他认为长桥七十二碶，乃众流所注，断不可塞。而当时的情况，则是于太湖的泥沙量增加，此区域淤积加快，泛溢浮泥随流而来，一遇茭草，倚附成淤。太湖东出水势大，去路隘，九岁三淹。由于此处的江南运河已与周边的田地相结合，他提倡在明晰水道的基础上，他将治水道与农民治理围岸相结合以治理河道的疏塞："惟长桥七十二碶，乃众流所注，古称三江，此地断不可塞。分波而南，有九里石塘，其碶不下数百，今淤其半，此二处务宜开浚之。水路一通，永无洪水横流之患矣。此外惟增筑圩岸，务令高厚，使能障水，冲激无虞。至镇湖临荡之田，宜种茭芦，捍卫水势，就田按亩计派，佃户出工，业户出食，每区着塘长同圩甲、业户、佃户于农隙一同兴工。"[154]

兹沿桥而南，仿石塘细细踏勘，盖缘长桥旁隙地浮架水阁，虽无碍于通流，而桥碶阻隘，淤泥闭塞，似应拆卸，以复古额。至九里石塘原当太湖屏障，上筑周行以通运艘，下开小洞以便注泄，今历年多不待填筑而淤塞者，寖成高阜，旁有支流杂港，湖水未尝不通，一当冲突，不无横溢，所当与长桥亟议开浚者也。若民间圩岸，除高乡土沃居民自能修筑外，惟滨湖各区最低，患独甚而民最贫，当于农隙责成塘长、圩甲，计亩兴工，务期筑堤高厚，再植茭芦捍卫，庶洪水不致为患，可以仰答纶音等因，具详到府。今该本府知府陈洪谧参看得

147

吴江长桥，西枕太湖，东接吴淞，下留环洞宣泄湖水，桥旁岂宜架阁壅淤。至
九里石塘亦泄水咽喉，骎成高阜，九岁三淹，势所必至。今该县勘确与长桥一
体开浚，诚因利顺导之至计也。低洼水乡，仍乘农隙，尽力筑堤，植茭捍卫，
庶水旱无虞，并无科扰等因到道。该本道看得太湖翕聚众水，吴江仰承委灌，
分注吴淞、娄江以入海。其长桥七十二锇，与九里石塘一带诸水窦，皆宣泄之
所必繇。今桥锇旁架浮阁，淤遏水势，渐致闭塞，则拆卸不容缓。石塘诸窦年
久亦多壅淤成陆，并宜一体开浚，以免农田之患。惟植茭芦捍卫，因民力筑圩，
所为剂量拨派，有利无扰，是在印官奉行之善耳等因，具详到臣，查阅详内，
尚有佃罟一节，未据呈覆，随经另檄驳查，复据该道呈称，长桥关锁湖流，利
于宣泄，其桥锇两旁，向恐淤塞，告佃有禁，方将详请疏通，岂容豪右占据，
并无取利干没之弊。（［明］张国维：《吴中水利全书》卷十四《章疏》，清文渊
阁四库全书本。）

张国维对长桥地区的水面和桥洞的淤塞情况进行了详细的调查，发现当时
的长桥甚少与四通八达的水道相联系，已经影响到长桥的功能发挥，建议拆毁
长桥上的阻碍物和茭草。

七、陈世宝与林应训开孟渎修练湖之策

孟渎作为江南运河运道中的一支，可以成为捷径入江，自正德年间一浚之
后，淤塞不断地发展，到万历年间，必须浚治。万历四年，陈世宝上《请复练
湖疏浚孟渎疏》，认为开孟渎可以分运道以济运，练湖则是在供水上可以济运，
修练湖的核心是在置闸、筑涵洞，以及塘长和坝夫的配置上。

一请复上下练湖。照得练湖上下，约一万三千余亩，长山之水尽注于中。
东距运河不过一堤，如使已往湖形未湮，旧制犹存，停流蓄水，不使外泄，虽
今年运道旱涸，而引决以济，第见建瓴而下，须臾盈满，岂至使臣等惊惶区处，
备尝艰苦，军民疏导捞浚，重遭劳扰，而后侥幸利涉于万一也哉！今臣督同浙
江都司叶欢，于张官渡车水之暇，沿埂逐崖查得原设之闸半废，函洞之底太低，
中虽有水，走泄甚易，且豪黠强御之徒，占为己田，虽近有公租之入，所值几
何？彼又将利其水之不存，而便于耕种为矣。以故今春引水通运，累及百姓，
遂有一二乡绅贻书于臣，以归咎此湖之久废。里老百余人遮道泣诉，谓复此湖
而后常、镇之民始有息肩之日。吁嗟，此湖之便于漕运若是，人情之愿于请复
若是，乃有司惟以城狐社鼠，占怪掣肘，竟寝而不问。不知朝廷三尺之法，议
单清复之令，将安用之。即岁纳些须公租，亦岂能当我官民一遇河道旱干，辄
劳费如此耶？况有误国计，干系匪轻。臣昨于粮运通行之后，亦行管河参政王
叔果委官踏丈，但非奉明旨，则臣行既远，将又停阁不举。伏乞皇上鉴今年之

事，为未然之防，敕下该部，锐意清复，咨行应天巡抚专责管河参政，督同各该府县掌印管河官，逐一踏丈，要见四围原额若干亩，今存若干亩。某处蓄水更当挑渠以入湖，某处堤坏更当修筑以防溢。旧闸当修者修之，函洞当改者改之，应于某官掌管其事，塘长坝夫各该若干，修浚钱粮应费若干，其地势高阜仍当招种者，即以其租收贮官库，以为本湖修浚之资。严立限期，务在五月以里踏丈明白，造册回缴，仍于每年终巡抚衙门具本，练湖蓄水若干，文册报部查考，仰祈圣裁。

　　一复开孟渎河。照得清复练湖，诚济运要务，而孟渎河不开，亦为缺典。闻此河于嘉靖初年，当漕船旱涩，该漕司呈达该道开挑，而运事始通。今该臣亲至奔牛镇，疏浚闸左之月河，查得孟渎河亦在奔牛之中，因督同苏、松管河参政王叔杲、督粮参政杨世华往彼踏勘，见得河形尚存，闸基犹在。又据土民禀称，本河起于奔牛万缘桥，历黄泥、谢店、罗墅、石桥、万遂等处，约七十里而入大江。入江之后绵黄牛山、圌山门、焦山、金山之侧以达瓜洲闸，虽有百里之远，而急流之险止一二十里耳。但因嘉靖三十一二等年，倭寇突犯常、镇，有司始将此河紧要去处筑坝堵塞，以断其入寇之路，日积月累，遂致此河淤垫几平，而粮运商贾之船，不复经行矣。臣又博访众论，谓此河复开，不惟遇旱可通运船，而秋冬回空，倘正值丹阳一带打坝修河之时，迳绵大江入此，直出常州，无复阻碍，而船到必早，夫回空早则赴兑亦早，开帮亦早，最有益于运政者也。仰祈圣裁。（［明］张国维：《吴中水利全书》卷十四《章疏》，清文渊阁四库全书本。）

　　林应训也对孟渎和练湖的治理提出了一系列的建议。万历五年（1577年），他在《开浚孟渎河工疏》中，提出治理之法，以及商船和漕船分途的建议。

　　历年以来屡浚屡淤，盖开浚工完，则人情俱懈，而不复议及经久之计，今虽挑浚完工，若不立法善后，不一二十年，淤塞之患又至矣。合于万缘桥、黄莲树各建闸一座，每座用银三百九十三两三钱，共该银七百八十六两六钱，筑坝桩木等料银六十六两二钱。孟河城南北西闸改造天关修砌燕尾并打坝等项，……即行建造闸座筑完，每岁冬月量加疏浚，使河泥辄至而不集，河水常裕而不涸，实为运道万全之利也。等因申道该本道亲勘开浚工程，委无虚冒册报到臣，该臣看得孟渎河口径渡江北入白塔河，至湾头以达漕河，为浙直运道捷径，此河诚开不直漕船出江之便已也，仍有三利焉。运船与民船分道而行，一也。商民船瓜洲而下，一潮可达，免风涛盗贼之虞，二也。地方灌溉之利，三也。（［明］张国维：《吴中水利全书》卷十四《章疏》，清文渊阁四库全书本。）

　　练湖长期以来一方面用于济运，一方面用于农田灌溉，主要的体系在于闸坝的控制。林应训也在《清复练湖疏》中提出了自己对闸的处置建议。

　　查得本湖自西晋陈敏遏马林溪，引出长山八十四汊之水，以溉云阳之田，周围筑堤名曰练塘，又曰练湖，约四十里许，计一万三千亩有奇。盖包山溪兼邻邑丹徒县界，繇张堰湖至龙头岗止，而概言之也。环湖之堤仍立函洞一十三处，至宋绍兴时，中作横埂，分为上下湖，立上、中、下三闸，凡八十四汊之水，始经辰溪冲入上湖，复繇三闸转入下湖。本朝洪武间，因运道水涩难行，依下湖东堤开建三闸，借湖之水以济粮运。……盖本湖虽无常源，然夏秋雨潦，止受长山八十四汊之水，每每冲溢伤堤坏闸。堤坏水干，则湖为弃物，于是民佃为田，旧制寖失矣。是堤坏者，民佃之渐，民佃者，湖废之繇也，兼以春初亢旱，水枯益甚，无怪乎运道之不济也。今奉明旨查复旧制，革田归湖，诚切时务。然欲使堤可不坏，河可常恃，则浚湖筑堤为要，而设闸宣节尤急。议得上湖四际夹阜，下湖东北临河一带，原埂完固，无容再增，中有缺口四处，相应填补。惟西南一带殊觉单薄，合行倍加增筑，约令高以一丈，厚以十丈为率，畧与东北相应，湖心受水去处，间有年久淤浅，应加疏浚，即以所浚之土加倍堤埂。临湖上旧闸一座，底高湖心三尺，坚厚如故，无容再修。仍增建中闸一座，底比上闸低二尺，改建下闸一座，底比中闸低二尺，高厚俱仿上闸之制。每遇启闸济运，先上闸，次中闸，次下闸，则水不尽泄，自有余济。复虑秋水冲击，堤不可守，议建减水闸二座，界于中、下二闸之中，闸面比湖心高六尺，阔五尺，水未满闸面则资以蓄，既满闸面则资以泄，庶几宣节得宜，功可永赖。其议革湖田在上湖者，如魏家庄一带，蒋祥等公庄田傍湖堤高冈，与水利绝不相碍，姑免追夺，其余临湖围埂，如华谅、华升等田相应尽行革去。在下湖者，如道人墩一围，查议丹阳县嘉靖三十三年间，因被倭乱筑城凿濠，用过姜得三胁田三十余亩，将本墩量行给补，殊与别佃不同，且墩阜成山，离水十有余丈，似不必概行摊革。墩下低田围埂，少碍水利，并与任清、张芸、荆贵等久近佃种，已未升科之田，最碍水利者，尽行将埂摊平，退还内查升科田粮，相应除豁，共该革田五千六百四十三亩一分，存留不妨水利公庄田一千七百二十亩一分三厘九毫。其沿堤私设函洞，概行禁塞。中有古设函洞一十三处，皆民田赖以灌溉，湖水赖以宣泄，合无照旧存留。每遇秋夏，呈官给示，方准启放，一入冬春，即行闭塞。有私启者，官治以罪，如此则官民两便，非惟运道有赖，抑且农业不妨矣。（［明］张国维：《吴中水利全书》卷十四《章疏》，清文渊阁四库全书本。）

　　他在治理练湖的建议中提出具体的可操作性水文控制指标，水未满闸则资以蓄水，满闸资以泄；同时建议在上湖一带退田还湖以利蓄水和泄水。

八、明代乡村治水之诸方略

在宋代，官方治河需动员民众参与，筹措经费，在开干河时动员乡民将支河开浚，这一切都需要依靠乡村水利。这种治河与治田相结合、官方治河大臣与乡村塘长与河长相配合的治水方略，自宋代以来，一直就持续到了明代。随着水环境的变化，许多治水之臣大力推广乡村水利之制，形成了一系列的乡村治水经验。其中显著者，既有像林应训这样的治水大臣，也有像耿橘这样的一般县级官员[155]。

1. 金藻的循序治圩治河之法

金藻是明初松郡的地方生员，对当地的治水工作组织提出了细节上的治理之法。他在《三江水学》中，言及乡村治田治河的一些关键内容，认为治水应循围岸、沟洫、开江置闸的次序，并对围岸沟洫技术提出具体建议。

所谓循次序者：事有缓急，功有难易，知所先后，水利修矣。昔人以开江、置闸、围岸为东南第一义。又以河道田围二事，可兼修而不可偏废，此皆确论。但惜其失先后之序，故后人祖之者率多以开江为急，而围岸沟洫漫不之省。是以用力多而成功少，积习久而曲论生。愚以为江固当开，闸固当置，围岸沟洫则在开江置闸之先，而围岸又当先于沟洫也。

修围之法：水涨则专增其里，土不狼籍，水涸则兼筑，其外岸方坚固。围大者，其中须画界岸。但今低乡围岸，荡无根基，须得桩笆，方可修筑。若乃震泽诸湖，须用石堤，如高邮三湖可也。高邮三湖，资其行舟以运粮，震泽诸湖，资其灌田以出粮，皆宜专任大臣经理其事，而不惜所费。况江南运河亦资震泽诸湖之利。岂可独留心于彼而不加意于此乎？

开沟无他法，惟在深广而已。开河之法：疾流搔乘，缓流捞剪，污泥盘吊，平陆开挑。开江之法与开河同。但各处包带积荒田土与夫沙涂水荡，却用长夫开以沟洫，画以疆界，垦辟成田，召人耕种，抵足原租，余充闸费。待至开江之时，遇有所损之处，即以此偿之。如此，则上不烦官，下不损民，中不害事，而横议息矣。

老农云：种田先做岸，种地先做沟。此二句切中今时之病。盖高乡不收，无沟故也，低乡不收，无岸故也。至若池塘，又高乡急务。大约有田一顷，开塘十亩，可以蓄水而防旱矣。（［明］姚文灏：《浙西水利书》卷三，民国豫章丛书本。）

此外，金藻在水利治岸的具体区划和派役方面，尤其是对长倚泾、横出泾和不出泾的各种圩田，也提出了一系列的方法和策略。

客曰：随其田旁自修沟岸，不若计其田亩、钧其工程为善。盖田有长倚泾者，有横出泾者，有不出泾者。用子之法，则长倚泾者用工太多，横出泾者用工太少，不出泾者无工可为，岂得为钧乎？

野人曰：旧时鄙见亦如此。然钧则钧矣，终是甲治乙田，丁修丙岸，非惟不肯尽心，抑且无凭赏罚。思之十年，始遇有识，乃上海陆宗恺，却与华亭曹宪副定庵之意正同。盖不出泾之田，涝则不得泄，旱则不得溉，粪则难于入，秽则难于出。凡有此田者多是贫难下户，当优恤者也。若其横出泾者与长倚泾者，旱则易于溉，涝则易于泄，粪则便于入，秽则便于出，有此田者多是殷实有力者也。故定为此法，允惬舆情，使贫乏者既得以安生，而有力者又无计以偷闲；坚固浚涤者既得以蒙赏，而淤浅疏脆者又无计以逃罪。愚所谓一尺一步皆有归着，一赏一罚皆得其当者，诚非臆度之言也。

客曰：低乡无土，如何修岸？

野人曰：此则须用载土捞泥。且如商贾从长沙贩米，经年累月，涉历风涛，只是欲得米，故不辞艰苦。今在平河载土，近处捞泥，得一船即是一船之米，得万船即是万船之米，但寄之于田，岁岁取之无穷也，人患不载不捞耳。（［明］姚文灏：《浙西水利书》卷三，民国豫章丛书本。）

2. 史鉴的车戽救灾方略

史鉴是弘治四年（1491 年）献水利之策的民间乡绅，他不单对吴江之地水文有所研究，同时对水利工作的乡村社会动员和责任分派也曾提出一系列建议。他在《水利议》中对民间圩田的车救之组织提出相关建议，他认为民间的车戽救灾，需要官方督催，应在县级设水利官一名，以事其功。

自近年设立水利官后，一切委之。然地既广远，卒未能周，居东则西不知，在南则北罔恤，欲求其无误，难矣！……伏望着为令典，今后水潦，凡任牧民之任者，悉令分投巡视，督民而力救之，务在水平而后返，不可专委水利一官，以误大计。如此，则水患可御而民有粒食之惠矣！（［明］张国维：《吴中水利全书》卷二十二，清文渊阁四库全书本。）

此外，他对乡村中的塘长与粮长之设，也有建议：

《吴江水利议》：夫事功之成由委任，委任之方贵专一。伏睹永乐年间，凡兴建水利庶事，皆责成粮长而官则自为节度之。盖粮长之任，责在农功赋税而已，用心必专。自迩年以来，添设塘长，又立耆老，复革去塘长而立圩长，又有属官义官之委，粮长、耆老之总，纷纷多制。一国三公，十羊九牧，民无定志，莫知所从。且属官望浅位卑，民不知畏。义官、总督又皆贪猾之人，招权纳贿，靡所不为。是皆无益于民，适足为聚敛之端，张其兼并之势，又况保选耆老、圩长，皆由粮长，则其人可知矣。倚法为奸，病民尤甚，伏望将所设诸色尽行革去，专令粮长、圩长管之。粮长管其都，圩长管其圩，县之佐贰咸令分管地方往来巡视，而正官总揽其纲，考其殿最。如此，则法归于一，而民免浸渔之患矣！（［明］史鉴：《西村集》卷六，清文渊阁四库全书补配清文津阁四库全书本。）

3. 姚文灏著《浙西水利书》

姚文灏，成化二十年进士，任工部主事，治理浙江、江苏、太湖等地水患，著《浙西水利书》。这时期的整体水环境，是夏原吉治水以后的状态，水利体系需要进行系统的整理。弘治九年（1496 年），他在《条上水利款要疏》中提出设导河之夫，发济农之粟，给修闸之钱，开议水利之局，重视农官之选任和宜专农官之任等六事[156]。此外，他在《申饬水利事宜条约》中详述了苏淞水利的各种岸式以及相对的修圩机制，阐述了各类修圩的乡村责任、治农官的责任，列出了高乡与低乡的岸式，详细地列举了各种取土与罱泥填补的规则，为乡村水利提供了详细的指导意见。

一、不论低田高田，俱以十分为率，低田以一分为堤岸，高田以一分为沟池，则余九分，可以永无旱涝。其五等圩岸田低于水者，底阔一丈五尺，田与水平者，底阔一丈四尺。田高于水一尺者，底阔一丈二尺；田高于水二尺者，底阔一丈；田高于水三尺者，底阔九尺，面阔比底各减半，高亦以水为准，外面各离水八尺。

一、各图圩岸俱著排年分管，若本图原有十圩，则每甲一圩，若不及十圩，则将大圩分凑之。若十圩以上，则并小圩兼管之，分管既定，然后立封牌为志。

一、封牌以石为之，长五尺，阔四方各一尺五寸，皆竖于圩南上二尺五寸。四面刻字，前云某字圩，后云某县几都图、几甲，排年某人。左云官民田若干，右云粮若干，下二尺五寸培而筑之。

一、应修圩岸，该管排年量田高下，照依五等岸式，督率圩户各就田所修筑，假如田头阔五丈者，即修岸五丈；阔十丈者，即修岸十丈。或有贫难并逃绝人户，田头及沟头岸则众共修筑。其圩心田户若有径塍者，自修径塍。无径塍者，与众同修。逃户及沟头岸，排年则管修一图圩岸，粮者则管修一区圩岸。各县治农官，则提督一县；各府治农官，则提督一府。若一图圩岸不修，罪坐排年，一区圩岸不修，坐罪粮者。等而上之，一县一府责各有归。或不论田头阔狭，但论有田多寡，照田出人，照人分岸，使一总修筑。亦可以高乡沟渠粮者同里老相勘，本区该开河渠几处，某渠为急，某渠次之，依次并工开浚。工程小者，或今年开几渠，明年开几渠。工程大者，或今年开半段，明年开半段，一二年之后，无不通志渠矣。

一、低乡有等大圩，一遇雨水茫然无收，该管人员务要督率圩户，于其中多作径塍，分为小圩，大约频淹去处，一圩不过三百亩。间淹去处，一圩不过五百亩。如此则人力易齐，水潦易去。

一、取土修圩，所毁田亩众共篙泥填补，若不可补，议将田挪补其毁田之家。有田在本圩多者，亦不必补。一圩田外有等，坦田往往被灾，而不敢作灾，今后俱要筑为圩岸，所补田亩，一体挪补其低圩岸内，再幫子岸一条，高及一半，如阶级之状。

一、圩岸上俱要砌内外车场，高低水洞不得因车水放水辄便掘岸。一边临湖荡，圩岸外须种茭芦，以御风浪，且狭河宣泄去处，却不许一概侵种，以遏水势。

一、高乡田亩去水颇远，无从车灌者，令田户于田内开塘蓄水备旱，或渗漏不蓄水者，于他处挑取黏土，和灰筑底，自然蓄水。

一、近山高田无水车灌者，令得利人户，于山坳田尾，共买地开岸以收蓄泉源及雨水，亦可备旱。

一、开河修圩，其间有工役重大，非粮者所能独管者，须委有才干义官，或本地有行止得业之人，相兼管督。（［明］张国维：《吴中水利全书》卷十五，清文渊阁四库全书本。）

4. 张衍的苏淞水利之议

张衍关于苏淞的水利之议，不单有详细的岸式规则，同时指出了各地的水环境不同而相应的乡村水利的动员和工作也应不同。他列举了不同的河道水环境下的挑土和修圩模式不同，也列举了冈身感潮区和西部湖泖低地的不同。此外，他还列举了关于水洞、圩岸种树之类的规条：

一、吴淞黄浦之入者，皆大江之尾，其水和淡，咸潮小入，无害田稼，故河在东北者，宜浚。若边南海则外滩低，而咸潮易入内，地高而淡水不去，故在南者不宜浚也。

一、秀州塘抵松江城，西受湖泖之水，今已淤浅，其岸为官塘，凡旱岁，舟必涉浅，不若自今冬取其塘中之土而为堤岸，一年一浚，诚为至要。今乃仍取土于岸，泥益深，岸益孤，而塘之浅自如也。然疏凿其塘，宜多列水洞，以通西来之水，如旱潦皆可闭之。盖自枫泾至松江府，不过泖桥、滕港、斜塘、石湖塘跨塘通流，若不置水洞，则水之来处甚大，去处甚少，不能去之速也。

一、凡小河曲港，每年九月半为始，皆令有田之家自行开浚，如有豪户阻占者，令其一年一开。其官河中川如畎浍者，令附近人户二年一开，其大川责令有司申请邻县协开，五年为率，所开之泥停积两岸者，不许大户取筑房基，止许小民挑修阡陌。

一、水利之职督于粮老，粮老督于圩甲，其农隙每区每圩修之务必坚厚，则自久远。其土取之荒荡，不必取之田中，其夫用之本圩，不必取之他所。自九月半起工，至正月初毕工，庶几不废农事。其修圩之际，凡官塘处所，尽为修筑，腹内地方全不经心，不知官塘水易车戽，腹内田仍潏没，此粮里、圩甲之罪也。为今之制，必曰今日之不修，他日之潏没，其税粮差役，何从而办？如是人孰不惧而为之也，其有不修者，毋问官势土豪，呈之于官，治之以罪。

一、菱芦宜于湖荡之滨，每年种之，可以当白浪之冲岸，又使小民之得鱼。今凡小河曲港多被大户占种觅利，一遇水旱，则阻河道。大户田在河口者，车戽得所，则民田在中心者，勺水无求，此菱芦之利与害也，不可不分别行禁。

一、松江东乡地高，每年虑旱，春雨方行，作坝储水，一遇天旱，田地俱荒。莫若着令有田之家，十亩开池一亩，百亩开池十亩，既能救旱，亦可蓄鱼。

一、松江东乡惧旱，宜闸水以种田，西乡惧潦，宜作堰以截水。然堰之外固沮外潦，不能入堰之内，其水何从而出？盖截水必在于水未长大之先，当下桩作堰，止留一河通舟，既可御水，又能御盗，泥土易取，桩木易办，若临时则费力多，而成功少矣。

一、湖泖之傍多有水潏田土，旱则止见旧岸，水则全为巨浸，人户逃绝，每岁里甲赔粮，此当奏闻请蠲其税。其势豪傍湖积荙成田者，当痛禁止，盖成田者多，则蓄水者少，潢潦之际，何以容受？

一、出水之口名曰水洞，开闸多置木栅，上则通行，下则滞水，合于府、县将官钱预收砖石，积于附近，专人督管，观其水通之处，尽为水洞，或砖或石，围砌为之，不宜深厚。旱则流通，水则泄闭，不可以木为之，不久则朽，又不能无盗之者。

一、塘岸种树，上可以垂行人之荫，下可以坚塘岸之脚，必于农隙之时，命水利耆老，取水杨之枝，用附近之夫，每一丈而种一枝。盖水杨多须，盘根则能护岸，其余不可用也。附近田家铺舍，朝暮视之，如有损盗者，治之以罪。（［明］张国维：《吴中水利全书》卷二十二，清文渊阁四库全书本。）

5. 周凤鸣禁留淤占地之疏

嘉靖年间，吴江长桥区在大量淤积基础上形成了田地和市镇，乡村留淤亦很严重。且此时期农民利用水生植物以留淤占地，以及豪民留淤占地等行为仍然常见。从生态上讲，留淤其实也是令水体自净的一种方法，因为大量的泥沙沉淀下来，下游水流的水质就较为清洁；但对乡村体制而言，这种占淤之法无疑是对水利规则的挑战，故官方需要控制农民的占淤与占种。

嘉靖十一年（1532年），大理寺左寺丞臣周凤鸣上《条上水利事宜疏》，对吴淞江治理和吴江长桥的疏通，提出一系列建议。他特别提到乡村需要均夫役，也提到要禁止豪民以种菱芦的办法留淤占地的行为。

臣惟濒江濒湖去处，风浪险恶，因种护堤茭芦，以防坍塌，本为障水，迩来豪右假以护堤为名，不分河港宽狭，辄种茭蒲、芦苇，占为茭荡莲荡，或勾接商人堆贮竹木簰筏，或希图渔利，张打拦扛纲籪，停积泥沙，阻坏水利，甚者霸占滩涂，筑成塍围，因而垦为良田。止将什之一二，报官起科，每亩亦止三升五升，徵之官者不多，而水道日隘，为下流数十州县之害。其大甚者则将傍田河港私筑堰坝，阻截行舟，只知利己，致邻圩之田蓄泄无所，其害尤深。若不严加禁治改正，恐害不除，则利不兴矣。臣生长东南，目睹积习之弊久矣，此大臣不可不设也。伏祈圣明鉴允，敕下该部议覆施行。（〔明〕张国维：《吴中水利全书》卷十四《章疏》，清文渊阁四库全书本。）

6. 林应训的圩田修筑与管理之法

林应训曾任明末的巡按御史，对江南的河道水系有非常深刻的理解，在乡村水利社会组织方面也有特别的建树，他颁行著名的"治田六事"，亦为后世治水者奉为要典。

林应训非常理解治岸的重要性："各乡沟洫圩岸，虽有长短广狭不齐，然不过为一圩之田而设也。故田少则圩必小，田多则圩必大，而环圩之沟洫因之。"他制定了一系列的圩岸法则，将一些大圩变成小圩，强调要重视乡村的小圩建设和圩岸修筑，使低乡的水道在筑岸的基础上进一步细化，河网枝节才可畅通："又有一等低洼田亩，嵌坐中心，无从蓄。有愿开凿通河、运泥增高者，听废田之价，众户均认识"。开凿通河延展了基层水道，将水网的末端细化。

林应训设计自然圩的大小为五百亩，一圩定一图。

如田过五百亩以上者，便要从中增筑一界岸，一千亩以上者，便要从中增筑两界岸。每界岸底阔四尺，面阔二尺，高与外圩平。岸之两傍，仍可栽种豆、麦。如极低乡，或近河荡深处，难于取土者，就便分别令民于圩内傍圩之田，起土增筑。岸外再筑圩岸一层，高止一半，如阶级之状。岸上遍插水杨，圩外杂植茭芦，以防风浪冲激。取土之田，计其所损，量派各田出银津贴，俟后陆续罱取河泥填平，……照此式样，给示遍谕。委官分投区画，每一圩为一图，明白贴说前件，每一图作二本，一送县备照，一付圩甲谕众。（〔明〕林应训：《修筑河圩以备旱涝，以重农务事文移》，载《农政全书》卷十四，上海古籍出版社1979年版，第345-349页。）

林应训的取土方案是先在圩田内取土，然后在岸上植树固土，巩固后再从河道里罱泥补齐原有的取土处，"如极低之乡或近湖荡处难于取土的地方，分别让民众于岸内傍圩之田就近起土增筑，岸外再筑子岸，一节高止圩岸一半，如阶级之状。圩岸上遍插水杨，圩外种植茭芦以防风浪冲击。对取土之田，计算其所损失土方，从其他田中摊派银两补贴。之后还陆续罱取河泥填平，这些田照旧可以耕种"。林应训还指出分圩后圩岸两旁土壤的旱化与耕作制的改变，"如田过五百亩以上者，便要从中增筑一界岸；一千亩以上者，便要从中增筑二界岸，每界岸底阔四尺，面阔二尺，高与外圩平，岸之两旁仍可栽种豆麦"[157]。

林应训促进了共同体的恢复，推动了小圩圩甲的设立。针对圩岸管理，他按自然圩内的田亩归属解决夫役："各乡沟洫圩岸，虽有长短广狭不齐，然不过为一圩之田而设也。故田少则圩必小，田多则圩必大，而环圩之沟洫因之。此水利此圩之田，则当役此圩有田之户矣。""随田起役，各自施工"，照顾了各自的地区利益。他根据圩内田亩定工量："横阔十丈者，筑岸十丈。开河亦然，对河两家，各开其半。沟头岸侧面，非一家所能办者，计亩出夫，众共协力，挨序编号，置簿稽查，仍备载前图之后。兴工之日，塘长亦不必沿门催夫，徒取需求科派之议。先期五日，插标分段，责令圩甲播告各户，某日兴工，听其至期各行照段用力，如式挑筑。"他甚至将乡村地方的修圩之规固定化，实行层层责任制："今后兴工之日，各塘长、圩甲务要在圩时时催督。开浚功完，未可便行开坝放水，俱听各府州县掌印官并水利官，分投亲勘。如一圩不完，责在圩甲，一区不完，责在塘长。轻则惩戒，重则罚治。本院与该道，又不时间出以察之。如一县中有十处不完，责在州县官，一府有二十处不完，则官又有不得不任其咎矣。"[158]

7. 耿橘著《常熟县水利全书》

明万历三十二年（1604年），耿橘任常熟知县。耿橘治水成绩卓著，曾先后疏浚横浦、横沥河、李墓塘、盐铁塘、福山塘、奚浦、三丈浦等。他重视农田水利，主张"高区浚河，低区筑岸"，并著《常熟县水利全书》详载。此书被徐光启称赞为"水利荒政，俱为卓绝"[159]。此书所总结的"开河法""筑岸法"等被明清农学著作和地方志广泛引用。

耿橘曾对圩区水利作详细的调查研究，对圩区的治理提出了自己的见解。其中之一是他提出了关于联圩并圩的提议（图4-2）。北宋以后，太湖下游圩区多演变为数百亩的小圩。但耿橘认为，圩区过小，劳力有限，难以抵御大旱大涝。因此他提倡数十小圩联并成一大圩，圩堤可较高厚，圩内纵横开渠，便于灌排和行船，圩内河口建闸，沟通内外水道；圩中心最低洼处开辟作容蓄区，更便于灌溉和排水，从而形成一个引蓄灌排的灵活的水利系统。直至20世纪集体化时期，江南乡村地区仍在推行这种并圩法（图4-3）。图4-2和图4-3分别为耿橘任职一带的大圩图和20世纪50年代的联圩图。

耿橘开展了县级圩田规划与乡村水利治理模式的探索和实施。耿橘任常熟知县后积极实行了全常熟县的水利规划，创造了各样圩田的岸式，并以一套统一的制度，动员了乡村水利工作，创建了水利治理模式。长期以来，作为基层的乡村统治网络的里甲制，常常处于崩溃状态，明代中后期基本上不起作用。

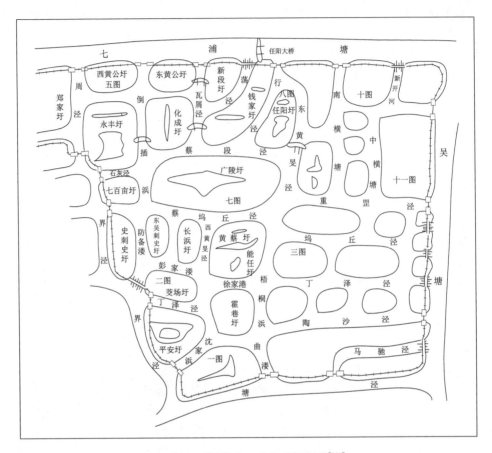

图 4-2 耿橘任职一带的联圩规划[160]

耿橘临任时，粮长、塘长制度以及区、都、图等单位已经不起作用。图太多则不利于县府整体统辖，因此他选择了区建制，以区辖图。区一级传统的粮长（即"公正"）被重新利用起来。耿橘用"公正"这一地方事务的群体来动员水利事务。作为一般差役人员，公正在水利工程中有时充当"千长"。"千长"的"千"与河道长度有关，江南俗称管一百丈河道的工头为"百长"，管一千丈河道的工头即"千长"。"千百长非身家才干兼全者不能服众，三十三年照将尖册，点用十得八九，乃法立弊生。三十四年区书将大户田花分，显小户于册首，点者半系小户，除将该书枷号外，其千长多用该区公正。不足则令公正举报。"[161]可见，区内水利督催人有固定化趋势，除"公正"外，其他涉及公务的人员，也都参与到水利事务中。以区为基本单位是明代长期以来的传统，林应训等人也都推广过类似的岸式标准。耿橘也试图用图册法使水利社区固定。"各区应浚泾河，必要开报身长若干，面阔若干，应开深若干，两旁得利田若干"。他也曾

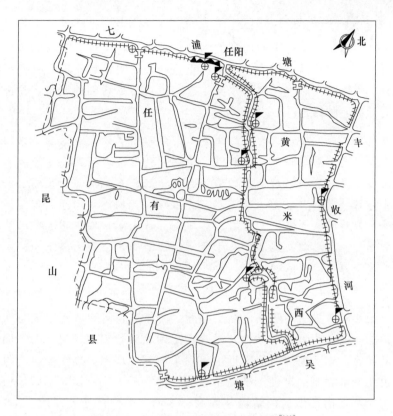

图 4 - 3 20 世纪 50 年代的圩田形势[161]

试图这样建立永久的水利体制[162]。

在"区"的基础上，耿橘按照"照田起夫"原则建立起派役制度。"照田起夫"的政策体现耿橘对河网区水利利益的理解，他认为干支体系下的所有田地基本上应该均一化派役。当时常熟水利都是当地派工，依照近水、远水、不得水和田地在 10 亩以下者分作四等并相应派工。但士绅田地较多，常在水利派役中作弊，于是"上户挪而为中户，中户挪而为下户，下户近利挪而为远利，远利挪而为不得利"，以致下层百姓出工多，受益少。耿橘认为，常熟地方农田无不得利于水利，不必分等，全部照田起夫，从而避免了流弊，同时使乡绅的优免权丧失。

照田起夫，亦难言矣。说者谓有近水利者，远水利者，不得水利者及田止二十亩以下者，分为四等。除十亩以下者免役外，余以三等为伸缩。盖往年之役如此。今窃以为不然，全邑之田，本有不借水而成者，但河有枝干之殊，水有大小之异耳。彼干河引江湖之水，而枝河非引干河之水者乎。田近干河者称利矣，田近枝河者非干河之利乎。（［明］耿橘：《照田起夫量工给食，水利不论优免》，载《常熟县水利全书》卷一，抄本。）

除了圩田体制和乡村水利治理的制度建设外，耿橘对于常熟地区的水网整治也深有见解。常熟是历代太湖治水的重点区域，明代常熟各河有感江潮和感海潮之分。耿橘对当时本地区的水文生态特点进行了详细的调查，并进行了十分准确的分析。耿橘言：

本县地势东北滨海，正北、西北滨江，白茆潮水极盛者达于小东门，此海水也。白茆以南，若铦脚港、陆和港、黄浜、湖漕、石撞浜，皆为海水。自白茆抵江阴县金泾、高浦、唐浦、四马泾、吴六泾、东瓦浦、西瓦浦、浒浦、千步泾、中沙泾、海洋塘、野儿漕、耿泾、崔浦、芦浦、福山港、万家港、西洋港、陈浦、钱巷港、奚浦、三丈浦、黄泗浦、新庄港、乌沙港、界泾等港数十处，皆江水也。江水潮最盛者，及于城下，县治正西、西南、正南、东南三面而下东北，而注之海，注之江者，皆湖水也。此常熟水利之大经也。（〔明〕耿橘：《水利用湖不用江为第一良法》，载《常熟县水利全书》卷一，抄本。）

明万历年间，福山港所感之潮是江潮，白茆以东诸浦所感之潮是海潮。感海潮之河的盐碱化程度比较严重，感江潮之河盐碱化程度较轻。而在明代，因清流不敌江流，感江潮的河流附近也出现了盐碱化现象。感江潮河流附近的农民也知道用湖水灌溉的道理。耿橘还总结两种灌溉水流分别对不同区域的土壤生态产生影响，南部地区的清流使灌溉、浚河、稻作都处于良性互动状态下；北部的江水灌溉区却会使河道与农田生态处于恶性循环的状态："江水宁，惟利小抑且害大，彼其浮沙，日至则河易淤，来去冲刷，而岸易倒，往往浚未几而塞随之矣，厥害一；江水灌田，沙积田内，田日簿，一遇大雨，浮沙渗入禾心，禾日焦枯，厥害二；河水澄清，底泥淤腐，农夫蒝取壅田，年复一年，田渐美而河渐深，江水浮沙，日积于河而不可取以为用，徒淤河耳，厥害三。"[163]　如果能蓄留上游清水，水利工程仍然应该像五代的体系那样，通过低地筑岸、高地浚河和高低分界处的置闸达到一定的整体平衡，只是明代没有五代时期的规模，只能在小区域内的高、低地进行联合。

湖水清，灌田田肥，其来也，无一息之停；江水浑，灌田田瘦，其来有时，其去有候。来之时虽高于湖水而去之时则泯然矣。乃正北、西北一带小民第知有江海而不知有湖，不思浚深各河取湖水无穷之利。第计略通江口，待命于潮水之来，当潮水之来也，各为小坝以流之。朔望汛大水盛则争取焉，逾期汛小水微则坐而待之。曾不思县南一带享湖水之利者，无日无夜无时而不可灌其田也。（〔明〕耿橘：《水利用湖不用江为第一良法》，载《常熟县水利全书》卷一，抄本。）

　　耿橘以干支关系整治乡村水网。他以人体结构为比喻，分析常熟潭塘八区的水脉，明确了上游蓄水湖泊不通，从而导致这一区的整体出了问题。同时，他将水网和圩田的结构与树的结构进行了对比，将乡村社会的治河方式与此干支体系相联系。

　　在充分理解常熟水脉的基础上，耿橘试图重建自然圩，"围外依形连搭筑岸，围内一体开河"。并根据水网末端的河形和地势设计圩岸，"各圩疆界，多系犬牙交错，势难逐圩分筑，况又不必于分筑者，惟看地形，四边有河，即随河做岸，连搭成围。大者合数十圩，数千百亩，共筑一围。小者即一圩数十亩，自筑一围亦可。但外筑围岸，内筑戗岸，务合规式，不得卤莽"。同时，通过开渠使水网细化，"大小围内，除原有河渠水势通利，及虽无河渠而田形平稳者照旧外，不然者必须相度地势，割田若干亩而开河渠"。潭塘、任阳、唐市、五瞿、湖南、毕泽六个极低之乡，"田浮于水面，四边纯是塘泾。又圩段延袤，大者千顷，小者五六十顷，中间包络水荡数十百处，河渠既多，而浜溇又深，无撮土可取也"。此外，耿橘制定取土法则："本县再四思维，此等处须查本地有老板荒田，其粮已入缓征项下，年久无人告垦者，查明丘段丈尺，出示听民采土筑岸。"[164] 耿橘代表的官方在乡村水利上给予了如此的细节指导与政策支持，说明水网区的官方集中整治也可以到达水网的细枝末节。

　　8. 林文沛分治灌溉与排水之河

　　嘉靖元年（1522年），林文沛在《水利兴革事宜款示》中表明他对流域水文动态的理解和乡村水利社会的治理建议。早期，灌溉之河与排泄之河实际上是不分的，他特别强调了灌溉之河与排泄之河的区分，也指出了灌溉之河多用以备旱："河道除白茆、吴淞江，其余有专主宣泄者，有专主灌溉者。宣泄之河正吞湖流，或东或北，自趋入海，其势为纵为经，其开挑宜深宜阔。太仓之七浦塘、湖川塘、杨林塘，常熟之梅李塘、福山港、黄泗浦、奚浦、耿泾，江阴之角上河、谷渎港、蔡港、夏港、芦埠港，武进之旧孟子河、德胜南新河、澡港、顺塘河、新沟，丹阳之九曲河是也。灌溉之河则入海河之枝流，其势为横为纬，其开挑仅使水能浃洽，可备旱干即止。"[165]

　　此外，他对太湖东部各个区域的地方水利开展过详细的研究：

　　一、太湖为患，病在下流不通，疏常熟之白茆港、梅李塘、福山港、耿泾、奚浦、黄泗浦，太仓之七浦、湖川塘、杨林塘，所以导之也。其为太湖患者，则练湖与西漏沙子湖，而二湖亦有枝流泾趋入海者，如丹阳之九曲河，武进之旧孟子河、德胜南新河、澡港、新沟，江阴之夏港，今皆岁久淤塞，遂贻深患。为今之计，疏太湖下流，莫急于开常熟之梅李塘、福山港、奚浦、耿泾、黄泗浦，太仓之湖川塘、杨林塘诸河，减太湖上流，莫急于开丹阳之九曲河，武进之德胜南新河、旧孟子河、澡港、新沟，江阴之夏港诸河，仰府州县治农官各要查照，及时计处，兴工开浚。

一、各处河道宣泄入海者，俱应置闸，白茆病在河阔泥泛，无可施工。其余入江河形，阔不过七八丈上下，因而建造一闸或二闸，潮至则闭，潮退则启，使浑水不得入，而清水蓄积，得以洗其闸外之淤。其主灌溉之河，地形多是中高两下，非天雨水无缘积，仍须两头或置闸，或设窦，斯可为利。各计所费银，多不过百两，治农官须要亲诣相度，逐一估计，照详本部。查于导河夫银内动支，办料委廉干官督理创造，有得利居民，情愿出力自造者听。

一、苏州府长洲、昆山、常熟县，常州府无锡、武进县，各有地形低洼滨连湖荡之处，频年淹没。今各处水道疏通，低洼淹没者俱易退泄，各治农官务要常川遍历，但有围岸坍尽，不能修理者，丈量数目，逐一申报，候农毕之时，拘集得利之家修筑，仍查在库导河夫银，或无碍官钱，量支贴助。

一、各处圩岸塌坍者，圩甲开报得利之家，照田出夫，协同修理，泥土就于傍圩田内起取。本乡都内，有义民为众信服者，治农官举报委之管理，或四五圩，或六七圩，有功者通行奖劳，怠废者治之。工完府县治农官取其修筑数目，造册以凭查考。其圩内石埠无存者，圩甲置补。圩大者分之，或作积水娄，横亘于中，阔约一丈，两头加阔，用石砌作车口，遇潦车救。

一、白茆既通，沙泥随潮，最易淤塞。查得旧有铁扫帚置之船尾，装载如橹之状，待潮落时铁帚一齐摇动，刮扬沙泥，随潮入海。今之治黄河者，又有爪江龙法，仰府县治农官，各查制度创造，督浚浅人夫，常川演习，务经久可行，以善其后。……（［明］张国维：《吴中水利全书》卷十五，清文渊阁四库全书本。）

除了灌溉之河和排水之河的分别以外，他还更重视支河与塘浦的治理，同时重视乡村圩岸的修理和经费的筹措问题。

第五节　清代及民国时期治水方略

清代太湖流域的开发已趋成熟，随着农业开发力度加大，人地矛盾日渐突出，水利与农业生产之间的关系日益密切。但濒临江湖一带自明代以来久被居民侵占，水面减少与水网淤塞的形势日趋严峻，水旱灾害频发，治水的重心渐向防治灾害方面以及圩田的个体防灾方面倾斜。这一时期的治水仍旧延续前代致力于吴淞江的疏导、吴江诸水道的疏浚和湖田的整治。同时，也对县域及乡村治水提出策略，如孙峻在青浦筑圩之策较为成功。到民国时期，随着上海的开放，吴淞江口和黄浦江的治理也进入现代化治理时期。

水利管理体制方面，清前期的官方治水基本承袭明代的治水体制与理念，在督抚一级官员所代表的国家权力主持下，建立由府县到乡村自上而下的治水体系，合理配置中央政府、地方政府与乡村社会的有效资源，协调流域内各区力量，将流域内的各区整合为利害共同体，以组织民力、财力进行治水，一定程度上体现了水利集权的官方意志。此外，清代也是海塘大兴的时期，中央政府直接管理海塘的经营和相关的经费，对海塘的经营直接下达指示。

一、慕天颜等干支并重治吴淞江之策

清前期，人们基本认可黄浦江已成为太湖泄水的主干道，但仍固守"三江既入，震泽底定"的治水模式，因此亦十分重视吴淞江在排水方面的地位和作用。慕天颜、钱中谐等均对吴淞江提出治理策略。

1. 慕天颜浚治吴淞江

慕天颜（1624—1696 年）康熙年间历任江苏布政使、江宁巡抚。慕天颜在其《疏河救荒议》中指出当时吴淞江和黄浦江及太湖以东诸河已经不相连通，同时，亦指出了各水路疏浚工作对各地区的轻重与缓急："吴淞入海之处，沙壅茭丛，昔夏忠靖公引黄浦以西之水北入刘河，是今日刘河之一线为淞娄二江之尾闾，今苏松诸郡之民命攸关者矣。浚之乌可一日缓哉？但在苏则望刘河之深广，而昆太嘉为尤切，在松则必图吴淞之成渠，而上青诸邑为尤。"因为当时的开河之兴实为荒政，吴淞江与浏河之支流已经相互不通，而开浏河见效快，因此，他提议先开浏河，后开吴淞。

两工决难并举，刘河处其易，吴淞处其难，莫若缓吴淞而先事刘河之为便。本司细询绅民父老，刘河之功固自不小，而吴淞亦有不得不次第并浚者，当日导淞水并入刘河者，有昆山之夏驾、嘉定之顾浦以及盐铁、新洋诸港，浦淞本与娄相通，今则诸港浦尽塞，淞自为淞，娄自为娄，则刘河虽开，止泄震泽半面之流，而汇纳于泖淀以奔涌淞江者，仍未得宣通也。若再开蒲汇新泾，重浚虬江、顾浦，费力于支河小港，何如并力于吴淞乎？（［清］慕天颜：《疏河救荒议》，载《清经世文编》卷一一三《工政十九》，清光绪十二年思补楼重校本。）

慕天颜在《请浚白茆港孟河疏》中，指出了流域西北冈身出江诸浦的堵塞问题："东南之水不能骤消，西北诸流奔江无路，田禾淹没甚多，宜兴首当高溧诸山下流，亦赖震泽转泄。虽东南一面稍沾刘淞引导之益，然较长、昆等处更远，西北全无出水之路，故受灾倍于他邑。若夫常熟、武进、江阴、金坛等县既有刘淞绝隔，惟借大江汇归，其如本地出水要口在在堙塞，遂致积雨成螯"。当时实行从权之法："将江、常二邑沿江一带通潮小港、马路筑埭之处暂行疏导，出口随于洪水泛滥无归等事案内题报在案。"与此同时，他仍然要求浚白茆港、孟渎河、福山港、三丈浦、黄田港、申港、包港、安港、西港、七鸦等处[166]。

此外，慕天颜要求修闸坝以安流，"顾此河流吞潮吐沙，全赖石闸以为消息盈虚"。他也提出修闸的时机："白茆浚工既竣之后，正值农忙，旋届秋收，冰冻其闸，工因旧增修，应待春和之日，仍当责令粮道一手告成，以期坚久。惟是支塘以西，至新市十二里内，原旧河身比新开河稍觉狭浅，目前虽已通流，然必捞浚深广，方为永远。此酌用民力开挑，所当仍议邻邑稍为协济，于农隙时，亟为分段疏刷者也。"[167]

慕天颜继承了传统中国治水中"疏"的理念，认为水泄则害去，治水技术与方略并无太大创新，不外乎淤涨一地即疏浚一地，淤涨一河即疏浚一河，缺乏全局性的治水规划，亦缺乏对太湖流域治水的深度考察。然较前人的疏浚理念，其亦有进步之处，主张干、支并重，先易后难，力行要求各地方政府协同治理。他重视对浏河、白茆、吴淞江的治理，但又根据实际情形又有轻重缓急之分，对白茆的关注力度最大则察觉到了自明代以来东北出水港浦的实际状况，开始重视在干河下游修建坝闸以御泥沙。但其寄希望于治水、治灾达到"毕其功于一役"的效果，则因资金难以为继以及治水体制僵化而显得困难重重。同时，关于坝、闸的置废争议不绝于耳。

2. 钱中谐浚治吴淞江

钱中谐为顺治十五年（1658年）进士，其治水方略与慕天颜有共通之处，主张疏浚干河大河且浚广浚深。钱中谐的《论吴淞江》中有：

严衍曰：此江开于五六十年之前则难，开于今日则易，盖往者波涛湍悍，势如奔马，驾舟而渡者时常覆溺，斯时欲筑坝庳水，费不下数千金，而开浚非二十余万未易毕工也。今则汹涌俱成平地，中间仅存一线，如欲开浚则筑坝庳水之费可省大半，较之洪流颓洞，全赖桔槔之力，非用数万人，一月之功不能使通江之水尽去而施畚锸者也。倘此月之中，陡仁霢霂则旋庳旋满，又不知其费力多少，而水乃可尽，是浚凿之力未施，而民力先疲，财用先竭矣，故曰此江议开于五六十年之前则难。然在今日，江身等于平地，而欲开平地为深江，则其功力奚啻十倍于前，而云今日反易，何也？盖尝叩诸耆老，言兹江湮塞以后，太湖之水壅绝不下，濒河诸邑固并受害，而江边之田亦乏灌溉。既欲开江，则可西泻湖水，东苏民困，不必复旧时之大观，或十丈，或七八丈，苟能永久通水自足，以泄湖水而注之海，灌枯田而滋其膏矣。抑更有说浊潮不上，清水日下，则江底日深，江岸日蚀，安知今日之所谓十丈、七八丈者，不渐为异日之二十丈、三十丈乎？此小借民力，全用水力，日夕而成川也。（[清]钱中谐：《论吴淞江》，载《清经世文编》卷一一三《工政十九》，清光绪十二年思补楼重校本。)

当时由于出水主干道的淤塞，溇港与泾浜一类支河的淤塞形势也十分严峻，泄水通道不畅，水灾频发。钱中谐特别强调干支并举，要建立纲目分明的干支一体水系："何则夏公专治刘河，海公专治吴淞，皆救一时之急而非百世之利也，故其功往往数十年而泯，今以吴淞为之纲，而以刘河、白茆为之辅，则浙西有三大川，可无虑水之溢，以七鸦、许浦、阳林诸泾浦为之纬，则三大川又有分流以广其趋下之路，亦可无虑三大川之壅。"[168] 同时他主张开浚浏河和白茆："故开吴淞及宋渡者，宜行衍之法，即开刘河、白茆者亦宜仿衍之说，不必循旧时水面故迹，但使之深浚常通，则利在斯民矣。"[169] 此外，单纯强调下游的水道疏浚已不能解决问题，控制上游来水水量成为钱中谐主张的治水举措之一。

他在了解水行脉络与水流动态的基础上，提出了冈身地带的治水之策。在他的《论水势冈身》一文中有他引宋时黄震之言，认为向西北冈身排水的三十六浦，使"沿河积水高出丈外，而腹内之田，旱则无路引水，以为溉灌之资，潦则无门出水，以为泄放之计"。在这种环境下，他提倡在冈身开河并且作坝，"须两头作坝，以节清水，以拒浑潮"[169]。

二、张宸和沈起元的置闸方略

1. 张宸置吴淞江三闸方略

因自明代起，太湖东北泄水主通道已由白茆承担，张宸认为吴淞江的淤塞危机甚于水溢之灾，疏浚只能利在当代，无法延续，而置闸对其治淤更有效果："惟是前代诸公，但能言其当浚而不能求其不塞，夫浚之所以为利也。旋浚而旋塞，则利不永矣，以巨万计之工费，百余年不再举之，大役乃使，旋疏旋塞，为利不永。"因此，他主张在疏浚吴淞江之外，应坚持建闸，他在《浚吴淞江建闸议》总结了设闸的六利。

今观震泽形势，状如仰盂，外高而内卑，但求内水之出，不求外水之入。此闸置而受浦之利，不受浦之害，虽百千年常通无害可矣。况江势宽阔，风帆迅利，自湖入海之路有闸以拦之，而意外之虞可免，一也。沿海盐徒出没于浦，有闸以拦之，而私贩不便，二也。商艘停泊无波涛震荡之患，无椎埋飘忽之虞，三也。江自江，浦自浦，使浦之势不分，而浦常通，四也。西水盛则冒闸以入于浦，西水衰则停蓄以潜于江，兼使泖淀诸水日夜东行，即河之浅者可深，五也。五利既得，又当于吴淞江侧浚芦浦一线，引江流以入上海城濠，凡濠之与浦通，如郎家桥、陆家石桥、薛家滨、桂香桥等处，皆塞之。盖濠受浑潮，岁浚岁淤，今已平陆，几于有城无池，海民无百年储蓄之家，城中无水泉灌濯之利，潮去潮来，形势使然，今使万山清流迤逦而来，以蓄此濠，自此有城有池，商船聚集濠下，民物阜而土风秀，金汤固而保障完，必自此始矣，六也。（［清］张宸：《浚吴淞江建闸议》，载《清经世文编》卷一一三《工政十九》，清光绪十二年思补楼重校本。）

张宸也对设闸的地点提出了主张，认为"宜于江口宋家桥为始，迤西至沪渎以东置闸三座"同时要"设夫以守之"，并根据三闸位置的不同而实行不同的管理方式："外一闸少启而多闭，内二闸以时启闭。"[170] 与前人设一闸的方法不同，他认为入海口清水不敌浊水的局面仅是一闸所设之故，主张多设闸："内闸以通舟楫，故启闭不妨于频，外闸以遏潮水，非潮涸江涨，不轻启也。其必三闸者，何也？江蓄数百里之力以趋海，势易冲突，恐一闸不任，故至于二，至于三。且轮番启闭，不直泻也，故古人于江滨濒海通潮处，所悉设官置闸，潮至则闭，闸外设撩浅之夫，时常爬梳积滞，置铁扫帚等船，随潮上下以荡涤浮淤，所以常无水患也。"[171] 但他这种策略过于理想，多闸管理十分不便，在传统社会的水利管理体制下难以为继。

2. 沈起元的酌情置闸方略

沈起元（1685—1763 年）认为应当根据实际情形来设闸建坝："天下建闸之处，大抵因上流高峻水迅易竭，故建闸以时蓄水，未有于平水而用闸者。吴地水平，故号平江路，自常而东则又平矣，自苏而东则又平矣，何事于闸，当事者但知闸之功妙于蓄泄，而不计平水之无所为蓄泄也。何也？地形本平，非有建瓴之势，当雨旸时，若则江水之出不忧竭，海潮之入不虑溢。"[171] 浏河所处地势并不符合设闸这一要求，从而导致泥沙淤积、泄水不畅："河向宽二十余丈，元明海运道焉，高舸巨艘，连樯上下，今未百年而河面之存者，仅五六丈。议者咸咎天妃宫之闸东，水势而缓，潮汐以致停淤，方恨未能去之"，所以他主张废弃浏河、七浦河上设立的新闸。

三、张作楠议浚刘河书

张作楠（1772—1850 年）道光元年任太仓知州。这一时期国家财政对治水的支持力度不足，百姓贫困也难出力，治水面临更加困难的境地，经费筹措、使用管理成为当时治水之关键。张作楠在《上魏中丞议浚刘河书》中言："窃以疏浚河道，日久不能保其不淤，但据报册丈尺，宽十余丈，深一丈四五尺，纵海潮挟沙，何至未二三年骤形淤塞。细访根由，则以所报丈尺，皆非实在之故，所以不能实在，则以一切开销俱取偿于经费之故。"[172] 此外，张作楠仍旧认为在治理浏河过程中，需要各地方州县政府通力合作。但当时的治水活动中长期存在着作弊、陋规与作假，为害巨大。

查刘河工程向以太、镇、昆、新、嘉、宝六州县通力合作，或勘估时彼此意见不同，或施工后役夫勤惰不一，或积土不遵离河四丈之率，堆置河干，一经霖雨，仍复下卸。或各段不能一律深通，一处稍高，全工受病。或因为期尚宽，意存懈怠，及期限既迫，措手不及。兼之中逢阴雨，不能施工，于是攫塘做岸，靡弊不为。督浚者恐干误工之咎，只得佯为迁就。凡此诸弊，皆能致淤，然果委任得人，不避嫌怨，尚可随时整饬。（［清］张作楠：《上魏中丞议浚刘河书》，载《清经世文编》卷一一三《工政十九》，清光绪十二年思补楼重校本。）

历代主张治理浏河者很多，但都是一些老生常谈，张作楠治河方略的可取之处并非对浏河本身的开浚，而主要在于疏浚浏河的配套非工程性举措，他切中了治水经费使用和管理体制之弊。

张作楠认为浏河治理的前期勘察、治理过程与善后事宜应当并重，而全过程治理的核心在于治水经费的科学合理使用。首先，做好前期勘察是治水经费用到实处的基础，他主张治水经费仍旧按惯例在前期对工程量进行预估后，由各州县摊派，并任主持治水的官方统一开支："拟仿浚吴淞江成例，先估土方工料若干，核定需银多寡，六州县按田出银，分年收存官库，侯有成数，然后兴工，则民力似可稍纾，经费亦免扣减。然又恐未征者民力难齐，已征者州县挪用，此又筹于事先，不得不议者也。"[173] 但他深知寄希望于官方督查以实现经费的正常开销并不现实："以察弊之人首先作弊，不能正已，安能正人，若常川诣工巡察，又恐多一次巡察，各段即多一次开销，而土方即多一次虚报。且明知工段偷减，而帑不实发，又何能责其工归实在。"[173] 其次，张作楠主张明定章程法规，在治水中制定严格的衡量标准以保证施工质量，建立治水责任制，防止施工草草与人员马虎。施工之后，则建立养护队伍"撩清"，防止水道淤塞。最后，张作楠特别指出了治河工程之后的善后事宜："至于善后事宜，如挑土时有离河之率，则浮土不卸入河中。启坝后，有闭闸之法，则潮水不冲入闸内。鱼籪有禁，则水不兜湾。开垦有禁，则堤不下塌。而且闸夫、捞夫备其人，铁帚、铁篦备其法。果能实力奉行，河从何淤，第恐视为具文，即如浚吴淞江时，亦曾申明例禁。昨卑职到彼，见两岸斜坡遍行栽种，则禁垦之例虚设矣。各湾兜沙俱未挑挖，则捞浅之例虚设矣。一事如此，诸事可知，一处如此，他处可知。应请于疏浚后，明定章程，使经管员役人等，有所遵循而无可推诿，方足以专责成而收实效"[173]。

四、王凤生浙西水利治理方略

王凤生为官之时多任职于浙西地区，在职期间多次奉命前往湖郡查勘灾情，实行赈灾，由此得以实地查勘水患情形，为其随后奉命查勘浙西水利情形提供参考。道光三年十二月至四年三月（1823—1824 年），王凤生奉命综理查勘浙西水利情形。王凤生将所勘情形，绘图著说而成《浙西水利备考》。浙西即浙省杭、嘉、湖三府所在地区，包括杭州府之仁和、钱塘、海宁、余杭、临安，嘉兴府之嘉兴、秀水、嘉善、海盐、石门、平湖、桐乡，湖州府之乌程、归安、长兴、德清、武康、安吉、孝丰。浙西大部地区属于太湖平原，具备较为完整的水系系统。随着太湖流域水网的分化与东南蓄泄格局的形成，浙西"厥田惟下下，而财赋甲于天下者，以水利故"[173]。

《浙西水利备考》特别叙述了溇港的功能。太湖"周环跨三郡其邑"，地理环境十分复杂，"受来源之水，俱从宜兴之百渎，长兴之二十四溇，乌程之三十六溇，吴江之七十二溇吐纳焉"，其中导湖水以入海者，则"吴江之长桥、叶港、曹家港、王家溪港、震泽湖、雪落港、坍阙口、直渎、韭溪、白龙桥、七里港等"[174]。即太湖来水先经溇进入湖荡水域，水势被进一步削弱，然后再经支河水网进入吴淞江、黄浦江，由此完成导湖入江的排水任务[174]。

王凤生用人体比如太湖的水脉："以太湖而论，其上受苏、松、常、湖诸郡来源，并下达吴江、震泽各出口处，是水吐纳之咽喉也，经由之长洲、昆山、青浦、嘉定、上海一带水道，是行水之肠胃也，海口是泄水之尾闾也"，将太湖水域各段与人身体部位相互比照，指出各处水道在太湖流域中的具体作用，特别指出溇港在这种系统中起到非常重要的作用。他认为："欲治太湖之水，必须宣达其咽喉，涤荡其肠胃。使上游溇渎畅达，以归太湖，淞、娄二江浚深，辟广翕受，深通顺轨而注之海。然潮汐朝夕来往，水退沙停，苟无湖水以刷之，则旋铲旋淤，可立而待。仍于沿江两岸浦港有故迹可循者，悉予疏通，俾助太湖水以顺下之势，则近海通潮处所，其来也虽有浑流之倒灌，而其去也可挟清流而滔奔，自不致沙土淳淤，浸久有腹满之患。"[175]

除此之外，王凤生认为前代于浙西各地兴建之堰闸、堤坝等水利工程，于浙西农田灌溉及洪水宣泄有着至关重要的作用，应予以加固增高，不应任其荒废，更需官府管理得当，使之能长期发挥作用。

五、庄有恭与凌介禧等的溇港治理方略

乾隆二十八年（1763 年），江苏巡抚庄有恭主持治水时，将茭草为害纳入治水范畴。乾隆前期，因茭芦种植、圈筑渔荡现象日益普遍，太湖泄水通道淤塞严重，对农田水利造成了严重的影响，东南财赋与水利民生皆受影响。庄有恭借库银二十二万两，檄苏松两府各州县大修三江水利。除了清理江身植芦、插断及冒占之区外，还以运河作为分区治理的界限，运河以西主要是清理太湖出水口的侵占，保障其泄水之通畅；运河以东则实行清淤、疏浚与置闸相结合的综合性治理手段，浚深拓宽黄浦江、吴淞江、娄江，扩大出水面，遇到丰水之

年，可保障足泄太湖来水。庄有恭治淤并无创新之处，更加重视对太湖出水诸溇港和各河道的疏浚，凡太湖出水诸口、吴淞江、娄江等出海入口河道淤浅及河中有碍行洪的芦苇鱼箔，尽数铲除，并加培圩岸、改移闸座。

《吴江占水议》：吾邑环水以居，太湖而外，为荡为湖为漾为湾者以百数，菱芡荸芦鱼鳖之利甲一郡，今大半入于富豪。小民渔採者，先归其利于豪，而后食其余焉。乾隆二十九年，庄中丞有恭抚吴，以水道壅塞，建言开浚，尽铲沿湖荸蒲以决淤涨，费国帑民工几计。数年后，豪民复货嘱奸胥，先占濒湖田亩，又纳水面粮，纵人植荸其中，漫延满湖，更甚于前。以东南财赋之饶，岂惜此区区水面，以争尺寸之利？而奸豪恣为水害，罔顾国计，此可叹息痛恨者也。按：荸芦因淤泥而滋生，非由种植，惟小民因以为利，不肯铲除耳。忆昔由猫口港渡南湖，时芦洲已涨湖面，犹称十八里，今垂五十年，蔓延更甚，对渡仅将十里矣。（［清］郑言绍：《太湖备考续编》卷一《水议》，江苏古籍出版社 1998 年版，第 601 页。）

庄有恭在疏文中阐明了淤塞的危害，但因坍涨的利弊双重性，要获得民众的支持，则需要申明淤涨所致的利害不均。于清康熙五十二年（1713 年）时，官方就已经介入调停豪民之间的争占，立"吴江县太湖浪打穿等处地方淤涨草埂永禁不许豪强报升佃佔阻遏水道碑"，文曰：

仰该地方附近居民、圩总人等知悉，嗣后不许势豪、地棍假借升科名色，霸占太湖浪打穿等地方，淤涨草埂仍听乡农罱泥、撩草、捕鱼，不得借端阻挠，以致遏绝水势。如有等情，许该地方诸色人等即行呈报，本县以凭严拿究解，各宪法惩施行。事关太湖水利，毋得泛视。（［清］金友理著，薛正兴点校：《太湖备考》卷一《太湖》，江苏古籍出版社 1998 年版，第 46－48 页。）

庄有恭的《奏浚三江水利疏》中有：

今臣筹所以治之之法，其运河以西，凡太湖出水之口，但就其有港可通、有桥可泄之处，为之清厘占塞，规仿旧额，务使分流得以迅速无阻。其运河以东，三江故道，除黄浦为浙西水口，现在尚属深通。但于泖口挑除新涨芦墩三处，足资畅泄，无庸大办外。其吴淞江自庞山湖以下，娄江自娄门以下，凡有浅狭阻滞处所，相度情形，疏浚宽深，务与上源所泄之数足相容纳。其江身中段，一切植芦、插箔及冒占水面之区，查明尽数铲除，嗣后仍严为之禁。则水之停蓄有处，传送以时，并即以挑河之土，俾令加培圩岸。再将现有闸座，为之经理，其有去海太近，建置非宜，难于启闭者，另为酌量改移，务令启闭得宜，足资蓄泄。庶浑潮不入，清水盛强，而海口之淤，亦将不挑而自去。（［清］庄有恭：《奏浚三江水利疏》，载《清经世文编》卷一一三《工政十九》，清光绪十二年思补楼重校本。)

凌介禧治太湖出水口诸溇港时，对此有更详细的认识。

苏文忠公曰："吴江长桥，实三州众水之咽喉，不敢梗塞水道，宜加迅驶，则泥沙不积，水患可以少衰。"当时东南去委深宽，只虑长桥之淤，而今则大异，是并太湖滨去委渐淤。苏、常、湖数郡水患安得不加甚哉！其淤若何，沿吴江城西至北一带皆太湖泄水要处，今数十里茭葑密则流停丛生，一望弥漫，不见湖面，大碍水利。盖湖底茭根密连，根流停则泥积，愈积愈厚，势所必至。究其故，初因长桥之淤，上致太湖去流不畅，浊垢少积而茭即藉以生，继由太湖口之阻，下致长桥，壅滞日增，荡涤无由，而河更形其塞，此互相受害之由也。茭草散生，料近河居民未必即敢私占日盛，一日见无禁除利，颇滋生贪为己产，恐久埋成田积。（［清］凌介禧辑：《东南水利略》卷四《太湖去委水口要害说·附鱼簖弊说》，清道光十三年刊本。）

凌介禧将湖田区域的洪水泛滥归咎于茭草，认为除茭草是防治水灾之法："茭葑塞太湖去水之路，为害已烈，致水面无多。亿万顷之水泄于茭葑中之狭路，阻碍滋甚。近处居贪鱼虾之利，凡菱葑空缺，遍插鱼簖，益加淤积。茭既塞之，簖又从而壅之。相互为害，靡所底止。此弊生于十数年之内，倘不早为严素，清出湖面，必致积久渐成湖田，酿成巨患，以太湖水无去路也。"直到道光四年（1824年），这种情况得到了上谕的指示："严立科条，禁止栽种茭芦及绝除插簖、壅积泥淤等弊。如查有土棍勾串吏胥，及生监把持包庇，将应行铲除荡田，刁掯留难，串通蒙混，即行严拿惩办，钦此。"[176]

由于太湖口治理已经得到朝廷的重视，凌介禧得以提出了具体的办法。他认为应该"仿乾隆二十二年裴文达公奉命督洪泽湖之安河口"的方法，"多募渔船，分给铁耙等器，使人夫立船上刨根捞土，载往坡地抛弃"，建立常态化的清茭队伍，其目的是要"总以太湖东南隅弃尽茭草，清出湖面，宣通去水为第一吃紧要务。因昔言水利者，太湖并无此患"[177]。凌介禧的治理方略仍旧承袭前人之意，在治理举措上并无突破，但蕴含着局部利益与整体利益的考量，不能"贪一隅茭草之利，致两省数百万财赋日竭耶"。同时，他意识到东太湖区域淤塞的原因不仅在于茭草、芦苇的生长，还与吴江长桥建立以后的湖流变化与湖田发展有关，吴江长桥一带的湖岸环境变化显著，可谓"低者开浚鱼池，高者插莳禾稻，四岸增筑，经以烟静桑麻，古松江竟成陆地矣"[177]。

六、林则徐疏浚水道以泄水方略

林则徐的治水方略主要是"疏浚水道以泄水"，除此之外他在建闸、筑坝、修塘方面的工作也缓解了一时之灾。林则徐于海口筑石坝、设涵洞，外潮至则御之，内水盛则泄之，即"坝其海口，使不通潮，而专蓄清水"，白茆河也据此办理。他不拘泥于古人之法，而是巧妙地利用地势水性，工省利长，发动农民在冬季农闲水位低时疏浚河道、挑挖河道淤泥。林则徐对自己主持的水利工程都亲自验收，验收河工，量口底宽深，测水势高下，按段标记；验收海塘，量明高宽丈尺，逐段锥试坚疏，查看是否偷工减料，海塘饱满与否。林则徐的《验收宝山县海塘工程折》中有：

是以现筑新塘，概系底宽八丈，顶宽二丈，高一丈二尺，外面临水之处，均用三收做法，里面亦用二收，并恐旧土与新土不相胶黏，所有冲坏之处，悉将旧土铲平，铺底重新硪筑，每松土一尺，行硪三遍，打成实土六寸。责令各段，委员逐层面验，验实一层方许加筑一层，又石塘铺砌条石一百九十余丈，皆令选择坚结石料鏨凿平整，其土石交接之处，加筑石坝三层，以资裹护。并于小沙背谈家浜二处，收复挑水坝两道，坝外双桩夹石以资挑溜。又沿塘签钉排桩，填砌块石，凡迎潮顶冲之处，皆用双层。其次要之处，酌用单层，又施港迤南旧有石洞一座，系农民灌溉所需，不宜堵塞，而大汛潮猛，易被冲决，原估挽越砌筑，嗣察看形势，竟须改建石闸一座，始足吐纳潮汐。农田既资沾润，而闸身宽厚亦无激荡之虞，又塘后旧有随塘河一道，工长五千二百余丈，岁久湮塞，几成平陆。该河本关水利，且沿塘桩石得由内河运送，可免海运风涛之险，自宜乘此兴举巨工之时，一律开浚。（［清］林则徐：《验收宝山县海塘工程折》，载《林文忠公政书》卷三《江苏奏稿》，清光绪三山林氏刻林文忠公遗集本。）

但是这些举措也更加暴露了林则徐并非一个专业的治水者，在治水中偏执于一个清廉官员的审美需求，过于重视水利技术标准，并未对治水大局提出过方案，仍旧是治标之策。他的一些治水措施过于强调防灾，忽视了水文环境的整体性，与当时一些水利学家所持观点相悖。

七、朱轼等的海塘治理方略

由于浙江和江苏沿海赋税不断增加，清代的海塘治理不断得到加强，在此时期我国历史上首次形成了从中央到地方的完整海塘政务管理体系。海塘政务除了工部和各省督抚兼管外，府州县各级均由佐贰官员负责。太平天国战后，还在浙江省设立"塘工总局"、江苏设立"水利局"分办两省海塘事务[140]。清代江浙塘工经费来源较为复杂，主要包括每年额编塘工银、官绅捐输、海塘捐、犯官罚款以及各种名目的税费。

在浙西海塘区，清代基本上易土塘为石塘。从顺治五年到道光十七年

（1648—1837 年）的近两百年间，对海宁的沿海修筑 75 次；因海宁沿海为潮流顶冲的地段，朱轼组织建造了 500 丈的鱼鳞大石塘，塘身用大石砌作贯，使其互相牵制，难以动摇，石缝处用潇灰抿灌，欣攀嵌扣，以免渗漏散裂，有效地防御了海潮的侵袭。在建立鱼鳞大石塘的同时，在潮势顶冲和险要地段，又修建坦水、挑水坝和盘头工程以消减涌潮的冲击和淘刷，确保大石塘的安全；还采取开挖中小门引河的措施，在使主流走中小门，减轻北岸海宁的压力。雍正年间的一次潮灾，海宁县几乎所有的土、石塘均告坍塌，但朱轼的鱼鳞大石塘安然无恙。因此，清廷逐渐把这种鱼鳞大石塘作为永久性海塘工程的标准格式推广应用，乾隆年间，清廷不惜巨资，将海宁海塘中受潮流顶冲的地段全部改建成鱼鳞大石塘[5]。乾隆年间的石塘用了马牙排桩和梅花桩结构。乾隆初，嵇曾筠在海宁修鱼鳞大石塘 6097 丈，在塘基外口的迎水面打入二路密集的马牙桩。马牙桩结构类似现代工程中的板桩，减少了基础的不均匀沉陷，增加了塘基的承载力，可以防止潮流淘刷基土。另外，还在塘身第九层以下，迎水面砌坦水保护塘基，使塘基更加稳固，提高了海塘的寿命。海宁一带沿海多浮沙，打桩有难处，后又改进技术，在这些区域用大竹探底，定沙窝以后再下桩木，同时也采用梅花桩的方式，五木攒作一处，同时齐下，以此打桩，也取得了一定效果[5]。

在江南海塘区，基本为地方政储自筹经费修建海塘。顺治二年（1645 年）到康熙四十七年（1708 年），华亭修筑海塘达 10 余次。雍正年间，朱轼修石塘以补明代的海塘，在奉贤、南汇、川沙一带，由于海滩的外涨，先后增筑了三重海塘，为围涂创造了条件。宝山、太仓、常熟三县，位于长江口区，这三县在明末开始筑塘，雍正年间以后，多次筑新塘。清代的江南海塘也大量地修建护塘和护滩工程，取得了许多技术成就[178]。

此外，清代的海塘工程中有坦水、挑水等工程技术。朱轼认为除了加固塘身以外还需另筑坦水，对保护海塘基免遭潮流冲刷起到了很大的作用："高及塘身之半，斜竖四丈，亦用木柜贮碎石为干，外砌巨石二三层，纵横合缝，以护塘脚。"[179] 此外，清代的海塘工程中还有挑水工程，包括挑水的丁坝与盘头两类。挑水坝是挑出主流，保滩促淤，保护塘身不受大溜直接冲刷。盘头也是一种挑水坝，只不过坝身较短而粗，形如半月，靠筑于海塘的迎水面。其中的草盘头应用于李卫任浙江巡抚时期，以广泛应用于潮流顶冲的地段，用来挑溜御冲，保护塘堤[5]。

鱼鳞石塘与长城、运河并列为我国古代伟大的三大土木工程，正因为从组织上、制度上、经费上使海塘维修得到保障，明清时修建的鱼鳞石塘，今天仍然屹立在杭州湾和钱塘江畔，发挥着它应有的作用。

八、陈瑚等的乡村治水之策

清代治水专浚干河、大河，对支河淤塞的严峻形势认识不足，一遇大水，地表径流汇集向低处，低田积涝，高田缺水，以致乡村地区水旱灾害频发。此时期太湖流域的圩形大都四周高、中部低，又因流域内行政区划复杂，圩岸年久失修，积水侵蚀之下，圩内排水不畅，内田多被淹没，圩岸对洪涝灾害的抵御能力日趋下降。随着淤涨的普遍化，"佃田之家不以农务为急，往往破损古岸，逐取鱼虾之利。至于大户管租之人，利于田荒，其间报灾分数，得上下其手，固以自肥。于是彼此耽误，日复一日，而村中之田遂成一积荒之势矣"。鉴于此，陈瑚、孙峻等提出了乡村治圩、修坝以及抗涝等方面的治水策略。

1. 陈瑚的乡村修圩与坝堰管理之法

陈瑚（1613—1675 年）在昆山县蔚村有过筑圩考察，而且在私下还进行了勘察，画为图式，造册三本[180]。因修圩费用的投入远远小于水灾造成的损失，他主张按亩平均出资，以利害关系来调动民众参与修圩："为田一亩，当出粟三升；为田十亩，当出粟三斗。百亩之田，出粟三石，岁当入租百石，是以三石而易百石也。千亩之产，出粟三十石，岁当入租千石，是以三十石而易千石也。"[181] 具体到筑圩事宜，陈瑚以昆山蔚村为试点，考察了村中十五圩以及与太仓州接界的三圩，他主张筑圩要根据圩岸工程的难易进行分段施工："自斜塘而南，至澜漕而西，以及宋泾而北，至西堰而止。其田相高，其岸稍阔，为易段。自横泾而北，至蔡泾而南，以及宋泾而东，亦至西堰而止。岸已全没，田又低洼，为难段。大约东南为易，西北为难，须酌量缓急，分工派段，庶为均平。"[181] 他还特别提出乡村坝堰的管理方法："本村坝堰，必在春水将发之日，稍为迟缓，村中水大，每每坝亦无用，最宜早备。其小者皆系附近居民看管，其大者如方家桥堰、郭母溇堰、大浜堰、西堰、宋泾堰，则议村中人家田稍多者分任。其应坝堰时，大户量给酒米桩笆，底使易务。以上二条，尤善后事为宜，皆为至急。"[181]

2. 孙峻的乡村庤水抗涝之法

青浦人孙峻主张筑圩要"分级控制，高低分排"，他于嘉庆十八年（1813 年）写成了《筑圩图说》，根据水情、岸情、苗情提出了庤水抗涝之法。他针对青浦县的仰盂形圩子，提出筑"围""戗"之法，主张按地形高低筑戗岸，圩内的农田根据地势分为"上膵田""中膵田"下膵田"三级，各级分筑"戗岸"，每级田自成一独立区段，区段内又筑小戗岸，作为分格控制，所谓"二十、三十亩一区，或十亩、十五亩作格"，详见图 4-4。使高低围截的区段和大小分戗的格相配合，通过堰闸设施，达到大水时高水不入低田；小水时高低片之间河水通流，便于灌溉和航运。围绕在最低区下塍田周围的戗岸叫"围岸"，为全圩中唯一永不开缺、不进外水之区。他还注意防止外水进入圩内，强调抵御外水的圩岸（上塘岸）以及围岸、戗岸，均要注意工程质量。他强调在相邻高差较大地段，加筑"畔岸（子岸）"，岸高以本圩洪水位为准，沟随岸成，截断高田渗水下压，防止危害岸基和禾苗。分级排水是孙峻筑圩的关键，分级、分区排水沿圩岸开阙口，设堰闸，撤除上塍水，通过上塍区开挖"倒沟"，倒拔中塍水。在圩心相度低洼处开凿溇沼，直通外河，疏消下塍水。内口则设堰闸启闭，做到内外分治，高低分开，控制内河水位。同时，在圩内选择最高地段辟为"太平基址"，保证圩户的日常生活不受水淹。同治八年（1869年），青浦知县陈其元看到此书认为"议论明确，筹划尽善，利害有论，形势有图，洵属阅历有得之言"。乃捐俸刻版印行，分发各州县。

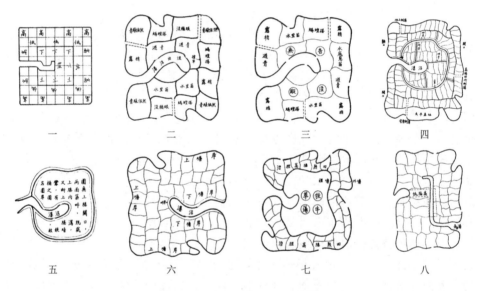

图 4 - 4 仰盂圩❽治理类型[136]

孙峻的《筑圩图说》中有：

《高低圩分有塘岸无抢岸论》：四乡田土高低，圩形方圆阔狭大小，原无一致。但水性之就下，人情之观望，无不同者。圩内田土有高低尺许者，有尺四五者，甚至二三尺不等，外潮有塘扞御内泻，低下禾苗仍淹。欲施庠救，连塍数百亩汪洋。数百亩中有青绿依然者、没稻眼者、露梢者、蚂蝗搭者、游青者、水底苗者、水底耗者、欲会同共举种高塍者，必情怀观望。

---

❽ 仰盂圩指的是太湖地区圩田的一种形态，呈四周高、中间低。

《围岸即抢岸论》：逶迤周匝，无高滕悞事阙口，直同铁桶之固，名围，纵横条直有捍格，左右不通，高下之势名抢。圩之田必有高下者，田之种必有多寡者，高低围截大小分抢，不但水势均儋易施犀救，且免人躲乖观望，少风浪鼓荡伤禾。

《畔岸即坚实高阔之围岸抢岸论》：低区所珍惜者泥土，下塘围抢诸岸通体高厚，泥土莫给畔岸，事半功倍。易于措手，抑且高阔之岸，岸趾必松，松则衅泄，犀救不効，畔岸卑下，人众践踏，牛羊蹂躏，故得岸趾坚实，无衅水渗漏之虑。

《抢岸亦须筑畔论》：围岸因在高下相邻之地，必筑畔岸以坚实其岸趾，固不待言。若抢岸而在高下相邻之处，亦须筑畔，庶免高水衅泄。且杜奸民偷凿侵占，以致旋筑旋废等弊。若在平均之处，但禁锄削岸草。俗于插种时，有斩岸脚之恶习，以保久远。

《塘岸围岸抢岸宜高宜阔论》：一圩之大，田土高下不齐，一圩之众，人心诚伪不齐，凡走圩淹禾。一二处进水，害及全圩，俗名走圩。往往在高丘进水。种高田与种下滕者，每若秦人视越。或一阙疏防，若塘围抢岸通体高阔，即使悞事，亦止一区一格。

《无畔岸论》：下塘、围、抢诸岸，凡在高下相邻之处，不筑畔岸以坚实木岸基趾，则暗衅莫支，必动废岸之心。盖外潮淹禾，有推足之候❾。衅水害苗，无间断之时。随施犀救，则反为水弄，徐图潮退，则苗渐消磨，是徒有圩岸之空名，而难施犀救之实力也。（［清］孙峻：《筑圩图说》，清同治刻本。）

九、清末民国时期两江整治与湖田治理方略

清末民国时期的治水方略主要体现在对吴淞江、黄浦江的治理和湖田的开发。清末时期，由于国家政治的软弱与经济的落后，水利建设没有大作为，治水工程流于疏浚维护。民国时期，上海开埠以后，主要基于维持黄浦江航道的目的，采取了一些近代科学治理方法，但对太湖流域的防洪排涝及农田水利不甚重视。

1. 以疏为主的吴淞江治理方略

清末民国时期，吴淞江的治理在治理空间范围上，仍集中在下游段；在治理时间范围上，以清末为主。自明初夏原吉开范家浜实现了"江浦转换"后，吴淞江逐渐失去太湖流域排水主干道的地位，渐趋成为黄浦江的支流。但"江浦转换"这一大变化并未真正影响明清两代治水者以吴淞江为排水主干的传统

---

❾　"推"是排去的意思，"足"是长满的意思。

观念，仍对吴淞江的下游段屡次进行疏浚。但由于潮汐影响，虽不断疏浚，不久又告淤浅，疏浚效果有限。自清末时起，吴淞江下游两岸兴起了近代工业，两岸兴建了石岸，束狭了河道，水流流量受限，下游段已沦为不起排洪作用的"苏州河"，其作为太湖下游排水通道的功能已大为削弱。

在治理体制上，吴淞江治理的主导力量仍是以官方为主。同治十年（1871年），江苏巡抚张之万请设水利局委任应宝时总办，以兴修三吴水利，"最大者为吴淞江下游"[181]；光绪十六年（1890年），巡抚刚毅组织营勇、民夫大浚吴淞江，"去年十月，派员开办，并调营勇协同民夫，分段合作，约三月内可告竣"[182]。至民国时期，吴淞江治理由明清时期的国家主导工程变成区域性的地方事务，对吴淞江的治理仍由官方负责，但政府更加重视治水部门专门化与治水队伍专业化，因此设有江南水利局、苏浙太湖水利工程局、江苏省水利协会、苏浙水利联合会等。

在治理的技术手段和方式上，以疏浚为主要目标，更加重视在治理前加强测量以及采用机械浚治手段。民国5年（1916年），江苏省议会议员金天翮提议"筹兴江南水利，应从测量入手"。至民国15年（1926年），测量工作已取得一定成效，已经对吴淞江的平面图、纵面图进行了绘制[183]。民国9年（1920年），江南水利局委员陈恩梓用机船开挖吴淞江。

但总而言之，此时期的吴淞江治理仍以疏浚为主，其治理方略并无大的突破，当时已有水利学家对传统的吴淞江策略提出异议，反思纯粹疏浚下游河道的方法，认为应当重视吴淞江的吴江段治理：

> 从前治吴淞江者，皆不专力于吴淞，凡开旁郡县诸河，实承所以分杀太湖之水，太湖之水既有所分，吴淞江乃独承，其下流不至壅噎不利为东南之大患，此治吴淞之大略。然愚在今日则更有说，夫太湖由吴淞江以达于海，而吴江县治实当咽喉之地，治水而不治其咽喉则必有腹心溃乱之虞。今县治北有夹浦，南有长桥河及三江仙槎等六桥，东有庞山等湖，西有梅里诸港，泥沙涨塞，渐成石室庐坟墓。稍聚其上，又太湖东南一角，悉为芰芦丛生之地。此湖水所以不能急趋于吴淞江以入大海，一遇暴涨则横溃四出而不可禁，今欲救治，虽不能尽徙吴江一县之民，如苏文忠公所议，然迁沙村之民，疏淤导滞，使江尾与湖相接之地，不复有所壅遏，如人之呼吸，日息于元气之中而不至闭塞，其咽喉以速致死，亦势之所必然者，此又今日治吴淞之大略也。（［清光绪］《吴江县续志》卷六《水利》。）

他们认为吴淞江的治理困境并非在于治理哪一段，而是与太湖下游排水通道的整体格局有关，因此有过许多基于整体排水格局思考而提出的治水之策。民国5年（1916年）江苏省议会议员金天翮有开浚吴淞江尾间蕴藻浜一段之议，认为开浚之主要目的在于去淤以利交通，不能根治吴淞江淤塞之症。同时，他反思了江南水利局无系统、无计划的治水方法，主张治水之前应分区划定测量范围之大纲，应当重新构思吴淞江治理之法。以金天翮为代表的许多水利学者和治水官员主张效仿夏原吉"掣淞入浏"之法，建议另开新河，即"改道娄江"。但反对者认为，娄江地势高于淞江，要使水流逆势而上恐难成功，不如"掣淞入海"，即在吴淞江下游黄渡处开浚顾冈泾，变支流为干流，使淞江主流改走顾冈泾经蕰藻浜入海。民国 11 年（1922 年），这一主张再次遭到太湖水利局的否定，太湖水利局指出："吴淞江下游过顾冈泾以达于海，长约 210 里，太湖上游之水宣泄不畅，蕰藻浜展拓宽深之后，反受海潮冲刷之力，清弱浑强。"[184] 太湖水利局的担心不无道理，上游来水不畅，下游水势微弱，即便避弯取直后可直达于海，但江水无力抵敌潮沙，沉淀亦不可免。正所谓"吴淞江之治，治之于江身尚易，治之于尾闾实难"，治水者想绕开吴淞江下游苏州河一段，避开与洋商及浚浦局的冲突。但无论是"掣淞入海"还是"改道娄江"的提议，治水当局这种细枝末节、头痛医头的应对之法，即便下游疏浚也并不能真正解决吴淞江全域失浚的局面。

同时，对于防淤问题，王清穆在考察了吴淞江河道与上海、青浦、嘉定、吴江四县农田水利的关系后提出，在清除河道淤泥后，可采用"建闸防淤"之法一劳永逸地解决吴淞江屡浚屡淤的难题。王清穆的建议实质上是仿古人"置闸防淤"之法，在主流与支流交汇处建闸门，使主流之水不入支河，保证干河有充足的水势冲淤，达到束水攻沙之效的同时又能兼顾各县的农业灌溉。

上海绅商秦锡田认为上海开埠后，商业往来频繁，吴淞江作为重要的商业航道不宜置闸。在如何解决屡浚屡淤问题上，秦锡田提出应以日常维护方式取代危机处理，建立日常管理机构，制定维护规则，"稍有淤浅，即行开挖，务使沙不久停，淤不多积"，这样才能防止"一曝十寒，于事何济"难题的出现。

2. 以航运为目的的黄浦江治理方略

自明初夏原吉开范家浜，黄浦江逐渐发育成太湖流域下游最主要的排水通道。同时，其自西南而流向东北，纵贯上海地区，是航运的主要航道。至清末时期，黄浦江航道已有两处淤浅：一处位于吴淞口外，黄浦江与长江交汇处的"吴淞外沙"；另一处位于黄浦江中高桥附近的"吴淞内沙"，内沙将江流分为南北两支，北支为航道。黄浦江的淤塞畅通已经关系到帝国主义在华利益之得失。

鉴于上海市的特殊性以及黄浦江航道的重要性，外国势力要求清政府疏浚黄浦江，清廷无力治理又不敢拒绝，以致这一时期黄浦江的治理权长期沦于外人之手。清末时，设有黄浦河道局，但多由外籍工程师把控。民国初年，成立了浚浦局，设局长三人，分别是：上海通商交涉司（后改为上海交涉员兼海关监督）、上海海关税务司、上海理船厅（后改为外籍港务长），规定三局长权力彼此相等，秉承少数服从多数原则，实际上，权力操于外人之手。民国时期治理黄浦江的经费主要出自海关附收官税的 3％，平均每年可达 120 多万两。

外籍人士主导黄浦江治理时期，治理方略均是致力于维持合适的航道水深。各个时期的治理技术措施虽不尽相同，其治理方略的共同理念却相差不大，解决淤淀主要是通过增加进潮量，依靠潮水冲刷泥沙。然而实际情况确是进潮量愈大，带进泥沙量愈多，仍主要依靠机船挖泥。同治十二年（1873 年），荷兰工程师艾沙和奈格在《吴淞内沙治理报告》中，就黄浦江的治理讲了四点：①黄浦江清水径流量小，维持河道最主要是靠潮水；②退潮流量大于进潮流量，出沙多于进沙；③上游清水来量不应减少，但更重要的是尽量增加进潮量；④放宽改直距河口 5 千米的锐弯北港嘴，增加进潮量。

光绪二十四年（1898 年），奈格在《上海以下黄浦江》的报告中，提出了治理黄浦江的甲、乙两种方案：甲方案是在距河口 10 千米的高桥沙处开新河道接通长江；乙方案是堵塞北支老航道，改用南支为航道，并对吴淞口至江南造船厂段用疏导方法进行治理。但德国领事馆反对奈格的方案，光绪二十八年（1902 年），德国工程师方修斯和英国工程师贝斯基于节约经费的考量，提出仍当以北支为航道的建议。在光绪三十一年（1905 年），奈格担任总工程师，采取了他所倡导的堵塞北支航道、疏浚南支为新航道的乙方案，因为承包外商的舞弊和冒领，四年之中花费 909 万两白银，是治理黄浦二十余年经费的总和，然而，工程的完成量与原计划相差甚远。宣统二年（1910 年），黄浦河道局被撤销，奈格去职，浚浦工程陷入停滞。

总体而言，清末黄浦江的治理主要包括四方面内容：①规定了治理的河线范围，河面宽由 400 米逐渐放至 700 米；②在江口建造导水堤，伸入长江中，使进出潮水有一定轨道，水势聚集，冲刷暗沙；③堵断北支，增加南支新航道的进水量，同时用机船开挖，使河道深广足以容受全河之水；④用挖泥机船切去北港嘴以广河身。

民国肇建以后，瑞典人海德生继奈格担任总工程师，他制定了一个十年治理计划，主要是疏浚扬子滩（即"外沙"）和继续深挖黄浦，计划在民国 10 年以前，将黄浦江的航深自 5.7 米增至 7.2 米，在治理方法上则采取了顺坝、丁坝导流，固定河漕，挖泥保深。但这种深浚河道、增加进潮以冲刷的方法并不能减缓黄浦江的淤塞。民国 5 年至民国 8 年（1916—1919 年）提出的黄浦江水文报告中曾对黄浦江泥沙的来源和黄浦江淤塞的原因有过考察：①泥沙的来源几乎全部从长江随潮带进，而由流域进入黄浦江的泥沙几乎没有；②进潮夹沙多于退潮，以致长江泥沙沉积。所以治理黄浦江用增加进潮量的办法，是否可取，值得进一步研究。黄浦江的治理，宜于停淤期增加上游径流，采用治导工程和挖泥相结合的措施，以求得一个比较稳定的深水江床断面，这需要在官方主导下进行综合性治理。

3. 桑基鱼塘与浚垦兼施的湖田治理方略

明清时期，由于缺少夏季作物收成，流域广泛兴起种桑养蚕事业，植桑养蚕与稻作水利配合形成传统江南生态农业的持续，在江南主要地区的农业、水利与生态环境到达一定的稳定后，成为江南农业持续发展的一个新增长点。

在流域内，植桑养蚕逐步发展形成一种独具特色的生态农业模式——桑基鱼塘："基六塘四，基树桑，塘蓄鱼，桑叶饲蚕，蚕屎饲鱼，两利俱全，十倍系稼。"清代以来太湖南部的湖溇圩田区及嘉湖平原的低洼区形成了大规模的桑基鱼塘，尤其是湖州地区的桑基鱼塘已达到精细化水平。由河港中罱河泥以种植乡土水生植物，使桑基鱼塘与水网湖泊生态系统建立普遍的联系，良好的水生植被又创造了局部平缓、清洁的水环境，为当地煮茧淘洗、缫丝提供了大量优质清洁的水源，同时广阔的河港湖泊资源为桑基鱼塘生态系统的运转提供了较充裕的原料和饲料来源。此外，太湖流域与养猪、养湖羊相结合的桑基鱼塘系统的生态农业模式是传统时代水平最高的循环集约化农业形态。

清末民国时期，流域湖田的利用受到重视。湖田是圩田的一种，也称围田、坝田，是在湖泊浅滩处筑堤排水经过人工围垦后形成的农田，是一种特殊的土地形态。当雨季湖水泛滥时，湖滩可潴蓄水量、调节水流，以保证圩田安全，对太湖流域农业生产至关重要。20 世纪 30 年代初，社会经济动荡，而土地投资受金融波动影响小、价值稳定，能为经济投资提供保障，因此当时一些资本家开始将资金投入转向湖田开发，组建湖田垦务公司进行围垦经营。在开垦湖田的大环境之下，湖滩不断被侵占，其蓄水能力减弱，洪水停蓄时间过长，继而导致水文系统紊乱、水生态环境恶化，对太湖流域水文以及农业环境影响巨大。

其中，在垦殖公司湖滩开发过程中，东太湖附近吴江、吴县两地湖滩几乎被全部圈占，亦曾一度引起湖田纠纷。起初，地方政府将湖田开垦合法化，引发了乡间百姓的强烈不满；民国时期官方虽陆续设立了江南水利局、督办苏浙太湖水利工程局、江苏省湖田局等专门的机构进行管理，并一度援引孙中山的"治水与涸湖为田并举"论，提倡"浚垦兼施"，但举措不定、治理方法不科学，最终管理效果不佳。扬子江水利委员会提出将东太湖辟为国营蓄洪垦殖区，并被列为长江中下游四大蓄洪垦殖区之一。民国 24 年（1935 年），南京国民政府统一了全国水利机构后，太湖流域属扬子江水利委员会所辖，其提出的将吴江县东太湖辟为国营蓄洪垦殖区招致民众强烈不满。鉴于此，扬子江水利委员会牵头组成调查队赴东太湖实地会勘："东太湖几全部被人围筑，围堤横梗水中，太湖之水与下游尽行隔绝，吴淞江、娄江之来源，亦尽行阻断。当此农田需水之时，不特滨湖一带，无法引水，即向赖二江及其支流以资灌溉者，亦将感缺水之痛苦，统计农田之受损害者，将在数百万亩。"[185] 调查组的结论肯定了围湖造田对水文环境的破坏，指出了太湖水利症结所在，肯定了东太湖水利枢纽的重要作用，找出了太湖水旱灾害的重要诱因，符合太湖流域实际的水利形势。民国二十四年（1935 年），在南京国民政府强制拆圩的举措下，东太湖湖滩围垦问题终于得到解决。

第五章

流域治水的传承与发展

中国古代治水的思想，大多起源于古人对于水的多元认知。随着朝代的更迭和经济社会的不断发展，治水者根据政治、军事、农业、航运等不同需求，结合地区水系特点和前人治水经验，在保障洪涝安全的基础上，开展治水兴水活动。水利为民生之基，最早的水利工程建设大多为古代先民自发开展，自集权管理体制建立以后，地方管理机构也参与了治水，民间力量和官方力量一同丰富了治水的实践和思想，推动治水的经验、方略得以传承和发展。

我国历朝历代水利机构与水官变化复杂，大致可以分为以下几类：工部、水部系统的行政管理机构，都水监系统的工程修建机构，以及地方水官系统[186]。总体而言，治水管水任务是地方政府政务的一个分支，治水管水行为大多着眼于局部地区、城市或河道、湖泊，尚不具备整体意识。对于太湖流域来说，直至清末民初才先后设立了流域性、地区性、专业性的水利机构，一定程度上为以流域为整体来统筹考虑治水问题创造了条件。但由于太湖流域治水依赖于当地政府在开展农业、航运等方面治理时的统筹考虑，历史上一些重要的治水策略并未付诸实践。

1949 年，中华人民共和国成立以后，太湖流域治理与管理逐步走向统一化和规范化，尤其是 1984 年 12 月，水利电力部太湖流域管理局（今水利部太湖流域管理局前身，以下简称"太湖局"）成立后，流域水利事业得到蓬勃发展。太湖局作为水利部派出的流域管理机构，在太湖流域、钱塘江流域和浙江省、福建省（韩江流域除外）区域内依法行使水行政管理职责，统筹流域内工程、调度、管理等工作。如今的流域管理，相比于古代治水，与古时的行政管理与工程修建管理分而治之不同，是一项有统一领导和系统部署的组织行为，形成了流域、区域、城市、圩区分级分层共同治理的综合治理与管理局面。

第一节 当代治水实践[10]

中华人民共和国成立后，太湖流域水利事业取得了巨大发展，纵观太湖流域七十年的治水实践，大致可分为三阶段。第一阶段，以发展农业生产和保障社会经济、重要基础设施防洪除涝安全为重点，以区域治理为主，除水害、兴水利；这一阶段，流域各地均开展了大规模的区域河道整治、圩区建设、堤防工程建设、城市防洪工程建设等，修补完善了战后水利工程失修的局面。第二阶段，以保障流域整体防洪除涝为重点，兼顾水资源开发利用，形成以一轮治太骨干工程为主体的流域工程体系；这一阶段，流域遭遇 1954 年洪水、1967 年及 1971 年旱灾。1987 年《太湖流域综合治理总体规划方案》获国家计委批复，1991 年太湖流域综合治理十一项骨干工程全面开工建设，工程建设以防洪除涝为主，统筹考虑供水、航运和水环境保护。初步建成了流域充分利用太湖调蓄，洪水北排长江、东出黄浦江、南排杭州湾的流域防洪工程体系。第三阶段，随着水资源、水环境、水生态问题的出现，治理理念不断升华，从资源水利、环境水利到生态水利，以实现人水和谐共生共荣、建设幸福河湖为目标，以流域水环境综合治理二轮治太为重点，采取系统治理、综合治理措施，保障流域防洪安全、供水安全、水生态安全。这一阶段，流域经济社会高速发展，对优质水资源、良好水生态环境的需求快速增长。20 世纪末和 21 世纪初，在确保流域防洪安全的基础上，流域治水的重点逐步转向优化水资源配置、加强流域水环境综合治理。逐步完善了流域"北引长江、太湖调蓄、统筹调配"的水资源调控工程体系，逐步形成了"标本兼治、综合治理"的治水思想，流域进入了全力保障供水安全、防治太湖水环境恶化、维护太湖健康生态系统、大力推进生态文明建设的历史阶段。

一、流域性综合治理

（一）一轮治太

中华人民共和国成立初期至 20 世纪 50 年代末，太湖流域农田水利建设迅速发展，山丘区建成了大量水库与塘坝，平原区开挖和整治了骨干河道，但缺乏流域性的调查研究和规划论证，均以单个工程建设为主，一定程度上影响了流域的整体防洪安排。

1954 年发生了流域性大洪水，其重现期约为 50 年，太湖水位达 4.66 米，流域各地最高水位大多超过或平此前历史最高水位，约 80% 圩区破圩，农田受

---

[10] 本书将中华人民共和国成立后简称"当代"。

灾 785 万亩[5]，灾情严重。1954 年大水后，太湖洪水出路问题受到多方关注，各省（直辖市）都开始对太湖洪涝水进行治理，流域的统一规划与治理也提上了议程。但由于地方关于太湖洪水出路的争议较大，加之"文革"等影响，太湖治理协调工作一再中断，各方对于流域的治理规划在很长一段时间内没有达成一致。

1983 年夏秋，在梅雨叠加冷空气低空急流影响下，太湖最高平均水位为 4.27 米，受灾农田 530 万亩，死亡 30 人，再一次显示出太湖流域洪涝灾害威胁的严重性。当年，国务院成立"国务院长江口及太湖治理领导小组"，负责协调讨论和决策长江口与太湖治理方案。在其领导下，经 3 次讨论、2 次实地联合调查，于 1985 年就太湖流域综合格局治理方案达成统一意见，1986 年编报《太湖流域综合治理总体规划方案》（以下简称"《总体规划方案》"），《总体规划方案》确定了"以防洪除涝为主，统筹考虑供水、航运和环保等利益"[187] 的流域治理总体思路，以及太湖流域十项治太骨干工程及其配套工程的工程布局。1987 年 6 月，《总体规划方案》获国家计委批复。至此，历时 30 年之久的太湖流域治理总体方案之争得出了明确结论，结束了中华人民共和国成立以来太湖流域没有统一流域规划的局面，成为太湖流域治理史上的重要篇章。

1991 年大水，太湖流域遭受了严重洪涝灾害，受灾农田 700 万亩，直接经济损失 113.9 亿元，湖西和苏锡常地区受灾严重，灾后国务院做出了进一步治理淮河和太湖的决定，《总体规划方案》确定的流域综合治理骨干工程陆续实施。在 1997 年 5 月国务院召开的第四次治淮治太工作会议上，又将黄浦江上游干流防洪工程列入治太骨干工程，与《总体规划方案》确定的十项骨干工程一起被称为治太十一项骨干工程（图 5-1），亦谓"一轮治太"，即太浦河工程、望虞河工程、环湖大堤工程、杭嘉湖南排后续工程、湖西引排工程、武澄锡引排工程、东西苕溪防洪工程、红旗塘工程、扩大拦路港疏浚泖河及斜塘工程、杭嘉湖北排通道工程及黄浦江上游干流防洪工程。在太湖局和相关省（直辖市）各级水利部门共同努力下，治太十一项骨干工程于 2005 年左右基本完成。至此，流域初步形成了充分利用太湖调蓄，洪水北排长江、东出黄浦江、南排杭州湾的流域防洪工程格局，防洪能力达到防御 1954 年雨型的 50 年一遇洪水标准，也为今后建设高标准的流域防洪和水资源调控体系打下了坚实的基础[3]。

（1）太浦河工程。太浦河工程全长 57.17 千米，工程定位是太湖流域综合治理的骨干工程之一，为太湖洪水的骨干排洪通道，也是太湖向下游供水的骨干河道。太浦河由吴江平望以西太湖边时家港起，基本上循历史原有排水路线，共穿过大小 20 个湖荡，在上海市青浦县（现上海市青浦区）的南大港口处接西泖河，经斜塘入黄浦江。太浦河工程从 1958 年冬起到 1979 年春，先后实施两期

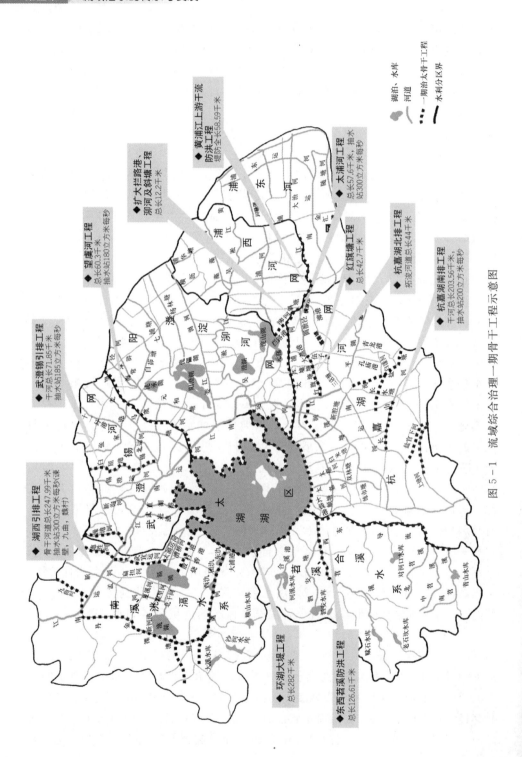

图 5 - 1 流域综合治理一期骨干工程示意图

黄浦江上游干流
防洪工程
堤防全长58.59千米

扩大拦路港、
泖河及斜塘工程
总长12.2千米

太浦河工程
总长57.6千米，抽水
站300立方米每秒

望虞河工程
总长60.3千米，
抽水站180立方米每秒

红旗塘工程
总长42.7千米

杭嘉湖北排工程
拓浚河道总长44千米

武澄锡引排工程
干河总长71.85千米
抽水站185立方米每秒

杭嘉湖南排工程
干河总长203.56千米，
抽水站200立方米每秒

湖西引排工程
骨干河道总长247.99千米
抽水站300立方米每秒（金
坛、九曲、魏村）

环湖大堤工程
总长282千米

东西苕溪防洪工程
总长126.61千米

湖泊、水库
河道
一期治太骨干工程
水利分区界

工程，但到 1987 年年底，仅江苏境内成河，全线未开通^[188]。1987 年国家计委批复的《总体规划方案》将太浦河定位为太湖洪水东出黄浦江的主要通道，同时承担防洪、排涝、供水和航运等任务。1991—2005 年，先后开展河道疏浚、沿线配套建筑物建设、太浦闸加固等，工程能力得到全面提升。其中，防洪按照设计防洪标准 50 年一遇的标准来建设，遇 1954 年型洪水，在 5—7 月承泄太湖洪水 22.5 亿立方米，占入湖水总量的 49%，排涝按照遇 1954 年型洪水，5—7 月分泄杭嘉湖区涝水 11.6 亿立方米，占该地区涝水总量的 23% 的标准来建设；供水主要保障在 1971 年型干旱年 4—10 月向黄浦江上游增加供水 18.5 亿立方米的能力；航运方面，按四级航道设计，长湖申线和杭申乙线均经其达黄浦江。太浦河工程示意图如图 5-2 所示。

图 5-2　太浦河工程示意图

（2）望虞河工程。工程定位为太湖洪水的主要泄水通道。望虞河南起太湖沙墩口，北至长江的耿泾口，是太湖流域综合治理的流域性骨干工程之一。望虞河工程建设始于 1958 年，主要按照当时水电部批准的《江苏省太湖地区水利工程规划要点》开展，工程于 1959 年 4 月基本结束，但至 1987 年望虞河与太湖尚未接通。1991—2004 年，根据 1987 年国家计委批准的《总体规划方案》，打通河道、修建堤防，并在入太湖处修建望亭水利枢纽和在入长江口修建常熟水利枢纽，工程能力得到大幅提升，按 1954 年型洪水，5—7 月望虞河承泄太湖洪水增加到 23.1 亿立方米。2002 年起，为应对太湖流域本地水资源量不足，水环境容量低，水污染严重的问题，利用望虞河、太浦河等现有工程，实施"引江济太"水资源调度。枢纽的主要任务调整为防洪、引水、排涝，很好地发挥了工程的综合效益。望虞河工程示意图如图 5-3 所示。

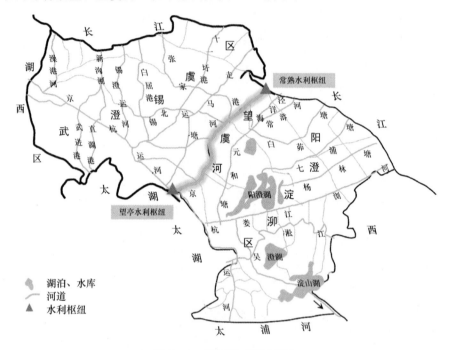

图 5-3　望虞河工程示意图

（3）环湖大堤工程。工程定位为拦蓄太湖洪水的骨干工程。《总体规划方案》确立太湖为流域洪水及水资源的调蓄中心。为使太湖的洪水得到充分调蓄，使水资源得到充分利用，1991—2005 年，沿太湖修建环湖大堤，按防御 1954 年型洪水位作为设计水位，5—7 月太湖调蓄洪水 45.6 亿立方米。环湖大堤北以直湖港口、南以长兜港口为界，以东称为"东段"，以西称为"西段"。按照"东控西敞"的原则，东段口门全部控制，西段口门基本敞开。环湖大堤作为流域防洪安全的重要基础，为广大平原地区提供了重要的防洪屏障，在抗御 1996 年和 1997 年台风侵袭，以及 1999 年流域特大洪水中发挥了显著作用。

（4）杭嘉湖南排工程。工程定位为杭嘉湖地区洪涝水向南排入杭州湾的通道。1991—2000 年，拓浚南台头河、盐官上河、盐官下河、长山河运西段 4 条沟通杭嘉湖地区与杭州湾的纵向骨干河道，新建南台头排涝闸、盐官上河排涝闸、盐官下河站闸枢纽 3 座出海排涝枢纽工程，改善杭嘉湖地区排涝条件，为太浦河承泄太湖洪水腾出行洪通道。

（5）湖西引排工程。工程定位为湖西地区向长江、太湖排水以及向长江引水的骨干工程。1992—2009 年，先后完成了九曲河、武宜运河、城东港、丹阳城南分洪道、北河、烧香港等河道拓浚工程，建成九曲河枢纽、魏村枢纽、丹金闸、运河新闸等控制性枢纽建筑物，使太湖西部地区的防洪除涝能力得到提高。

（6）武澄锡引排工程。工程定位为武澄锡地区防洪除涝和从长江引水的骨干工程。先后完成了白屈港、新夏港、澡港 3 条入江河道拓浚和沿江枢纽建设，完成武澄锡西控制线工程，使武澄锡低片区的引排能力得到提高。

（7）东西苕溪防洪工程。工程定位为控制浙西山区洪水东泄杭嘉湖平原，保障杭、嘉、湖三市防洪安全的骨干工程。苕溪流域是流域暴雨中心之一，下游为平原河网，易受太湖高水位顶托，泄流不畅。1992—2009 年，实施东西苕溪防洪工程，先后完成东苕溪西险大塘加高加固，东苕溪导流港河道拓浚及东大堤加高加固，东堤沿线德清、洛舍、鲇鱼口、箐山、吴沈门及城南等分洪闸改建，德清、鲇鱼口套闸新建，庞儿港及长兜港拓浚等工程，有效截阻浙西区山水入侵杭嘉湖平原，遇 1954 年梅雨东苕溪导流可基本不向杭嘉湖平原泄洪，有效减轻东部平原的洪水压力，保障杭州、湖州、嘉兴等城市的防洪安全。

（8）红旗塘工程。工程定位为嘉兴北部洼地的一条东排主干河道，兼泄运河以西部分来水，同时也是上海青浦、松江、金山部分地区排水入浦的主要河道，系跨省地区性排涝河道。1999—2007 年，完成了红旗塘工程，通过拓浚干河、修建干支河堤防、控制性建筑物等，有效提升了红旗塘的防洪能力，遇 1954 年型流域洪水 5—7 月可东排 15.8 亿立方米水量，也大大改善嘉北地区排涝条件。

（9）扩大拦路港疏浚泖河及斜塘工程。工程定位为淀泖区重要排水通道。自上海市建立青松控制工程以后，太湖下游淀泖区向东排水河道大多封闭。为解决淀泖地区排水出路问题，1999—2007 年，实施了扩大拦路港、疏浚泖河、斜塘工程，有效提升了淀泖区的洪水外排能力，遇 1954 年型梅雨 5—7 月可排泄 6.0 亿立方米水量。

（10）杭嘉湖北排通道工程。工程定位为提高杭嘉湖地区防洪除涝标准的骨干工程。杭嘉湖北排通道西起白米塘，东至王江泾—芦墟一线，北临太湖、太浦河，南至澜溪塘、麻溪，区域面积约 700 平方千米。几十年来由于大规模围湖垦殖、联圩并圩，泄水河道断面及水面调蓄能力相应减小，导致涨水快退水慢，加重了地区的洪涝威胁，亦引发省际边界水事纠纷。1998—2007 年，实施杭嘉湖北排通道工程，先后对白龙港、南桥港、川桥港、千字圩南水道、直港、郑产桥港、新运河等 25 段河道进行了拓浚，整治了堤防，有效缓解地区洪涝风险。

（11）黄浦江上游干流防洪工程。工程定位为提高黄浦江上游干流防洪除涝标准，承泄上游太湖、江苏淀泖地区、浙江杭嘉湖地区以及上海浦西部分地区洪涝水的功能。1994—2005 年，实施完成黄浦江上游干流防洪工程，通过建设两岸防洪墙和支河口门控制建筑物工程，提高了黄浦江干流闵行—三角渡段河段的防洪能力，保护了沿线防洪安全。

（二）二轮治太

进入 21 世纪以后，太湖流域水资源、水环境问题更加突出，这一阶段的太湖治理逐步从防洪保安向水环境治理、水安全保障、水资源配置并重转变，此亦称为"二轮治太"。

2008 年起，《太湖流域防洪规划》（以下简称《防洪规划》）、《太湖流域水环境综合治理总体方案》（以下简称《综合治理方案》）、《太湖流域综合规划》等流域性规划和方案相继得到批复实施，形成了以环湖大堤后续工程、望虞河后续工程、新孟河延伸拓浚工程、太浦河后续工程、新沟河延伸拓浚工程、东太湖综合整治工程、吴淞江工程、扩大杭嘉湖南排工程、太嘉河工程、东西苕溪综合整治工程等重点工程为骨干的综合治理格局。

1. 太湖治理

环湖大堤后续工程。太湖是流域的调蓄中心。环湖大堤不断发挥抵御流域洪水重要作用的同时，也开始暴露堤防建设标准偏低、堤身堤基质量不高、抗风浪能力不足等诸多薄弱环节。根据流域增加防洪调蓄能力和水资源调控能力的要求，《防洪规划》《综合治理方案》及《太湖流域综合规划》均提出，需针对环湖大堤存在的薄弱环节，实施环湖大堤后续工程，以巩固和提高环湖大堤的防洪安全度和标准，满足 100 年一遇洪水太湖防洪设计水位的需要，遇 1999 年实况洪水能保障环湖大堤安全。截至 2019 年年底，环湖大堤后续工程处于可行性研究阶段。

太湖底泥疏浚。有研究认为实施生态清淤，可改善太湖水环境、抑制富营养化发展、遏制蓝藻水华和湖泛灾害，太湖底泥疏浚是太湖流域水环境综合治理的重要措施之一。2002—2003 年，太湖局组织开展了太湖底泥与污染情况调查，首次对太湖底泥分布和有关物理、化学指标进行了较为全面的调查，形成了《太湖底泥与污染情况调查报告》。2007 年，太湖局在底泥调查以及陆续开展的水下地形测量、湖面利用调查、底泥污染物化学含量检测、污染底泥释放实验、污染底泥疏浚分区研究等太湖底泥相关调查研究工作的基础上，组织编制完成了《太湖污染底泥疏浚规划》，并于同年 7 月获得水利部批复，该规划为太湖底泥疏浚工程实施提供了规划依据。2008—2013 年,江苏省水利厅组织实施了太湖生态清淤工程,以清除表层污染严重的游离淤泥为主要任务,对竺山湖、梅梁湖、贡湖和东太湖等重点湖区进行了清淤,并且在实施过程中加强了对清淤区域水质和底泥本底状况的监测分析,取得了减少内源污染物和改善底栖生物生态环境等实测数据。

东太湖综合整治工程。东太湖具有防洪、供水、水生态环境改善等综合功能,为提高东太湖行洪能力,满足吴淞江工程行洪要求,同时改善东太湖水生态环境,为下游地区供水创造条件。2008—2017 年,实施完成了东太湖综合整治工程,通过退垦还湖、疏浚行洪供水通道、生态清淤及生态修复等,既提高了流域及区域防洪能力,又削减了湖体污染负荷,改善了水质。

2. 望虞河治理

望虞河后续工程。望虞河因西岸沿线口门尚未实现全面控制,存在洪水倒灌西岸地区的可能,其泄洪能力发挥受到西岸地区防洪安全制约;且引江济太期间,西岸地区污水会进入望虞河,严重影响望虞河引水入湖效率。此外,由于望虞河沿线地区地面沉降严重,部分现有工程已达不到原设计标准。为此,规划进一步扩大望虞河行洪和引水能力,两岸实行有效控制,妥善安排西岸地区的排水出路,为建成流域安全行洪"高速通道"和引江"清水走廊"创造条件。工程主要涉及望虞河拓宽、西岸控制、走马塘拓浚延伸工程 3 项工程。截至 2019 年年底,除望虞河拓浚工程正在抓紧开展前期工作尚未实施外,走马塘拓浚延伸已实施完成并发挥效益,望虞河西岸控制工程已全面开工建设。

此外,长期运行以后,望虞河两处控制性建筑物——常熟水利枢纽泵站、望亭水利枢纽闸门均出现了不同程度的损害问题,2008—2011 年,先后实施完成了常熟水利枢纽加固改造工程、望亭水利枢纽的闸门系统实施更新改造工程。

3. 太浦河治理

太浦河后续工程。太浦河上承东太湖,下接黄浦江,既是太湖洪水主要下泄通道之一,又是嘉善、平湖饮用水水源地,也是黄浦江上游主要来水水源之一,对上海、嘉善、平湖等自来水厂水源地具有重要意义。但由于太浦河两岸未实施全面控制,制约了太浦河泄洪能力的发挥,也不利于南岸杭嘉湖地区的防洪安全,同时,两岸支流对太浦河供水也有影响。为此,规划安排太浦河后续工程,实施太浦河两岸有效控制,完善地区防洪安全措施,提高太浦河向下游地区安全供水能力,为其成为流域行洪通道和水资源配置的"清水走廊"创造必要的条件。截至 2019 年年底,该工程处于可行性研究阶段。

太浦闸除险加固工程。太浦闸是太湖东部骨干泄洪及环太湖大堤重要口门的控制建筑物,建成于 1956 年,其工程任务为防洪、泄洪和向下游地区供水。由于历史原因,太浦闸工程存在着严重病险,确定为三类闸,2012 年 9 月,开始实施太浦闸除险加固工程建设，按照防御 100 年一遇洪水设计，在原址上拆除重建，工程于 2013 年 4 月完成通水验收后投入初期运用，2015 年 6 月通过竣工验收。工程运行以来，在防御流域洪水和强台风袭击、保障供水安全、改善水环境等方面发挥了积极作用。

4. 新孟河治理

新孟河延伸拓浚工程。1959—1974 年新孟河先后历经四次整治，并兴建小河节制闸，称为湖西区重要的南北向骨干河道之一。为扩大流域北向长江引排能力，一定程度减少入湖水量，提高流域防洪及水资源配置能力，促进湖西区防洪安全和水资源保护，规划延伸拓浚新孟河。新孟河延伸拓浚工程规划既是《防洪规划》确定的流域北排长江的骨干防洪工程之一，也是《综合治理方案》安排的"提高水环境容量（纳污能力）引排工程"实施项目之一，具有改善水环境、提高防洪排涝和水资源配置能力等综合功能和效益。2015 年 11 月，新孟河延伸拓浚工程开工建设，目前正在加快推进当中。

5. 新沟河治理

新沟河延伸拓浚工程。新沟河北起长江经新沟节制闸向南穿过西横河，经申港镇、焦溪至石堰，与三山港、漕河相接，全长 11.43 千米。中华人民共和国成立后，对新沟河进行多次疏浚，1974 年常州、江阴、武进两市一县采用"全面规划、分段标准、分工负责、统一验收、分别结报"的原则，联合拓浚了新沟河。为提高流域及武澄锡虞区洪涝水北排长江能力，增强太湖西北部湖湾（梅梁湖、竺山湖等）有序流动，保障梅梁湖等湖湾水源地供水安全，规划提出实施新沟河延伸拓浚工程。与新孟河延伸拓浚工程类似，新沟河延伸拓浚工程既是《防洪规划》确定的流域北排长江的骨干防洪工程之一，也是《综合治理方案》安排的"提高水环境容量（纳污能力）引排工程"实施项目之一。截至2019 年年底，新沟河延伸拓浚工程已基本完成。

6. 吴淞江治理

吴淞江工程。吴淞江古称松江，也是至今唯一尚存的古太湖三条泄水通道之一。今吴淞江源于江苏省境内东太湖的瓜泾口，横贯淀泖、浦西地区，沿线与江南运河、苏申外港线等重要航道交叉，流经吴江、苏州、昆山、嘉定、青浦以及上海市区，全长 125 千米，两岸有数以百计的支河汇入。为扩大流域洪水东出黄浦江能力，提高东太湖向下游地区供水能力，规划实施吴淞江工程。拓浚后的吴淞江干河将先后流经江苏省、上海市。该工程是太湖流域防洪实现百年一遇治理目标的必要工程措施，是太湖洪水外排的第三条通道，是恢复和涵养吴淞江水系实现生态治理的重要举措，也是保障下游苏州河等河道供水的源头活水。2017 年太湖局组织完成吴淞江工程总体布局方案并获水利部批复；截至 2020 年上半年，吴淞江工程江苏段可行性研究已通过审查，吴淞江工程上海市省界段工程可行性研究已批复立项，省界段—老白石路段工程可行性研究已通过审查，老白石路—油墩港段已开工建设，新川沙河段项目建议书亦已得到批复。

除工程建设方面以外，流域在依法治水、科学治水等综合管理方面也取得了显著成绩。2011年，国务院颁布施行《太湖流域管理条例》，这是我国第一部流域综合性行政法规，在饮用水安全、水资源保护、水污染防治、防汛抗旱与水域岸线保护等方面进一步强化了地方政府、水利和环保部门以及流域机构的行政管理职责，对流域管理与区域管理的协调配合，以及水资源保护与水污染防治的衔接都有具体的规定，为加强流域综合管理提供了法律依据，标志着太湖流域综合治理工作正式步入了依法治水管水的新阶段。2017年，太湖局联合南京水利科学研究院、河海大学、上海勘测设计研究院有限公司共同发起成立"太湖流域水科学研究院"，成为我国首个流域层面的水利科技领域高层次协作平台，对于提升流域水治理科技支撑具有里程碑意义。总体而言，中华人民共和国成立后，全国上下进入了社会主义事业建设时期，水利事业的各个方面也随之进入了统一领导下的快速发展和完善时期。

二、区域水系治理

太湖流域虽面积不大，但是地形极其复杂。西有山地、丘陵，中有太湖，东部平原亦是呈现周边高、中间低的地形特色。在长期的治水过程中，流域内各地均认识到须根据地形以及水系特点分区进行治理，才能真正做到行之有效。20世纪80年代，根据流域地形地貌特征、水系分布以及流域规划和治理需要，同时适当考虑地区治理和行政区划[189]，经太湖局和省（直辖市）水利部门共同研究协商，太湖流域划分为8个水利分区（详见图1-2）。因防洪、供水、航运等需要，中华人民共和国成立后流域内各水利分区均开展了大规模区域河道整治活动，通过拓宽浚深、裁弯取直、建闸扩闸、兴修控制工程等手段，提高河道泄洪排涝能力，同时衔接流域治太骨干工程建设，形成流域区域整体工程格局。

湖西区位于太湖流域西北部，东依太湖，北临长江，引排能力受长江潮位和太湖水位变化的影响较大。自20世纪50年代起，湖西区通过拓宽浚深、裁弯取直等，对丹金溧漕河、九曲河、新孟河、德胜河、扁担河等骨干河道进行了治理，并逐渐建闸、兴建水利枢纽，完善了湖西区水资源调控的基本工程格局。

武澄锡虞区位于太湖流域北部，北侧依赖长江大堤，抵御长江洪水，南部依靠环太湖大堤，阻挡太湖洪水，西部以武澄锡西控制线为界，与湖西区相邻；东部至望虞河东岸。自20世纪50年代起，武澄锡虞区通过拓宽浚深、新辟入江水道、整治航道等，对白屈港、澡港河、新沟河、锡澄运河等区域内的骨干河道进行了治理，并逐渐建闸、兴建水利枢纽，完善了武澄锡虞区水资源调控的基本工程格局。

阳澄淀泖区位于流域的东北部，是太湖流域的下游，地势低平，区内河道纵横，湖泊众多，沿江地区排水条件较好，环湖地区常受太湖洪水入侵威胁。在1954年大水之后，通过河道拓宽浚深、裁弯取直、修筑河堤、建闸控制等，主要对常浒河、元和塘、白茆塘、杨林塘等区域骨干河道进行了治理，逐步完善了阳澄淀泖区水资源调控的基本工程格局。1991年大水后，阳澄淀泖区结合自身特点，开展了常浒河、白茆塘、七浦塘、杨林塘、浏河五大通江骨干河道整治，进一步扩大了区域引排能力。

杭嘉湖区位于太湖流域的南部，属太湖流域的下游区，地势自西南向东北倾斜，汛期洪涝水主要是自西向东、自南向北排入太湖和黄浦江。受北部太湖汛期水位逐年逼高，东部黄浦江潮位抬高顶托等因素的影响，杭嘉湖区的洪涝抗灾能力较弱。自20世纪50年代起，杭嘉湖区主要以防洪治涝为重点，新辟红旗塘、长山河等排涝通道，并对顿塘、澜溪塘等骨干河道以及环湖溇港进行了拓浚整治，有效改善了区域引排条件。实施太嘉河、杭嘉湖地区环湖河道整治两大工程，拓宽、浚深罗溇、幻溇、濮溇、汤溇等四条入太湖溇港，建设两岸堤防、桥梁和防洪排涝闸站，涉及河道总长92千米，打通了东部平原与太湖沟通的行洪排涝主动脉，提升了河道防洪标准，大幅增强东部平原防洪保安能力，改善了水生态环境并兼顾了航运。

浙西区位于流域的西南部，属于太湖流域上游，主要由苕溪流域和长兴平原区组成，苕溪流域西南部是流域暴雨中心之一，因气象原因，洪涝灾害频繁。中华人民共和国成立后，通过实施干流疏浚裁弯、分洪河道拓浚等措施，一定程度上提升了东、西苕溪行洪能力。

浦东浦西区河道均位于上海市域内，主要涉及的水系有黄浦江及其支流和苏州河（即吴淞江上海段）。黄浦江，是上海的母亲河，其蜿蜒流过上海市中心，向北入长江，汇进东海。中华人民共和国成立后，将对黄浦江的疏浚作为长期持久的治水策略之一，并在黄浦江两岸修筑了大量塘坝、水库等水利工程，同时，加高加强江堤，发展机电排灌，建造河闸控潮，先后对黄浦江及蕴藻浜、练祁塘、油墩港、淀浦河、川杨河、大治河、金汇港、张家浜等支流进行了疏浚治理，完善了黄浦江的排江功能。

综上所述，中华人民共和国成立以来，各地采用较为先进的技术手段，对骨干河道进行了更为系统的综合整治，改变了原本战乱之后百废待兴的局面，进一步提高了河道的泄洪能力，全面增强了区域水资源调控能力。区域骨干河道的建设同时也在一定程度上与流域骨干工程布局相衔接，形成了流域区域联动的一盘棋建设，大大增强了流域、区域防洪的整体效益。

三、重要城市治理

城市是政治、经济、文化的中心，人口密集、工商业发达、财富集中，也是国家财税的主要来源，一旦受灾，将给经济社会造成巨大的损失。因此，城市防洪在流域防洪中占有重要位置。

按太湖流域内城市与江海河湖的关系，将城市防洪分成 3 类：①直接受太湖洪水威胁的，如苏州、无锡、湖州；②与太湖水情有间接关系的，如嘉兴、常州；③受江海潮水影响的如上海、杭州。在《太湖流域防洪规划》编制阶段，上述 7 座重要城市分别编制了城市防洪规划报告，提出了城市防洪的规划范围、标准、重点工程布局及方案等。

7 座城市的防洪工程已基本按照城市防洪规划建设完成。流域内苏州、无锡、常州、嘉兴和湖州 5 座城市陆续建成城市大包围，另外还有部分县级市也建设了防洪大包围工程。根据相关调查统计，太湖流域苏州、无锡、常州、嘉兴、湖州 5 座城市中心城区主要城市大包围总面积为 913.8 平方千米，总排涝流量达 1895.9 立方米每秒。其中，苏州、无锡和嘉兴经济相对较发达，排涝模数较大，常州市和湖州市排涝模数相对较小。

1. 苏州城市防洪工程

苏州市位于太湖东北面，太湖洪水对其有较为严重的影响。

苏州市古城区四周有城河环绕，城河沿岸地势较高，部分地面高程达到或超过 5 米，未建防汛墙。20 世纪 80 年代，苏州城区开始系统进行防洪工程建设。1983 年，城区防汛指挥部完成市区防汛工程规划的编制，指导城区防洪建设。至 1989 年工程基本完成，城市防洪能力有所增强。但由于当时经费严重不足，工程建设标准低，排涝规模偏小，1991 年大水中，苏州市建成区面积 41.5 平方千米中 49％被淹。1991 年大水后，苏州市修订规划按 100 年一遇标准设防。

2002 年，苏州编制《苏州城市防洪规划》，提出城市中心区（大部分为今姑苏区范围）在小包围和中包围基础上，兴建城市防洪大包围。以京杭运河、胥江、斜港、吴淞江、娄江、元和塘等骨干河道作为外部区域河网，划为城市中心区、工业园区、苏州新区、吴中区、湘城区、浒关区 6 个防洪排涝分区。除城市中心区、吴中区江南运河以北中心片按 200 年一遇防洪标准设防外，其他均采用 100 年一遇防洪标准设防。自 2003 年起，苏州中心区大包围启动建设。至 2009 年，包围圈 11 处重点水利枢纽全部完成，城市中心区基本达到了节点枢纽 200 年一遇防洪和包围圈 20 年一遇排涝的能力，工业园区、高新区、虎丘区等，几乎均达到 100 年一遇标准。

2. 无锡城市防洪工程

无锡市位于太湖北岸，有梁溪河、直湖港、骂蠡港等河道通太湖，其中梁溪河是市区直通太湖的主要河道。此外，江南运河流经市区，承泄西面上游常州方面的来水。无锡市地势低洼，西为江南运河湖西高片，东为澄锡虞高片，北有长江江潮，南受太湖洪水影响，汛期四面有高水包围。

中华人民共和国成立后，无锡市多次遭受洪灾。1976—1985 年，是无锡市防洪工程建设的初始阶段，开展了首次城市防洪规划工作，重点对市区主干河道周边 25 个低洼片区分别建小圩防洪，低标准解决设防问题，基本形成了防洪工程体系。1987 年，无锡市开始第二次城市防洪规划编制工作。这次规划的标准是抗御 1954 年型水，以 1962 年型洪水进行校核，选定分散治理方案，对骨干河道两侧的挡水墙基础进行加固处理，并在前一次的圩区布局基础上，适当进行联圩并圩，缩短防线，提高抗灾能力。然而当时无锡的城市防洪能力还不足以抵抗较大的洪水。在 1991 年大水中，无锡市建成区面积 65 平方千米中 17% 被淹。

1991 年汛后，无锡市组织开展了第三次城市防洪规划工作。规划标准为抗御百年一遇的洪涝灾害，暴雨重现期要求达到 1～3 年一遇。这一阶段重点针对城防工程在受灾时暴露出的薄弱环节进行加强建设，全面强化挡墙基础的加固和防渗工程，加高加固挡墙，联圩并圩，改造排涝站，增强排涝能力。

20 世纪 90 年代后期，继续实施 1991 年汛后第三次城市防洪规划。但随着城市迅速发展，防洪安全要求更高，且城区河道水质的恶化更为严重，急需有一项既能保障高标准洪水的安全，又能调活水流促进河道水质改善的措施。1998 年，无锡市水利局开展新一轮城市防洪规划编制，以重点地区建立防洪控制圈，其他地区加强自保为目标。截至目前，无锡市城市防洪规划和可行性研究报告中确定的工程内容尚有部分任务未完成，主要有运东大包围内部部分骨干河道整治、包围内二级圩区达标建设、部分堤防等。

3. 湖州城市防洪工程

湖州市位于太湖南岸，东西苕溪下游，市区建成区约 8.42 平方千米。湖州市区上受东西苕溪洪水威胁，下有太湖高水位顶托。中华人民共和国成立后，遇较严重汛期，湖州城市受淹较为严重。1991 年大水后，涉及湖州市防洪的环城河、庞儿港、长兜港等入太湖尾闾河道拓浚，列入一轮治太骨干项目东西苕溪防洪工程，至 2007 年基本建设完成。

1999 年大水，湖州市市区洪涝直接经济损失 40.39 亿元，远高于 1991 年。灾后开展实施《湖州市城市防洪规划（修编）（2003—2020 年）》，规划分期按近期 2005—2007 年、远期 2008—2020 年组织实施。采用的工程措施为分区设防，防洪包围和抬高地面相结合，以分区包围为主。除杨家埠和甲午两分区采用抬高地面的措施外，其余均采用防洪包围。湖州城市防洪要达到既定的规划目标，建设任务仍然较重。

4. 嘉兴城市防洪工程

嘉兴市位于太湖流域南翼,市区有新塍塘、长水塘、海盐塘、平湖塘、三店塘、江南运河等河道交汇,被分成10余块小区,地面高程4.0~4.5米。上游天目山区东苕溪来水可经东导流东堤六闸下泄,由新塍塘和杭州塘(江南运河东段)流入嘉兴市。江南运河苏嘉段来水对嘉兴市也有影响。由于杭嘉湖南排工程长山河及长山闸已建成,出水河道除东向的平湖塘、三店塘以外,也可由长水塘、海盐塘向南排水,经长山河入杭州湾。

从1989年起,嘉兴市在市区光明街、杉青闸等部分低洼地段建设城市防洪工程。但在1991年大水中,虽然杭嘉湖地区降雨量小于苏南,也仍有1000家企业受淹。1996年6月,嘉兴市组织编制《嘉兴市区城市防洪工程规划》,并分6期进行小包围建设。工程在防御20世纪90年代各次洪水中发挥了一定作用,但由于建设进度较慢,在各次洪水中仍遭受了不少损失。除了防洪规划实施不够及时以外,因地下水超采引起的地面沉降也是造成严重灾害的原因。

2000年1月,嘉兴市实施《嘉兴市区城市防洪工程(大包围)规划》,城区防洪标准维持100年一遇不变,布局仍采用两级包围,利用已建和续建的小包围挡水排涝,在外河达到防洪水位时启用大包围。工程从1999年12月开工,至2003年10月全部完工。

5. 常州城市防洪工程

常州市位于太湖西北面,江南运河自西向东横贯全境。城区地面高程一般在5~7米,最低处3.8米,有市河环绕,在市区下游有武进港、采菱港、南运河等多条南北河道沟通江南运河与太湖。汛期常州市上游要承受江南运河高片来水,下游受太湖高水位顶托。

中华人民共和国成立后,常州市也曾受洪水之困,但常州市防洪工程实施晚于苏州无锡两市。至1989年,运河市区段开展了航道整治、河道疏浚,拆除阻水碍航构筑物,两岸修建了石驳岸。此外,还疏浚了南运河、大湾浜、关河和白荡河以及市河等河道。

1991年大水,苏南地区及湖西地区降雨强度大,湖西来水沿运河东下,常州损失严重。1991年洪水后,市区新建和扩建排水泵站40座,涵闸26座,防洪能力有所提高。但由于一轮治太骨干项目湖西引排工程中的新闸至1999年尚未实施,在1999年汛期中常州市市区洪涝造成经济损失较为严重。

2002年常州市水利局组织编制完成《常州市城市防洪规划》,同年常武地区行政区划调整,城市总体规划进行修编。2005年京杭运河常州市区段改线工程正式开工,2007年对防洪规划报告进行修编。防洪标准确定为100~200年一遇,城市中心区(运北片)确定为200年一遇;城区河道排涝标准采用20年一遇最大24小时降雨不漫溢;城市小区排水标准确定为0.5~3年一遇。2008年常州城市大包围运北片节点枢纽工程全面启动，澡港河南枢纽、老澡港河枢纽、北塘河枢纽、永汇河枢纽、大运河东枢纽、采菱港枢纽、串新河枢纽、南运河枢纽等相继建成，2012 年年底枢纽节点工程基本完成，现状九大节点工程外排流量 310 立方米每秒；北塘河、武南河城区段等市域骨干河道整治等工程建设陆续完成，湖塘片等武进城区规划拟定的防洪工程相继建设。

6. 上海城市防洪工程

对于上海市来说，影响其防洪安全的主要因素是黄浦江台风高潮。1949 年前上海无防汛墙，从 1956 年开始修建，后经 1962 年和 1974 年两次加高，1981 年黄浦江防汛墙防御标准已达 100 年一遇（黄浦公园潮位 5.30 米）。1981 年 9 月，上海遭 14 号强台风袭击，经浦东沿江水闸开闸纳潮后，水位仍高达 5.22 米，高出市区地面 2 米，距设防水位 5.30 米只差 8 厘米。1985 年经水电部和上海市政府批准，将设防标准提高到 1000 年一遇，按黄浦公园高潮位 5.86 米设防。1988 年国家计委同意上海市区防汛墙加高加固工程开工建设。至 1990 年，黄浦江市区段及主要支流防汛墙，有一半达到"千年一遇"的防洪标准，并于 1991 年 4 月在黄浦江苏州河口建成国内第一座闸桥结合、净孔 60 米的悬挂式挡潮闸。至 2000 年末，苏州河口挡潮闸和黄浦江干支流防汛墙加高加固已完成。同时城市化地区 69 千米海塘已达 100 年一遇加 12 级风，非城市化地区 213.0 千米海塘已达 100 年一遇加 11 级风的设防标准。已建工程对防御 1996 年、1997 年沿江沿海高潮位发挥了决定性作用。至 2012 年，上海市黄浦江中下游 294 千米防汛墙已达 1985 年批准的防御 1000 年一遇高潮位的标准。通过治太骨干工程——黄浦江上游干流防洪工程建设，黄浦江上游干流 217 千米堤防达防御 50 年一遇洪水的标准。

上海市汛期多雨，遇到暴雨市区往往积水严重，存在城市排涝问题。1843 年上海开埠以后发展迅速，城区填浜筑路，新设排水设施简陋且因租界分割标准不一，不成系统。中华人民共和国成立初期上海市区仅有 11 座排水泵站，排水能力 16 立方米每秒，大部分地区排水以候潮自流为主，每逢暴雨必然成灾。20 世纪六七十年代全市地面沉降加剧，市区积水更为严重，开始逐年新建排水泵站和地下排水管道，到 70 年代末，全市有排水泵站 95 座，排水能力 290 立方米每秒，初步改变了原来以自流排水为主的局面。80 年代开始，防汛排水设施建设成为市政基础设施建设的重要组成部分，每年都有 4～5 个排水系统建成投入使用，到 1990 年，全市有排水泵站 160 座，排水能力 870 立方米每秒，机排成为市区主要排涝方式。然而在 1991 年和 1999 年洪水中，上海市仍然遭受了相当大的损失。20 世纪 90 年代以后，随着技术进步和投入增多，新建泵站规模和雨水管道管径都越来越大，到 2011 年全市雨水泵站共 441 处，排水能力 3128 立方米每秒，排水基本达到抵御一年一遇暴雨标准。

1999 年，上海市组织编制《上海市城市防洪排水规划》，根据各区域自然条件、经济社会发展对水的需求，综合考虑防洪、供水和水环境"三个安全"及内河航运等因素，形成 14 个水利分片进行综合治理。截至 2015 年，全市建成主海塘总长约 495.4 千米，按现海塘设防标准（大陆及长兴海塘按 200 年一遇、崇明和横沙按 100 年一遇标准设防），其中 342.3 千米已达设防标高，占 69%；153.1 千米需加高加固，占 31%。黄浦江防汛墙由黄浦江及其支流的堤防组成，堤防总长约 479.7 千米，按 1000 年一遇标准设防。14 个水利分片基本都完成外围水闸、堤防等工程。

全市区域除涝能力总体为 10～15 年一遇，其中，中心城区的除涝能力较强，浦东片、太北片、商榻片除涝能力也较高，地势低洼的青松片、太南片、浦南西片、淀南片、嘉宝北片除涝能力要弱些，其他水利分片由于河湖水面率低、排水条件差及工程建设不足等原因除涝能力较弱。

上海市按照水利分片综合治理格局，基本形成了"千里海塘、千里江堤、区域除涝、城镇排水"的四道防线防汛保安体系。

7. 杭州城市防洪工程

杭州市位于流域西南部，东南临钱塘江，西北有东西苕溪，上游青山水库距市区 33 千米，江南运河穿越市区。从地势上来看，杭州市区西南部为山丘区，约占市区面积的 35%；其余 65% 为平原，高程 5～12 米，平原部分南受钱塘江江潮、西受东苕溪洪水的威胁。因此，杭州市城市防洪任务是南防钱塘江洪潮和西防东苕溪山洪，以市区临钱塘江堤塘和东苕溪东岸西险大塘为其防洪屏障。

东苕溪已建防洪工程自上而下有青山水库（大型），南、北湖滞洪区，泗岭水库（中型）及西险大塘。青山水库按 100 年一遇设计，1988—1990 年按万年一遇保坝进行加固。南湖和北湖滞洪区分别位于南苕溪右岸和中苕溪左岸，滞洪容积分别为 1500 万立方米和 1670 万立方米，1963 年 9 月 12 日洪水，南湖滞洪区泄水闸翼墙冲塌，洪水直入杭州。西险大塘自余杭石门桥至德清闸，长44.9 千米，为杭州市西部防洪屏障。西险大塘经一期加固，防洪标准达 20 年一遇，二期加固列入一轮治太骨干项目东西苕溪防洪工程。

1999 年 10 月，杭州市编制完成城市防洪规划，防洪的对象主要是钱塘江的洪潮、东苕溪和西湖的洪水以及城市内涝。根据杭州市水系和地形地势特点，杭州城市防洪排涝工程分为 7 大部分：钱塘江防洪工程、东苕溪防洪工程、西湖防洪工程、主城区防洪排涝工程、下沙片排涝工程、上泗片排涝工程、滨江片排涝工程。其中钱塘江防洪工程，中心城区白塔岭至一堡船闸的海塘标准为500 年一遇，其他区域防洪标准为 50～100 年一遇。至 2003 年城区防洪工程已基本完成。

四、圩区综合治理

太湖流域为典型的平原河网地区，地势低洼，流域外江外海水位和潮位高，河网水位往往也高于地面，低洼地区为了防洪排涝、发展生产等在低洼地区四周圈筑圩堤，形成了"圩区"。圩堤上建有圩口闸，圩区内建有泵站。汛期受洪涝威胁时，外河水位普遍高于圩内水位，圩口闸关闭挡圩外水，圩区内积涝时可开动泵站排圩内水。非汛期无洪水威胁时，可开启圩口闸引水、通航或改善水质。中华人民共和国成立初期，太湖流域圩区仍以分散和小规模为主，圩区面积小、数量多，圩区面积多在几十亩至几百亩。1954 年大水后，为缩短防洪战线，流域内各地纷纷开展了联圩并圩工作。随着经济社会的发展，各地圩区建设标准也在不断提高。至 2015 年，流域圩区分布情况如图 5-4 所示。

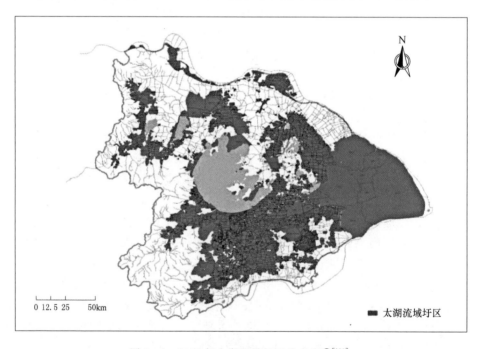

0 12.5 25 50km

■ 太湖流域圩区

图 5-4 2015 年太湖流域圩区分布图 ❶[190]

1. 江苏省圩区治理

太湖流域内江苏省圩区主要分布在阳澄淀泖区、武澄锡虞区和湖西区。联圩、并圩等圩区建设工程的实施在流域内苏、锡、常地区发展最早。

1949 年 4 月，苏州解放，民国遗留下来的圩田布局形式主要仍为抗灾能力

---

❶ 含江苏省、浙江省县级以上城市防洪大包围。

低的小圩体系，称"鱼鳞圩"。其时苏州地区（阳澄淀泖水利分区）有圩田300余万亩，分布在一万多处小圩内。1954年大水，苏州圩区普遍遭遇严重洪涝灾害，再一次暴露了小圩体系堤线长、标准低的弱点，少数有联圩防洪和机电排涝的地方却取得了较好的抗灾成效。1958年联圩并圩工程兴起，主要分布在低洼圩区较多的阳澄和浦南区域，是电力排灌优先发展地区。至1972年年末，苏州千亩以上联圩共404处，万亩以上联圩减少到30处，千亩至5千亩联圩增加到270处。随着低洼联圩布局调整进入尾声，半高田联圩建设步伐加快，主要分布于吴淞江两岸的昆中、昆南、吴江县北部和吴县东南部。到1990年年末全市（包括张家港市及郊区）共已建成联圩782处。至2015年前后，苏州市共有圩区617处，保护面积433万亩，其中万亩以上圩区140处，保护面积达265万亩。

无锡市在中华人民共和国成立初期共有大小圩6300多处，零星分散。1949年和1954年，连续遭受洪涝和台风袭击，堤破、田淹，受灾严重，各地开始联圩并圩，积极恢复和发展生产。20世纪60年代圩区建设的重点是继续并圩建闸，培修圩堤，发展机电排灌站，开展分级控制工程，整修内河水系。20世纪70年代，圩区建设按照内外分开、高低分开、灌排分开，控制内河水位、控制地下水位的要求治理。20世纪80年代以后，圩区治理重点向管理方向转移，圩内建设主要是提高圩区防洪排涝能力，进一步加高加固圩堤，修建三闸，兴建改造排涝站，加强护岸建设。20世纪90年代，堤防标准提高到抗御1991年最高洪水位，扩大联圩规模，大力建设万亩圩，并加强半高地的治理。至2000年，无锡全市圩区已由中华人民共和国成立初期的6300多处合并为995处，其中万亩以上大圩34处，1000～10000亩的圩区203处。2004年，江苏省无锡市制定《无锡市2004—2010年万亩圩区达标建设规划》，开始万亩以上圩区达标建设。至2015年前后，无锡市共有圩区656处，保护面积达160万亩，其中万亩以上圩区42处，保护面积达133万亩。

常州市在中华人民共和国成立初期共有圩区3000余处。1950—1955年常州圩区建设重点加高加固原有堤防，堤防标准逐年提高。1955年起开始联圩并圩，至20世纪60年代，随着河网化建设，圩区治理实施"三分开，一控制"（即内外分开、高低分开、灌排分开，控制内河水位），开始转入圩内工程建设。20世纪70年代，随着农田基本建设的发展，圩区建设按"四分开，两控制"（即内外分开、高低分开、灌排分开、水旱作物分开，控制内河水位、控制地下水位）的要求，进一步联圩并圩、扩大包围、调整圩形、改造河网。至20世纪80年代，为了适应水情、工情的较大变化，又通过加高加宽堤身，以提高堤防防洪标准。1987年溧阳、金坛、武进等地相继展开圩区达标建设。至1990年，全市共有大小圩区1368处。常州市在2000年后继续开展联圩并圩工作，至2015年前后，常州市共有圩区 866 处，保护面积达 158 万亩，其中万亩以上 42 处，保护面积 148 万亩。

2. 浙江省圩区治理

太湖流域内浙江省圩区主要集中在杭嘉湖地区。杭嘉湖区也是流域圩区集中地区，中华人民共和国成立初期，主要是修复加固坍塌损坏的圩堤。杭嘉湖平原一直沿用小圩格局，堤线长、抗灾能力低。自 20 世纪 50 年代中后期起，推行了联圩并圩治理措施，圩区规模一般从原来的几百亩、上千亩扩大到两三千亩，也有的达四五千亩。至 1986 年，杭嘉湖区圩区数为 3699 处，耕地 390.0 万亩，圩均 1054 亩，圩区排涝模数提高到 0.4 立方米每秒每平方千米。1987 年，浙江省着手开展近期圩区整治工作，自 1988 年开始，杭嘉湖圩区进行了三期较大规模的整治。1987—2001 年，进一步联圩、并圩，圩区总数减少到 2643 处，平均每圩达 1476 亩，部分圩区排涝模数提高到 1.0 立方米每秒每平方千米。2001 年以后，杭嘉湖圩区布局转向以中圩区为主。至 2015 年前后，杭嘉湖地区共有圩区 1622 处，圩区总面积 695 万亩，其中万亩以上圩区 167 处，保护面积 345 万亩。

就圩区建设标准来说，浙江杭嘉湖地区在圩区专项治理前，圩区防洪能力约为 5 年一遇，排涝能力不足 2 年一遇，治理后提高至防洪 10~20 年一遇，排涝 5~10 年一遇。在 2001 年新编制的整治规划中，对于防洪、排涝等标准又作了进一步提升。

3. 上海市圩区治理

从 1977 年起，上海地区水利建设按分片综合治理组织实施，太湖流域上海市范围分为 3 个地区 11 个片进行分片控制，对洪潮、涝、渍、旱、盐、污进行综合整理。至 1990 年上海市有圩区 409 处（按大包围内二级圩区统计）。除浦南西片、商榻片要为上游浙江、江苏客水留出排水通道，淀浦河片原定为"开敞片"外，其余各控制片基本建成，达到干河成纲、支河成网，饮水有源，排水有门，挡洪（潮）有江堤海塘，排涝有闸站，圩区有圩堤，除渍有地下管道的局面。松金青地区，包括松江、金山、青浦 3 区，当时主要是农业地区，且地势低洼，低洼地面积占市郊低洼地总面积的 3/4。治理时按骨干河道分界分片，建设圩区小包围和整片大控制的两级控制。以其中青松大控制片为例，20 世纪 50 年代后期开始联圩、并圩，至 1992 年年底大控制工程基本建成，控制片内已建有小包围圩区 207 处，圩区配套水闸 601 座，排灌泵站 1417 座（其中纯排涝 479 座），基本实现了两级控制。青松大控制片的形成，也一定程度上阻断了上游淀泖片涝水外排通道。

在流域圩区建设的历史进程中，局部地区为了恢复圩外排水河道，曾有将大圩拆小的情况，但从总的趋势分析，为了缩短防洪排涝战线，提高圩区的防洪标准和发展圩区经济，联圩、并圩和圩区扩大仍在继续。截至2015年，全流域共有大小圩4160处，保护面积16433平方千米，占流域总面积的44.5%，超过一半的平原面积已建圩保护。其中，扣除江苏省、浙江省县级以上城市防洪大包围，流域圩区数量为4140处，面积15289平方千米，占流域面积41.4%，圩区单位面积平均排涝模数为1.30立方米每秒。联圩并圩工作以及部分有条件的地区开展的万亩圩区达标建设工作，极大程度上改善了流域内圩区规模小、分散、凌乱、管理混乱的局面，提高了圩区的防洪排涝规模，极大程度上推进了城乡防洪保安能力。一些城市也采取了大包围的圩区形式，防洪标准达到100年或200年一遇的标准，圩区正在发挥更大的作用和影响。但由于在联圩并圩时，将一些河道围入圩内，又未作补偿，减少了圩外河道过水能力，抬高了圩外河网洪水位，也产生了一些负面影响。

五、江堤海塘整治

因抵御江流、海潮侵袭需要，流域沿江地区普遍开展了江堤海塘整修、加高、加固、修建挡潮闸等。进入21世纪，随着流域整体、城乡和工矿企业防洪标准不断提高，沿长江、钱塘江及沿海流域边界均开展了江堤海塘达标建设，提高了流域江堤海塘的整体防御能力。

1. 江苏（苏南）长江堤防整治

太湖流域江苏长江堤防从镇江丹阳复生圩起至苏沪交界浏河口止，长207千米，其中以福山港为界，分为上（138千米）、下（69千米）两部分。

福山港以上江堤：1954年大水后堤防标准提高，镇江地区要求堤顶高程超1954年最高水位1.8米，江阴超2～2.2米。1974年汛期，长江口遭13号台风袭击，同时遭遇天文大潮，江阴以下河段出现超历史的高潮位，汛后部分堤防标准要求按1974年水位加高，镇扬河段三江营以下要求超1974年最高水位2米，三江营以上仍按1954年最高水位超高2米设防，工程于1984年完成。

福山港以下江堤（又称海塘）：中华人民共和国成立后，1949年冬至1950年春及1974年冬至1975年春两次较大规模修复和加高加固江堤。1974年冬要求堤顶高程达1974年最高潮位以上2.5米，即高程8.8米，顶宽6米，内坡1∶2，外坡1∶3，工程于1975年春按设计标准竣工[188]。

受天文大潮及台风影响，1996年7月及1997年8月长江潮位连续两年创历史新高。1996年江阴萧山潮位达7.18米，超1874年历史最高潮位0.43米；1997年达7.22米，又比1996年高出0.04米。1997年12月，江苏省提出加强江海堤防达标建设，要求江堤建设按国务院批准的《长江流域综合利用规划》确定的标准实施。苏锡常镇沿江各市的江堤和海塘达标建设工程在2000—2001年完成。工程完成后防洪标准从原来的20～50年一遇，提高到相当于50年一遇，局部达到 100 年一遇。

2. 浙江钱塘江北岸海塘整治

中华人民共和国成立初期，钱塘江北岸海塘建设可分为三阶段：①是抢修缺口险工、固滩护塘、巩固加强主塘；②以加固原有支堤；③结合治江，进行筑堤围涂。工程技术方面也有所突破，1980 年建成的长山闸以及 20 世纪 90 年代建设的南台头闸、盐官上河闸、盐官下河闸，探索和实施了钱塘江北岸海塘开口建闸。在结构型式上，除了大量拆建和理砌原有重力式石塘之外，又修筑了混凝土直立塘、浆砌、干砌或抛石护坡的斜坡式海塘，还兴修了挑流护脚的丁坝、盘头，发展了沉井、沉箱等保护丁坝坝头的结构型式，总结出了"以块石保护沉井基础，以沉井保护丁坝，以丁坝保护塘身"的连锁防护经验，基本上形成了一线海塘抵御海潮、二线土备塘有备无患、凼塘（格堤）分隔保护垦区农田的纵深式防护工程体系。

"9711"强台风后，1997 年 12 月国家计委批复同意建设钱塘江北岸险段标准海塘工程，设防标准为 100 年一遇洪潮高水位加 12 级台风。其中，海宁险段和海盐险段两段险工在 1998—2004 年完成；杭州段分三期实施，分别于 1998年、1999 年和 2001 年完成。

2001—2002 年，浙江省水利厅批准建设海宁、海盐、平湖段标准海塘建设，设防标准为 100 年一遇。工程先后于 2002 年和 2003 年完成。此外，1997—2004年，嘉兴市、海盐县和平湖市还分别批准建设了地方标准海塘，设防标准部分为 100 年一遇，部分为 50 年一遇。至 2004 年年底，嘉兴市境钱塘江北岸一线主塘全部达到 100 年一遇防潮标准，主塘外围海塘全部达到 50 年一遇防潮标准。

杭州市政府在 1995—2003 年进行了西湖区南北大塘、主城区海塘和三堡船闸至海宁围堤段建设。南北大塘防洪（潮）标准为 50 年一遇；主城区海塘按杭州城市防洪要求防洪（潮）标准为 500 年一遇；三堡船闸至海宁围堤段，从上游向下游，依次为三堡船闸、五堡翻水站 L5 丁坝、七堡丁坝、七格海塘至海宁围堤，其中三堡至五堡段和七格海塘至海宁围堤段防洪（潮）标准为 100 年一遇，其余为 50 年一遇。

3. 上海海塘整治

1950—1961 年，以修复的人民塘为基础，川沙（现浦东新区）、南汇、奉贤三地将人民塘加固延伸。1961 年高桥海塘也并入人民塘。随着塘外滩地淤涨和不断围垦，人民塘现已大部退居二线或三线，仅川沙境内还有 25 千米仍处一线。1972—1990 年，石化总厂在金山卫南围堤建厂，建成了高标准的内外两道石化海塘。1983—1985 年宝钢总厂加固宝山西塘，成为全市最高标准海塘。

上海陆域海塘除金山主塘、高桥海塘、宝山西塘（即宝钢海塘）始建于清代以外，其余均为中华人民共和国成立后围垦新建的，主要建于东南部川沙、南汇、奉贤和金山的局部地段，随塘外滩涂的淤涨和围垦并再建新塘，上海全线海塘已有 2～3 重，局部 4 重。至 20 世纪 90 年代后期，国家主塘近 80％已达到当时防百年一遇潮位加 11～12 级台风的标准，其余海塘也可防 50 年一遇潮位加 10 级台风。

"1954 年大洪水"之后，流域边界江堤海塘普遍按照大于或等于 50 年一遇防洪标准、因地制宜采用合适的修建形式和技术手段，进行加高、加固，巩固了流域外围防线。2000 年后，流域各省（直辖市）相关主管部门加快落实了流域江堤海塘的达标建设，按照实际需求，不同程度提高了不同地区的堤防建设标准。

第二节　当代治水方略

中华人民共和国成立后，特别是 20 世纪 80 年代以来，随着流域社会经济发展速度加快，人民生活水平不断提高，水作为自然要素和社会要素中极其重要的一种资源，与当代社会中人们生活以及行业发展的关系愈加密切。为应对新形势下的新要求，流域治水进程不断加快，水利事业也得到迅速发展。纵观 70 年来的流域治水进程，治水的出发点从防御洪涝灾害到防洪兼顾水资源配置，再到防洪、供水、水生态环境三个安全综合统筹安排，流域治水理念不断发生转变，治水理论逐渐完善，并通过一系列的流域治水实践，包括一轮二轮的流域综合治理骨干工程建设、圩区综合治理、江堤海塘整治、区域水系治理以及重要城市治理等，逐步建立起多目标、多层次的流域治水体系。

当代流域治水体系的形成，来源于治水方略的逐步完善和深入发展。围绕社会发展目标和人民生活、生产、生态需求，流域在洪涝灾害的防御和治理，水资源的取用、分配和调度，河湖水环境的治理、修复和保护，以及治水管水机制体制的巩固、更新和发展等方面均开展了多项卓有成效的工作，逐步形成了与太湖流域平原河网地区自然地理特点相适应、与流域高速经济发展水平相衔接的流域治水方略。

当代流域治水方略的形成，不仅是近 70 年来流域治理管理的实践所得，更是对几千年来流域治水思想的继承和发展，同时，当代治水方略也是未来流域治水方略继续传承和发展的重要基础。

一、洪涝治理方略

中华人民共和国成立以前受其社会制度等因素制约，没有开展大规模的水利建设，主要进行了一些局部性工程，有些还是民间筹资的。中华人民共和国成立后，水利失修的情况开始改变，流域各地开始集中开展水利建设。在中华

203

人民共和国历史上，流域共发生过 1954 年、1991 年、1999 年、2016 年四次流域性大洪水，洪涝灾害是摆在人们面前的现实问题，在一定程度上推动了流域对洪涝治理相关规划与工程建设的实施进程，也推动了流域在洪涝灾害防御方面基本治理方略的形成。

1954 年长江流域发生大洪水，长达 62 天的梅雨导致长江、太湖、淮河同时涨水，流域内各地最高水位大多超过或达到历史最高水位，太湖流域发生严重洪涝灾害，多地生产生活受到严重影响。大水后，流域内各省级行政区分别开展了规划，并付诸实施，通过修建水库、开挖和疏浚河道，兴修和加固江河堤防和海塘，在平原洼地圈圩建站等工程措施，在一定程度提高了防洪、除涝、降渍、挡潮和抗旱的能力，促进了农业和国民经济的发展[191]。但由于各方对流域规划治理的意见不一致，1950—1990 年近 40 年里未能全面进行流域性治理。1984 年 12 月，经国务院批准，太湖局在上海成立，太湖流域治理交由太湖局统一负责。太湖局在长江流域规划办公室规划工作的基础上，于 1986 年编报了《太湖流域综合治理总体规划方案》（以下简称《总体规划方案》），1987 年 6 月 18 日，得到国家计委批复同意。至此，历时 30 年之久的太湖流域治理方案之议有了明确结论，结束了太湖流域没有统一流域规划的局面，列入了太湖流域治理史册的重要一章。

根据国家计委对《总体规划方案》的批复，流域综合治理"以防洪除涝为主，统筹考虑供水、航运和水环境保护"。《总体规划方案》确定了十项治太骨干工程及其配套工程的布局。在 1997 年 5 月国务院召开的第四次治淮治太工作会议上，将黄浦江上游干流防洪工程列入治太骨干工程，与《总体规划方案》确定的十项工程一起被称为治太十一项骨干工程，亦谓"一轮治太"。一期治太骨干工程共 11 项工程，工程批复总投资 97.4 亿元，其中中央投资 44.9 亿元。一期治太十一项骨干工程可分为三类：①流域性骨干工程，即太浦河、望虞河、环湖大堤和杭嘉湖南排后续工程，其中太浦河、望虞河、环湖大堤三项工程组成太湖防洪工程，杭嘉湖南排后续工程将杭嘉湖地区路南片和运西片涝水排入杭州湾，为太浦河承泄太湖洪水创造条件；②地区性骨干工程，主要承担区域洪涝水外排任务，包括湖西引排、武澄锡引排和东西苕溪防洪工程三项；③省际边界工程，主要解决省际边界水利纠纷及其遗留问题，包括红旗塘工程、扩大拦路港疏浚泖河及斜塘工程、杭嘉湖北排通道工程以及黄浦江上游干流防洪工程四项。在太湖局和相关省（直辖市）各级水利部门共同努力下，治太十一项骨干工程于 2005 年左右基本完成，流域初步形成了充分利用太湖调蓄，洪水北排长江、东出黄浦江、南排杭州湾的流域防洪工程格局，为今后建设高标准的流域防洪和水资源调控供水控制体系打下了坚实的基础。

20 世纪 90 年代，太湖流域连续发生 1991 年大洪水和 1999 年特大洪水，增加了新的成灾降雨典型，太湖流域开启了新一轮防洪规划，即二轮治太。按照"疏控结合、以疏为主"的治理方针，提出在一轮治太骨干工程基础上，以太湖洪水安全蓄泄为重点，充分利用太湖调蓄，妥善安排洪水出路，统筹流域、城市和区域三个层次的防洪需求，进一步完善洪水北排长江、东出黄浦江、南排杭州湾的流域防洪工程布局；同时实施城市及区域防洪工程、疏浚整治区域骨干排水河道、加固病险水库，建设上游水库，加强水土保持，形成流域、城市和区域三个层次相协调的防洪格局，健全工程与非工程措施相结合的防洪减灾体系。

20 世纪 50 年代至 20 世纪末，太湖流域治水以太湖洪水安全蓄泄为核心，采取疏控结合、以疏为主的措施，开展了一系列水利工程建设活动。进入 21 世纪后，流域水利工程体系日渐完善，科学调度、充分发挥已建工程的综合效益，被摆在了更加突出的位置，太湖流域治水逐渐从洪水控制向洪水管理转变、从工程建设向资源管理转变、从工程水利向资源水利转变。从工程体系变化来看，流域实施一轮治太工程，已初步形成了洪水北排长江、东出黄浦江、南排杭州湾，充分利用太湖调蓄，"蓄泄兼筹，以泄为主"的流域防洪骨干工程体系，流域防洪减灾基本格局形成，筑起了流域抵御洪水的防线。二轮治太在一轮治太的基础上，完善防洪工程布局，同时兼顾区域和城市，并且纳入了非工程措施，形成了流域、城市和区域三个层次相协调的防洪保障格局。

2016 年太湖流域再次发生大洪水，洪水出路不足依然是流域治理中的主要问题之一，太湖流域仅有太浦河和望虞河两条泄洪通道，在调度上，两河泄洪不仅要根据上游太湖水位，还要考虑下游地区水位，受下游地区水位牵制，必要时要为地区排涝让路[192]。

在防御和治理流域实况洪水的一次次实践中，流域内不断总结、探索出一条适合太湖流域的洪涝治理模式。未来仍应以太湖洪水安全蓄泄为重点，按照"蓄泄兼筹、洪涝兼治"和"引排结合、量质并重、综合治理"的流域治理原则，充分利用太湖调蓄，妥善安排洪水出路，适度承担洪涝风险，加快太浦河后续工程、望虞河后续工程和吴淞江行洪通道工程等流域防洪后续工程实施，完善流域防洪与水资源调控工程体系，统筹协调流域和区域防洪排涝调度，促进从控制洪水向管理洪水、经营洪水的转变，进而实现资源化洪水的综合利用，达到人与洪水和谐共处。

二、水资源配置与管理方略

太湖流域濒临长江，由于流域本地水资源有限，流域供需水总体平衡主要依靠调引长江水和上下游重复利用。在水资源配置与管理模式的探索中，流域内首先扎实推进水资源数量、质量、开发利用、水生态环境变化的实际情况调查以及流域水资源演变规律和特点分析等摸底工作，为加强和推进流域水资源统一管理打下重要基础。20 世纪 80 年代以来，流域根据全国统一部署共组织开展了 3 次水资源调查评价（1982 年、2002 年、2017 年）、1 次水利普查（2010—2012 年）和 10 余年的水资源公报编制。

随着流域社会经济不断发展，本地水资源不足、水质型缺水严重和水生态环境恶化等问题日渐凸显，同时也推动了保障流域水资源配置及供给安全的治水方略形成。2002—2008 年，太湖流域围绕水资源节约、保护、开发与利用开展了系统规划，编制形成了《太湖流域水资源综合规划》，在查清流域内水资源及其开发利用现状，明确流域水资源与水环境承载能力及经济社会发展对水资源的要求的基础上，制定了流域内节水方案、水资源保护规划，提出各水域符合功能区水质目标并达到稳定供给的保障措施；以解决水质型缺水和水环境恶化问题以及流域本地水资源不足为核心，提出了流域、区域、城市相互协调的流域水资源配置体系。其中，流域层面，着重协调流域性供水河湖与区域水资源配置的关系，完善流域"北引长江、太湖调蓄、统筹调配"的水资源调控工程体系，实现本地水和引江水统一调配；区域层面，上游着重提高工程调控能力、加强节水与资源保护，保证入湖水质；下游进一步优化供水格局、理顺河网水系，充分利用上游来水和区内水利工程，通过科学合理调控，满足用水需求；城市层面，以太湖的水资源补给和调配为重点，结合区域水资源配置，沿长江、钱塘江地区以长江、钱塘江为供水水源地，太湖上游地区以山区水库和苕溪水系等为供水水源地，太湖下游和环湖地区以太湖、太浦河、黄浦江上游为主要供水水源地，建设和完善流域原水供水系统，逐步实现城乡一体化供水网络。

在水资源合理配置的基础上，流域内按照 2011 年中央 1 号文件和中央水利工作会议的明确要求，实行最严格水资源管理制度，确立水资源开发利用控制、用水效率控制和水功能区限制纳污"三条红线"，从制度上推动经济社会发展与水资源水环境承载能力相适应，细化、实化、严格化水资源的量质双重管理，进一步完善了水资源的治理策略。为推动工作落实，太湖流域先后组织编制了流域用水总量控制指标方案和流域水量分配方案，为强化流域水资源总量控制提供了依据。流域用水总量控制指标方案是在水资源综合规划需水预测成果的基础上，结合近年流域内各地用水情况和未来发展情势的新变化，统筹协调流域和区域、不同水源和不同行业用水的综合平衡关系，合理确定了各水平年流域套省级行政区的用水总量控制指标。流域水量分配方案则以水利工程合理调度为抓手，统筹本地水资源与引江水量、河道内与河道外需水、上游与下游需水，协调防洪供水与水资源、水量与水质，提出了达到水资源供需平衡的流域河道外用水分配方案及重要河湖分配方案。

随着水资源短缺全球性问题引起重大关注，2011 年中央 1 号文件强调加快建设节水型社会，党的十九大明确提出实施国家节水行动。太湖流域本地水资源紧张，结合流域实际情况，积极落实"节水优先、空间均衡、系统治理、两手发力"的新时期治水思路，响应"节水"号召，在加强用水总量控制的同时，积极推进节水型社会建设，落实用水强度控制。2018 年，流域在总结 2002 年以来节水型社会建设试点经验的基础上，全面开展县域节水型社会达标建设，把节水作为解决流域水资源短缺问题的重要举措，利用"节水中国行""世界水日""中国水周"等活动，宣传流域节水型社会建设工作，同时开展面向流域公众、政府等不同对象的宣传活动，多次组织召开流域节水（防污）型社会建设座谈会、交流会，宣传"在太湖流域平原河网水质型缺水地区，节水就是减排、节水就是防污"的理念，先后组织编制太湖流域节水防污型社会建设规划纲要、太湖流域节水型社会建设规划，确定了"抓住两头，管住中间，用活杠杆，一体管理"的节水型社会建设思路，并在太湖流域水资源综合规划编制中把节水作为重要内容，在确定需水预测成果时将强化节水方案作为推荐方案。

2000 年前后，太湖水体出现恶化趋势。2001 年 9 月，国务院太湖水污染防治第三次会议提出"以动治静、以清释污、以丰补枯、改善水质"的生态调水方针。针对流域经济社会发展对水资源的新需求，从 2002 年起太湖局利用已建治太骨干工程，组织开展了引江济太水资源调度，成为太湖流域在水资源配置与管理工作方面的亮点。在经过了为期两年的引江济太调水试验工程后，引江济太调水在增加流域水资源量、带动流域河网水环境改善方面的效益得到了充分证实和肯定。2005 年起，引江济太转入长效运行，在确保流域防洪安全的前提下，通过科学调度流域水利工程，增加流域水资源量的有效供给，维持太湖合理水位，满足流域区域用水需求；促进太湖水体流动，改善流域水环境，为防控太湖蓝藻和"湖泛"提供有利条件。据统计，2002—2005 年 4 年内引江济太总效益是总成本的 82.7 倍[193]，流域内苏州市、上海市、嘉兴市、无锡市等地，工业、农业、旅游业等均不同程度从中受益。2005 年进入长效运行后，平均每年通过太浦闸向下游供水量约 14 亿立方米，保障人口超过 2000 万。

引江济太不仅成功地实践了充分利用长江水资源增加太湖流域水资源有效供给，改善太湖及地区河网水环境的新思路，还积极探索了流域防洪的水资源调度的新理念，将水资源管理工作的范畴和理念从单纯的配置管理引申到水资源的调度优化。2009 年结合多年实践编制了《太湖流域引江济太调度方案》，明确要按照"安全第一、量质并重、公平高效、统一调度"的原则，统筹流域防洪和供水安全，兼顾改善流域水环境需求，即在确保流域防洪安全的前提下，通过太湖调蓄，以及望虞河工程、太浦河工程、环太湖和沿长江口门等流域水利工程联合调度，增加流域水资源有效供给，加快河湖水体流动，改善流域水源地水质及受水地区水环境，应对可能发生的太湖蓝藻暴发和突发性水污染事件，保障流域供水安全。2010 年，又在《太湖流域引江济太调度方案》基础上，将洪水调度与水量调度相结合，编制了《太湖流域洪水与水量调度方案》，2011年经国家防总批复执行，为流域防洪与水资源统一调度提供了调度依据。至此，太湖流域调度开始从单一的防洪调度转向防洪、供水、水环境的综合调度，逐步实现从洪水调度向洪水调度与资源调度相结合、从汛期调度向全年调度、从水量调度向水量水质统一调度、从区域调度向流域与区域相结合调度的"四个转变"。

当代流域水资源配置与管理工作，在水资源基本情况的摸底调查基础上，逐渐完善了多层次配置格局、探索确定了水资源调度模式、推进了节水理念的建立和普及、实施了水资源"三条红线"的严格管控等，形成了较为完备和成熟的水资源配置与调度管理治理方略，可为未来流域水资源实践继续提供指导，也必将在未来的治水实践中得到进一步的完善。

三、水生态环境保护与治理方略

20 世纪 80 年代以来，随着流域社会经济的高速发展，太湖流域水质逐年下降，湖泊富营养化日趋严重，"九五"以来被列入国家"三河三湖"治理计划，成为我国水污染治理的重点区域。20 世纪 80 年代初期至 90 年代初期，太湖平均水体水质由以 Ⅱ 类水为主下降到以 Ⅲ 类水为主；20 世纪 90 年代中期以后，全湖平均水质恶化为劣 Ⅴ 类，蓝藻水华现象频发。《太湖水污染防治"九五"计划及 2010 年规划》针对江苏、浙江、上海的重点污染地区进行治理，主要目的是废水达标，并且分为 1998 年、2000 年和 2010 年三个阶段分别提出了阶段目标。1998 年 12 月 2 日，国家环保总局"聚焦太湖"前线指挥部在无锡成立，拉开了太湖流域工业污染源达标排放行动的序幕，这是我国在水环境治理上继"淮河治污"之后第二次大规模有力度的行动（史称"零点"行动）。当时，流域关于水环境改善方面的治理活动较少，水生态环境保护的治理理念尚未得到足够的认识和发展。可以说，当代流域水环境治理方略正式登上历史舞台大致发生在世纪之交前后。2000 年，太湖局组织各省（直辖市）开展水功能区划工作，编制了《太湖流域片水功能区划报告》。同年，编制了《太湖流域水资源保护规划》，流域水生态环境保护工作逐步开展，工作的广度和深度也随之不断完善。

2007 年，太湖北部湖湾暴发大规模藻类水华，无锡贡湖水源地出现异常黑水，无锡市除锡东水厂之外约占全市供水 70% 的水厂水质受到污染，约 200 万人口的生活饮用水受到影响，无锡出现供水危机。此次无锡供水危机在极大程度上推动了流域水环境保护与治理工作的快速前进，相关的治理方略也在此事件的推动下逐步形成。供水危机后，《总体方案》编制完成并得到批复，成为指导太湖流域水环境综合治理工作的基本指南，也称得上是当代流域水环境治理方略的首次集中体现。《总体方案》坚持"源头控制、标本兼治、综合治理、统筹协调"的总体思路，以总量控制、浓度考核、综合治理为抓手，创新流域水污染防治模式，把重点治理流域水环境转变为内外兼顾，点源、面源、内源、监管一体推进的综合治理，将源头减排与提高水环境承载能力相结合，将污染治理与生态修复相结合，安排了饮用水安全类、工业点源污染治理类、城镇污水处理及垃圾处置类、面源污染治理类、提高水环境容量（纳污能力）引排工程类、生态修复类、河网综合整治类、节水减排建设类、监管体系建设类和科技支撑研究类等十大类治理项目，并确定流域水环境综合治理重点水利工程项目 19 项，全方位推动控源治污真正落到实处。2013 年在对《总体方案》实施效果评估的基础上，对《总体方案》进行了修编，在原定工程的基础上增列了环湖大堤后续工程和吴淞江行洪工程等 2 项工程，形成 21 项重点水利工程，并于 2014 年打捆列入国务院确定的 172 项节水供水重大水利工程。随着 21 项重点水利工程的陆续实施，流域河湖连通性进一步增强，水资源调控能力进一步提高，将为流域水环境进一步改善创造有利条件。

十八大以后，中国进入大力推进生态文明建设的历史时期。太湖流域作为"绿水青山就是金山银山"理论的发源地，是生态文明思想的开拓者和先行者，"生态文明"思想也对流域治水思路和方略的转变产生了巨大的影响，流域从以水环境污染治理为重点转变为更加注重水生态效益。流域治水主要秉承"人与自然和谐发展"的总体思路，坚持"山水林田湖草"同治的生命共同体综合治理思维，流域治水管水站位更高，角度更全。水环境治理方略的站位也从侧重水生态环境质量的改善拓展到人与自然和谐关系的营造上。在"生态文明"思想和"节水优先、空间均衡、系统治理、两手发力"的治水新思路引领下，流域不断致力于构建水资源保护与河湖健康保障体系，加强水资源保护工作的顶层设计，保护水资源和水生态，以支撑经济社会的可持续发展。2012 年 11 月，启动流域片水资源保护规划编制工作，以促进人水和谐、维护河湖健康、保障水资源可持续利用为出发点和落脚点，通过现状评价，分析存在的问题与不足，在规划方案整体设计和各类保护措施总体布局基础上，制定水功能区限制排污总量分阶段控制方案，提出包括饮用水水源地保护、入河排污口布局与整治、内源治理与面源控制、地下水资源保护、河湖水系系统保护、重点区域和水系保护、水资源质量监测体系完善与综合管理等规划措施和方案，并提出规划保障措施，以建立流域良好的水生态环境。并根据太湖流域自然地理特征，结合流域内省（直辖市）行政区划、主体功能区划、生态功能区划、水资源分区，以及流域经济社会发展对水资源保护的需求，在目前开展的太湖流域水环境综合治理的基础上，提出"一湖、两区、五带"（太湖；太湖上游地区、淀山湖地区；望虞河、太浦河、黄浦江、江南运河和沿江水系入江段等）的水资源保护总体格局。

2013年，水利部印发《水利部关于加快推进水生态文明建设工作的意见》，明确了水生态文明建设的指导思想、总体目标和主要任务；制定《水生态文明城市建设评价导则》《河湖健康评价技术导则》等，加强了水生态文明建设的技术指导。2013年起，太湖流域多个城市积极申报水生态文明城市建设试点。2017年，江苏省苏州市、无锡市，浙江省湖州市和上海市青浦区四个全国首批试点城市全面完成试点任务并通过水利部验收。2019年，浙江省嘉兴市、上海市闵行区两个全国第二批试点城市建设也全面完成试点任务并通过水利部验收。2017年，太湖局总结提炼升华试点城市建设经验，以更高的标准、更实的举措，在新起点上谋划流域水生态文明建设，组织编制了《太湖流域水生态文明建设总体思路报告》，践行新发展理念和治水新思路，加快解决流域水生态环境保护方面存在的不平衡、不充分问题，探索太湖流域保护与开发新模式。

同时，在"山水林田湖草"生命共同体理念和"水利工程补短板，水利行业强监管"水利改革发展总基调的引领下，水土保持逐渐成为生态文明建设的重要内容。其中，生态清洁小流域作为"山水林田湖草"系统治理的典范，也是优质的生态产品。2018年1月太湖局印发了《加快太湖流域片生态清洁小流域建设的指导意见》，用于指导流域内生态清洁小流域建设；流域内各省（直辖市）先后出台了生态清洁小流域建设专项规划或者方案，并陆续建成了一批生态清洁小流域，为乡村振兴、现代农业和长三角一体化高质量绿色发展提供优质生态产品。此外，太湖局采用信息化手段助力实现精准高效的水土保持监管，除每年组织开展国家级重点防治区和国家级典型监测站点的监测工作外，2018年起对长三角经济圈核心区及部管重点生产建设项目进行了信息化监管，促进和规范了重点区域、重点项目水土流失预防与治理工作。

太湖流域水生态环境治理和保护工作的强度和力度是随着流域经济社会发展、水污染逐渐严重，而不断加大的。从单纯地着眼于水污染防治到以"山水林田湖草"的系统治理眼光看待流域水生态环境问题，流域水利工作者紧跟国家大政方针，进行了近20年的探索和实践，取得了极大突破，逐步构建了流域水生态环境保护与治理的基本方略体系。同时，此方略在近20年的实践中，也取得了可喜的治理成就。

四、水管理体制机制的完善与创新

1. 管理体制完善

中华人民共和国成立之初，流域各地的水利工程建设均处在战时的停滞阶段，呈现出一片正处在百废待兴的局面，此时期流域经济尚处在较为艰难的初步发展阶段，流域水利事业的发展和水利工程的建设也受到技术、资金等各方面的限制；同时，由于流域地跨多个省（直辖市），治理方案要取得共识需要经过科学论证，并做大量协调工作。当时流域无专职统一的管理机构。

1954 年流域性大洪水后，水利部在南京召开太湖规划会议，提出了《太湖地区流域规划任务书初步意见》，初步确定了太湖流域规划的方针，并决定在南京成立太湖流域规划办公室，由治淮委员会负责组建，有关省（直辖市）参加，开展规划工作。1959 年治淮委员会撤销，流域规划工作随之停顿。1971 年 11 月，国务院业务部在北京召开长江中下游规划座谈会，明确原长江流域规划办公室负责下一步的规划工作。1983 年 7 月，国务院批准成立长江口开发整治领导小组，1984 年 6 月，国务院批复将长江口开发整治领导小组扩大，改名为长江口及太湖综合治理领导小组，领导小组由各有关部委及省（直辖市）负责人组成，协调讨论和决策长江口和太湖治理方案。1984 年 12 月，经国务院批准，水电部太湖流域管理局在上海成立，太湖流域治理工作交由太湖流域管理局负责，中华人民共和国成立以来首次实现了太湖流域的统一管理。随后，太湖流域开展了一系列的规划论证、工程建设、立法建制等治水工作，完善了水利规划体系、水利工程调控体系和管理制度体系，丰富了流域水资源调度理论体系，有效推动了流域综合调控能力和水平的提高。

2. 管理机制创新

1999 年，流域遭遇特大洪水，太湖局组织编制《关于加强太湖流域 2001—2010 年防洪建设的若干意见》（以下简称《若干意见》），2001 年经国务院批复，在《若干意见》中，针对太湖流域管理实际情况，明确提出了要制订太湖流域管理条例。自 2002 年起，水利部政法司组织太湖局开展了立法前期研究、调研论证和条文起草工作。2007 年无锡供水危机后，国务院就加快太湖流域管理立法作出了明确指示。条例草案随《太湖流域水环境综合治理总体方案》调研报告报国家发展改革委。从 2008 年 6 月起，水利部会同环保部开展联合起草工作，提出了条例征求意见稿，经多次征求意见和修改后形成条例送审稿，于 2009 年 5 月上报国务院。此后，国务院法制办先后三次征求国家发展改革委等 28 个有关部门、单位以及环太湖地区有关地方政府的意见，并向社会公开征求了意见，最终形成了条例（草案），于 2011 年 5 月报送国务院，8 月 24 日，国务院第 169 次常务会议审议通过，9 月 7 日，第 604 号国务院令公布，条例自 2011 年 11 月 1 日起施行。2011 年 9 月，国务院颁布《太湖流域管理条例》，将太湖流域综合治理工作进一步纳入了法制轨道，使流域水资源保护和水污染防治，防汛抗旱以及生活、生产和生态用水安全的保障，流域生态环境的改善，均有法可依。《太湖流域管理条例》的颁布实施，是太湖流域水利事业改革发展中具有标志性意义和深远影响的一件大事，标志着太湖流域综合治理工作进一步纳入了法制轨道，将为保障太湖流域防洪安全、供水安全、生态安全，推动流域经济社会可持续发展提供有力的法制支撑。

中华人民共和国成立以来，党中央高度重视河湖管理保护工作，党和国家领导人多次就河湖管理保护发表重要论述，指出河川之危、水源之危是生存环境之危、民族存续之危，强调保护江河湖泊，事关人民群众福祉，事关中华民族长远发展。历史上流域河湖管理工作也走在前列。如浙江省长兴县历来洪涝灾害频发，当地百姓建设圩（方言称"圩"）区抵御洪涝灾害。中华人民共和国成立后，圩区水利设施由村委会代管，实行了"圩长制"，圩长们主要负责在汛期对圩堤进行 24 小时巡逻。从某种意义上说，"圩长"是今天"河长"的前身，是一种将河湖管护责任落实到人的管理机制。近年来，"河湖长制"在太湖流域率先推行。2016 年 12 月 21 日，太湖局认真贯彻落实《关于全面推行河长制的意见》和水利部、环保部《贯彻落实〈关于全面推行河长制的意见〉实施方案》，结合流域片河湖管理实际，以最快速度、率先制定发布《关于推进太湖流域片率先全面建立河长制的指导意见》，为流域片五省（直辖市）制订实施方案，落实河（湖）长制工作要求提供更加细化的工作指南。此后，流域片河湖长制工作任务重点转向巩固长效机制、落实主要任务。鉴于此，太湖局结合流域片河湖特点及管理保护要求，依据相关标准和规程规范，围绕建立完善长效机制、落实主要任务、公众参与、激励与约束等方面制定了《太湖流域片河长制湖长制考核评价指标体系指南（试行）》；结合太湖流域片实际，统筹协调所在河流的上下游、左右岸、干支流、水上与岸边、保护与发展的关系，制定《太湖流域片河长制"一河一策"编制指南（试行）》。河长领衔，合力攻坚。太湖流域作为河长制的全国先行地，积极全面推行河湖长制在流域片的建立。河长到岗，机制到位，率先全面建立河长制体系，流域所有河湖都有了健康守护人。这是流域践行生态文明精神的重要举措，也是保障流域复杂平原河网健康生态的重要措施。

2019 年，长三角区域一体化发展上升为国家战略，着力推动形成区域协调发展新格局。太湖流域是长三角的核心地区，新形势下要实现长三角地区率先发展，对进一步强化流域生态环境协同治理提出了更高要求。早在 2008 年，国务院批复同意国家发展改革委牵头建立由国家相关部委、流域两省一市人民政府参加的太湖流域水环境综合治理省部际联席会议制度，太湖流域生态环境协同治理模式初具雏形。在省部际联席会议框架下，发改、科技、工信、财政、国土、环保、住建、交通、水利、农业、林业、气象、法制等有关部门，进一步完善了行业间、系统内的工作协调支持力度，与两省一市通力合作，共同推进治太工作。目前，联席会议制度是已演变成为流域水环境综合治理长效沟通机制，在流域水环境治理中发挥了巨大作用。随着长三角一体化发展国家战略实施，为加强示范区重点跨界水体联保工作，扎实推进长三角生态绿色一体化发展示范区建设，2020 年太湖局推进制定长三角生态绿色一体化发展示范区内重点跨界水体联保的专项方案，进一步完善重点跨界水体联保工作机制，提出落实统一河湖管理等级、统一河湖管理目标、统一河湖养护标准、统一信息管理平台的"四统一"要求和联合水源地保护、联合执法巡河、联合水质监测、联合水葫芦防控、联合水利调度以及联合区域水环境整治等"六联合"措施。此外，以长三角生态绿色一体化发展示范区建设为契机，太湖流域开始进一步深化跨界跨区域联合治水行动，逐步建立了河长联合巡河、水质联合监测、联合执法会商、河湖联合治理、河湖联合保洁为主体的联合河长制，推动形成了共建共治共享的河湖生态治理格局。

流域管理机构聚焦太湖流域水利工程调度面临的挑战，从长期以来流域的调度理念转变、相关理论探索及调度实践经验出发，在分析流域及区域现状调度实践与经验、存在问题及调度需求等的基础上，针对流域调度存在的多目标协调、流域区域调度时空统筹等主要问题，从流域层面统筹流域、区域多对象、多目标、多时空的不同要求，开展理论与技术层面的研究，并提炼形成不同情形下的调度模式，用以指导流域实际调度管理。近年来，科学合理的水利工程联合调度为太湖流域应对大洪水、重大事件期间保障重要水源地供水安全、太浦河突发水污染事件防御及应对、区域和城市水环境改善调度等综合协同调度工作中得到了应用。

第三节　治水的传承与发展

流域治水历史从上古时期的马家浜文化、良渚文化开始，历经了萌芽、初创、兴盛、延续发展等阶段，沉淀了丰富的治水经验，形成了厚重的治水文化。对治水历史及其方略的研究和探讨，实则是考察人与水互动关系的历史沿革，反映的核心是对人与自然关系的思考。历来流域治水，以民生需求为出发点，以保障人民群众的生命与财产安全为第一要义，致力于变水害为水利，服务民生。历经数千年的治水实践，流域水利在经验与教训中不断发展，在水利工程建设、治水与治田的协调、流域排水出路的探讨、当代流域防洪供水格局的形成等实践中，在以防洪、供水、水生态环境等为目标的治水方略完善过程中，逐步形成了流域上下游、左右岸、多层次、多目标的系统治理思想。水利工程是人类治水的直接工具和手段，如何维护其长效健康生命力是治水工作的关键，流域在长期治水实践中形成了建管并重的理念，在工程建设的基础上，强化管理体制机制，为治水综合效益提供了双重保障。此外，几千年来流域人民以水和水事活动为载体进行生活、生产和思考，在水与人和社会生活的各方面发生联系过程中创造了各种文化现象，形成了具有太湖流域特色的水文化。水文化中蕴含的人文水利精神，充分体现了水行业人们的理想信念、思想道德、价值观念、行业精神等，是因水而形成的精神力量，不仅是水文化的核心，还是治水工作的内在支撑，值得在流域未来治理管理工作中继续传承和发展。

一、服务民生理念

民生为上，治水为要。水是生命之源，水利与民生息息相关，水利工程具有保障生命安全、促进经济发展、改善人民生活、保护生态与环境等多种功能和多重效益。

人类文明大多因水而生，远古时期流域先民从山岗、高地逐渐转移入太湖平原生活，水利在此时即已开始服务人们生活。太湖流域自古以来的水利功能，除早期政治、军事色彩较浓，如春秋、战国群雄争霸时期，曾开浚多条河流以供战争通航、运送物资之便；在历史上的大多数和平年代中，仍然承担着灌溉、供水、生态等基础但极其重要的功能，也是水利最本质的功能。在流域治水历史上，农田水利理念、技术的发展相较于其他方面尤为领先。特别是魏晋南北朝时期，由于大量北人南迁，流域农田水利得到一次较大的发展。此外，隋唐两宋时期，流域的农田水利也得到了长足的发展，据范文澜《中国通史》统计，熙宁三年至九年（1070—1076 年）两浙路（太湖地区属浙西路）兴修水利共达一千九百八十多处，灌田十万四千多顷。清徐松《宋会要辑稿》记载：南宋淳熙二年（1175 年），浙西路修浚陂塘沟洫共二千一百余所，可见规模之大。随着水利设施的完善，粮食亩产也有大幅度提高。正是由于服务民生的基本功能，水利事业才能在历史的长河中不断发扬发展、更新创新。

中华人民共和国成立后，流域水利工作以解决人民群众最关心、最直接、最现实的水利问题为重点，以水利基础设施体系为保障，着力解决好直接关系人民群众生命安全、生活保障、生存发展、人居环境、合法权益等方面的水利问题。尤其是洪涝灾害的防御，与人民群众生命财产安全息息相关。1954 年流域大水，流域内多地人民群众生产生活受到严重影响，对此，流域内组织编制了《总体规划方案》得到国家计委批复，继而开展了十项治太骨干工程及其配套工程的建设，以保障人民群众生命和财产安全为重，全力筑起了流域洪水防线，也成为了人民群众的生命红线。

2007 年以来，"民生水利"概念提出。民生水利就是从民生角度来审视和发展水利，以关注民生、保障民生和改善民生的原则来要求水利，把"为民"作为最直接的目标，把满足民众的水利需求和保障涉水权益作为核心任务，紧紧围绕服务民生推进水利发展与改革。民生水利的根本理念和价值取向，值得当代及未来继续传承与发展。近年来，流域防汛防台、节水护水、水利工程建设、河湖健康维护等各种各类实践，均将流域人民切身利益置于第一位，使水利事业服务民生，造福民生，保障民生，润泽民生。

二、系统治理思想

系统治理的思想，可以说在太湖形成之时即已在太湖流域萌芽。太湖形成的过程，塑造了太湖流域水网与水利的基本格局。这一塑造与古三江密切相关。大约在公元前 2000 年到春秋战国时期，长江下游，即在现在长江的大拐弯处，形成多支分流局面，也就是三江并流状态，这一时期的长江三角洲是在一个大范围的水文一体化之下形成的。现今的长江，只是其分支之一，谓之北江。彼时，太湖尚未形成，有从固城一带分出的中江流经这一具区（太湖平原），还有与钱塘江系统相合一的南江体系，可见早期的三江是一个整合了比现今太湖流域更为宽泛的地域水环境。汉代太湖形成以后，太湖仍然得到长江自中江一带的供水补充。虽然宋代中江水流不断地受到堰坝体系的抑制，但已有治水者意识到要以太湖上下游为整体进行统一治理。如单锷以人的肢体比水之整体流动，认为西自五堰（胥溪上的鲁阳五堰）、东至吴江岸的水系"犹人之一身也，五堰则首也，荆溪则咽喉也，百渎则心也，震泽则腹也，旁通震泽众渎则脉络众窍也，吴江则足也"，要纵观全局看待水患问题。从地理和整体动态上把握水流动态，使太湖东西之水流处于流动的状态以抗旱涝，这是古代治水的重要经验。虽然现当代治水技术手段已趋先进，但这种整体治水观仍具有现实意义，值得水利工作者所借鉴，实际上也已经得到很好的传承。2002 年以来太湖流域开展的引江济太水资源调度就是例证之一。太湖流域通过望虞河沿江常熟枢纽引长江水入太湖，并通过太浦闸及环湖河道向流域下游供水，在提高流域水资源供给能力的同时也改善了太湖水环境，产生了巨大的经济和社会效益。

在洪水治理方面，古人在太湖流域洪水的出路安排及工程布局上体现了"上节、中分、下理"和"吞、纳、吐"均衡发展、统筹安排的思想，即在流域上游有节制地控制入湖水量，在流域中部适当地考虑分流，在流域下游则需理顺排水出路。对太湖湖体而言，则需上、中、下游系统考虑，北宋单锷主张上游节制来水量，中游开通撇洪道，下游扩大泄水出路，以恢复太湖地区水量收支平衡。此种上、中、下游系统治理的思想在流域洪水频发的宋元以及明清时期被多位治水者采用，较为著名的实例如"黄浦夺淞""掣淞入浏"等。时至今日，系统治理思想也仍有参考价值。20 世纪 90 年代，流域连续发生 1991 年大洪水和 1999 年特大洪水，新的短时集中典型雨型促进了新一轮防洪规划的安排和实施。新一轮防洪规划更加注重洪涝灾害的系统治理，以太湖洪水安全蓄泄为重点，统筹流域、城市和区域三个层次的防洪需求，进一步完善了一轮治太形成的流域防洪工程布局；同时实施城市及区域防洪工程、疏浚整治区域骨干排水河道、加固病险水库，建设上游水库，加强水土保持，形成流域、城市和区域三个层次相协调的防洪格局，健全工程与非工程措施相结合的防洪减灾体系。事实上，从工程体系变化来看，流域实施一轮治太工程已秉承了系统治理的思想，初步形成了洪水北排长江、东出黄浦江、南排杭州湾，充分利用太湖调蓄，"蓄泄兼筹，以泄为主"的流域防洪骨干工程体系；二轮治太在一轮治太的基础上，深化、细化了系统治理思路，巩固完善了防洪工程布局，同时兼顾区域和城市，并且纳入了非工程措施，形成了流域、城市和区域三个层次相协调的系统性防洪保障格局。

太湖流域水利的突出特色在于农田水利尤为发达，这是自然环境赋予的天然禀赋，同时也是经济社会发展的必然需求。关于农田水利的发展，太湖治水历史上分为治水派、治田派和综合治理派三大派。北宋郏亶是治水派的代表，提出"治田为本，决水为末"的方针，把治田视为治水之本，认为只要恢复了塘浦圩田，就可防御外水侵入农田，并借以壅高外河水位，逼使太湖洪水由浦达江循序归海。单锷是治水派的代表，认为应该致力于解决吐纳矛盾，平衡水量收、支、蓄三者的关系。十二世纪初，郏亶之子郏侨总结郏亶、单锷之说，提出综合治理方略，认为治水治田应当密切结合，同时并举，方能奏效，这不是郏亶、单锷之说的简单并合，而是发展到更高的阶段，是一种辩证治水的思想，是太湖治水思想的一大飞跃。

中华人民共和国成立以来，尤其是20世纪80年代以来，随着流域社会经济不断发展，本地水资源不足、水质型缺水严重和水生态环境恶化等问题日渐凸显。为了缓解和促进解决水资源环境问题，流域内秉承系统治理思想，提出了流域、区域、城市三个层次相互协调、上中下游相互衔接的流域水资源配置体系。其中，流域层面着重协调流域性供水河湖与区域水资源配置的关系，完善现有的水资源调控工程体系，实现流域本地水和长江引水的统一调配；区域层面，上游着重提高工程调控能力、加强节水与资源保护，保证入湖水质；下游进一步优化供水格局、理顺河网水系，充分利用上游来水和区内水利工程，通过科学合理调控，满足用水需求。城市层面，以太湖的水资源补给和调配为重点，结合区域水资源配置，按照沿长江和钱塘江地区、太湖上游地区、太湖下游和环湖地区分区域安排供水水源地，建设和完善流域原水供水系统。

十八大以后，习近平总书记提出了"节水优先、空间均衡、系统治理、两手发力"的新时代治水思路，坚持山水林田湖草是一个生命共同体，强调要用系统思维统筹山水林田湖草治理。系统治理工作方针的提出，意义重大、要求明确，为新时代水利工作指明了方向，提供了遵循。系统治理思想内涵广博深刻，从对象看，系统治理是统筹山水林田湖草各种生态自然对象的综合治理，强调了水资源与其他自然生态要素之间唇齿相依的共生关系；从主体看，系统治理是要统筹发挥各方合力，水治理是社会治理的有机构成，应坚持政府主导和社会协同；从环节看，系统治理是要统筹水的全过程治理，通过全过程治理，加快转变用水方式，促进发展方式转变，推动整个社会形成有利于可持续发展的经济结构、生产方式、消费模式；从方法看，系统治理是要综合运用多种治理手段，如工程、行政、技术、经济、法律、宣传等手段，统筹解决水问题，如江苏省生态河湖行动、浙江省"五水共治"，均取得了显著成效。

"系统治理"思想，是流域治水的重要遵循，未来流域内人口和经济总量还将持续增加，对流域防洪、供水、水生态等水利保障能力还将提出更高的要求，亟须贯彻空间均衡、系统治理理念，将山水林田湖草作为共同生命体来看待，加强跨区域、跨部门、跨行业合作协同，提升长三角区域水利一体化水平，实现"一盘棋"，为长三角一体化发展、流域率先实现现代化提供坚实的支撑和保障。

三、建管并重理念

历史上流域水利工程的发展，以建设为先，管理体制随着工程养护需求、社会经济发展需求应运而生、逐步完善，但管理体制机制却是水利工程生命力得以延续和保持的重要保障。除了较为原始的水利工程管理，当代的建管并重理念更多将重点落到管理体制机制建设以及河湖的健康长效管护方面。

太湖流域历史上有较完备的水利工程管理体制发展的记载，开始于唐及五代时期。此时期出现了水利方面的成文法规，并建立了较好的工程管理和养护制度。唐代制定并颁布了《水部式》，是我国现存最早的关于水资源管理的专项行政法规，对于水资源的利用、分配、节水等内容有着较为详细的规定。五代时吴越设"都水营田使"统一负责治水与治田，并重视工程管理。吴越治理下的八十六年间，太湖地区仅发生过四次水灾，一次旱灾，是历史上水旱灾害最少的时期。

当代太湖流域逐步开展了一轮、二轮治太工程建设，随着流域水利工程体系的日渐完备，对于水利工程的建设和管理的体制机制亦日趋完善。流域内较完善的工程管理体制机制出现在一轮治太工程规划建设后，1991年《国务院关于进一步治理淮河和太湖的决定》确定了治太工程管理体制以及工程运行管理要求，主要包括：流域内重要水利工程，由流域机构直接管理，统一调度。太浦河、望虞河上的主要水利枢纽工程，由太湖局管理；建立和完善水工程的经营管理制度，分级确定水利工程管理经费来源，并按有关法规收取水费、河道工程修建维护管理费等，建立良性运行机制。1998年国务院第四次治淮治太会议，进一步明确了工程管理运行机制。上述会议确定了治太工程管理体制和运行机制，为流域重要控制性枢纽顺利交接、骨干工程管理运行经费落实以及持续发挥效益创造了条件。随后，关于工程运行管理的制度、管理单位、管理经费、管理人员队伍等，也逐步完善，流域水利工程具体的管理体系逐步建立。2002 年 9 月国务院颁布《水利工程管理体制改革实施意见》，进一步理顺和规整了水利工程管理体制，各级工程管理单位完成了单位分类定性、"两费"测算和人员定岗定员等改革任务，实现了进一步理顺管理体制，确定管理运行经费来源，明确单位职责，强化工程管理职能，优化管理队伍，激发管理队伍的活力的改革目标。

　　除了工程的实体管理，基于水利工程功能实现其调度管理是工程运行中极其重要的一环。流域在水利工程调度层面，结合流域多年来引江济太实践、《太湖流域引江济太调度方案》以及《太湖流域洪水与水量调度方案》等，推动流域调度从单一的防洪调度转向防洪、供水、水环境的综合调度，逐步实现从洪水调度向洪水调度与资源调度相结合、从汛期调度向全年调度、从水量调度向水量水质统一调度、从区域调度向流域与区域相结合调度的"四个转变"，也逐步建立起面向防洪、供水、水环境保护"三个安全"的综合调度理念。同时，根据流域长系列水文监测资料，分析研究太湖防洪调度水位、调水限制水位等特征水位以及流域河湖水网适宜水位，探索河湖水位、调度方案、调度效益之间的相关性，以流域河湖水位安全为目标指标，调整完善调度方案，实现流域精细调度。

　　当代流域治水注重治理管理体制机制的建设和完善。2011 年，国务院颁布施行《太湖流域管理条例》，是太湖流域水利事业改革发展中具有标志性意义和深远影响的一件大事。《太湖流域管理条例》将太湖流域综合治理和管理工作进一步纳入了法制轨道，使流域水资源保护和水污染防治，防汛抗旱以及生活、生产和生态用水安全的保障、水域和岸线的保护，流域生态环境的改善等方面的治理和管理，均有法可依。在长三角区域一体化发展战略下，区域联合开展水治理的需求越来越大。2019 年，太湖局联合流域省（直辖市）水利部门印发《落实长三角一体化发展国家战略　推进太湖流域水利高质量发展指导意见》，提出在新形势下推进水利重点工作规范化标准化、打造全面协调共享的智慧水利、创新水市场体系建设、完善协商协作机制等创新一体化水利发展体制机制的一系列举措。

　　此外，在流域防洪安全和供水安全都得到保障的前提下，加强河湖保护，有效发挥河湖功能，长效维护流域河湖健康生态，成为了新时期水利工作的重要实践。流域内持续寻求建立河湖管理长效机制体制。2016 年始，结合流域片河湖管理实际，流域内制定发布《关于推进太湖流域片率先全面建立河长制的指导意见》《太湖流域片河长制湖长制考核评价指标体系指南（试行）》和《太湖流域片河长制"一河一策"编制指南（试行）》，提供了河湖长制工作指南、巩固了河湖长制长效机制。随着长三角区域一体化发展的逐步推进，重点跨界水体联合河湖长协作机制等跨界协作的河湖管护机制体制正在形成。

有史以来，水利事业的发展主要体现在水利工程的建设，这也是最直接产生防洪安保、供水灌溉等效益的工程实体。在旱涝灾害频发的年代，普遍存在着"重建轻管"现象，管理机制体制建设跟不上工程建设。在管理意识逐渐加强后，人们运用良好的管理和维护措施，将工程建设和管理结合起来，以提高水利工程安全运行的可靠性，减少运行过程中的技术改造，节省工程再度投资等；同时，以全局治水管水的眼光逐步建立起包含法律、法规、制度、体制等各个方面的较为完善的管理体系；并且关注以流域河湖水域健康为目的的管理手段，致力于维护河湖长效生命健康，同时创造良好的经济效益和社会效益。

四、人文水利精神

太湖流域旖旎秀美的山水田林与历史悠久、积累深厚的地域文化交相辉映，成就了太湖流域独特的水文化。流域人民兴建了数量繁多、类型丰富独特、惠及民生的水利工程，持续推动着太湖流域社会经济的发展；悠久的治水历史造就了许多杰出的治水人物，不仅涌现了很多动人的治水事迹，还形成了丰硕的治水理论和水利著作。不论是水利工程，还是治水人物、事迹、理论和著作，都蕴含着丰富而独特的人文水利精神。其中，良渚文化、溇港文化、运河文化、吴江长桥文化等，是流域内重要水利文化精神的主要体现，良渚水利系统、太湖溇港、江南运河、吴江长桥等，是流域内重要水利文化精神的主要载体。

良渚遗址是长江下游良渚文化的代表性遗址，1959 年依照考古惯例按发现地点良渚命名，是为良渚文化。2012 年良渚遗址被列入《中国世界文化遗产预备名单》。2015 年 7 月至 2016 年 1 月，在良渚古城北面和西面共发现 11 条水坝构成的外围水利系统（图 5-5），这应是迄今已知的世界上最早、规模最大的水利系统。目前发现的 11 条堤坝，根据位置和形态，可分为近山长堤、谷口高坝和平原低坝 3 类。它们构成了南北两组坝群，形成高低两级水库，规模宏大。2015—2016 年对其中的 3 条进行发掘，揭示出坝底采用淤泥堆筑、外部包裹黄土、关键位置以草裹泥堆垒加固的筑坝工艺。发掘者推测这一水利系统具有防洪、蓄水和运输的综合功能。根据坝体的测年数据，在 3 处坝体发现的良渚时期的陶片和与古城相同的堆筑工艺，可以确认这一大型水利工程的年代为距今 4700~5100 年，属于良渚文化早中期，应是中国现存最早的大型水利工程。与同时期世界其他文明相比，良渚水利系统与埃及和两河流域早期文明旱地水利系统不同，在时间和类型上形成鲜明对照，在世界文明史研究上将占有重要地位，同时这一发现也开启了中国史前水利史研究的全新领域，具有重大意义。

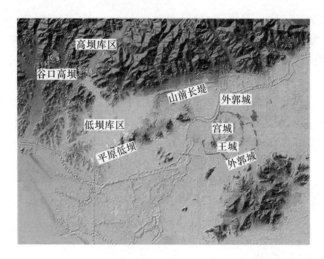

图 5-5　良渚古城及外围水利系统结构图

（杭州日报 2016-05-17）

太湖溇港是古代太湖南部水利建设工程的重要组成部分。溇港是太湖流域的先民在认识和改造自然的过程中创造的适应太湖沿岸地势低洼、河网密布等水土资源特点的水利工程体系，它包括匠心独运的湿地排水技术、横塘纵溇的独特结构和设计简洁巧妙的水利工程建筑群。这一水利系统至今已运行了近2000年，其独特的架构、宏大的规模、科学的设计，代表了农耕文明时代水利水运工程技术发展的极高水平。同时，太湖溇港系统不只是一项水利工程，更是催生了具有鲜明地域特色和深厚人文积淀的溇港文化景观，如古代聚落、古代水利建筑和相关传统习俗等，均是先辈留下的丰厚而宝贵的历史文化遗产。太湖溇港地区保存着颇具地方特色的水利民俗文化——广为流传的防风氏治水和范蠡西施泛舟五湖的传说；各溇港口门和村镇都有水神庙，定期举行各类祭祀活动，是维系乡谊、传承文脉的重要场所，车水号子、渔歌、渔谣则是经久不衰的非物质文化遗产。2016年11月5—12日，在第二届世界灌溉论坛上，太湖溇港成功入选世界灌溉工程遗产名录，让太湖溇港迈出国门走向世界。

江南运河长期以来行于桑基鱼塘区域和市镇区域，无论是市镇还是农业区，都有较好的水域景观。宋元时期，杭州附近的运河与西湖风景区相联系，文人士者围绕着西湖风景区，也相应地经营着与杭州、西湖相联系的运河。宋元时期，水网尚未细化。进入运河封闭区的水流在平原区分散。河网与圩田形成的同时，市镇也兴起。一般而言，先有运河体系，再产生水利与圩田体系，随后人口增加，节点市镇得到发展，这是宋代自然市镇经济发展的结果。到明清时期，运河网络在全国范围内的扩张，使这些市镇的功能进一步扩张。因此，一般的开发模式为：运河——→圩田开发——→河网形成——→人口与贸易增多——→市镇发达。大运河具有文化遗产与在用水利工程双重属性。大运河保护利用应以延续水利功能与保护文化遗产并重为基本原则，逐步建立起完善和统一的法律法规和技术标准体系，保护工作应统筹规划、区分对待、突出重点、逐步推进，同时加强遗产保护理论及技术研究和运河水利科技文化史的展示宣传[194]。

历史上，吴江长桥（图5-6）的修建有利也有弊，一方面为经济发展提供了便利，一方面又在一定程度上造成了太湖排水困境。但是从文化层面上来看，吴江长桥却是集中了文人学士以及几乎与西湖相当的优美景观。当时的吴江长桥周边形成了大量的自然风光，唐宋时期盛产的大量中国诗歌，大大地丰富了中国文学的宝库。到了宋代，水文环境相对稳定，也有一些陆地淤积成田，并产出了享誉中外的松江鲈鱼和莼菜。南宋时期，屯田郎中在这里作亭，命名为鲈乡亭。明末以后，吴江长桥基本淤塞无法使用，遗留下的垂虹桥遗址只成为吴江城中的一处景点。要恢复大运河在这一处的水利文化遗产，应该从河道与水流的局部恢复入手，通过恢复水流，从而形成新的景观，以此再现当时的盛景。

图5-6　吴江长桥遗址

参 考 文 献

[1] 佘之祥，骆永明. 长江三角洲水土资源环境与可持续性. 北京：科学出版社，2007：54，57.

[2] 《中国河湖大典》编纂委员会. 中国河湖大典：长江卷. 北京：中国水利水电出版社，2010：893－953.

[3] 水利部太湖流域管理局，《太湖志》编纂委员会. 太湖志. 北京：中国水利水电出版社，2018：17，215－245.

[4] 张根福，冯贤亮，岳钦韬. 太湖流域人口与生态环境的变迁及社会影响研究（1851－2005）. 上海：复旦大学出版社，2014：45－52.

[5] 《太湖水利史稿》编写组. 太湖水利史稿. 南京：河海大学出版社，1993：12，47－54，98，170－174，188－18，204－207，209－215，351.

[6] 王建，江水进. 太湖 16000 年来沉积环境的演变. 古生物学报，1996，35（2）：213－223.

[7] 景存义. 近百年来关于太湖成因的研究概况. 中国水利—水利史志专刊，1988（3）：53.

[8] 孙顺才，伍贻范. 太湖形成演变与现代沉积作用. 中国科学B辑，1987（12）：1329－1339.

[9] 陈清硕，张育勇. 太湖平原地区土壤物质形成新探. 土壤通报，1994（15）：7－8.

[10] 森正夫. 江南三角洲市镇研究. 丁韵，胡婧，等译. 南京：江苏人民出版社，2018：21.

[11] 孙顺才，黄漪平. 太湖. 北京：海洋出版社，1993：23，25，59，80－81，83，85，126.

[12] 长江水利委员会水文局. 长江志：卷一. 北京：中国大百科全书出版社，2003：320－323.

[13] ［南北朝］郦道元撰，杨守敬，熊会贞注疏，段熙仲，陈桥驿点校. 水经注疏：卷二十九，沔水下. 上海：上海古籍出版社，1989：2435－2437.

[14] 景存义. 太湖的形成与演变. 南京师大学报（自然科学版），1988（3）：79－85.

[15] 张修桂. 太湖演变的历史过程. 中国历史地理论丛，2009（1）：5－12.

[16] 王富葆，韩辉. 三万年前后太湖平原环境变化中的若干问题. 第四纪研究，1990（1）：32－41.

[17] 洪雪晴. 太湖的形成和演变过程. 海洋地质与第四纪地质，1991（4）：87－99.

[18] 孙顺才. 太湖平原有全新世海侵吗？海洋学报，1992（4）：69－77.

[19] 丁文江著，黄汲清，等. 丁文江选集. 北京：北京大学出版社，1993.

[20] ［北宋］沈括著，施适点校. 梦溪笔谈：卷四. 北京：中华书局，2015：22.

[21] 海津正伦. 中国江南デルタの地形形成. 名古屋大学文学部研究论集：107号史学

36. 1990：243.

[22] ［清］孙诒让撰，王文锦，陈玉霞点校. 周礼正义：卷六十三. 北京：中华书局，1987：2640.

[23] ［西汉］司马迁. 史记：卷二十九，河渠书第七. 北京：中华书局，2005：1202.

[24] ［清］王先谦撰，何晋点校. 禹贡：第一，尚书孔传参正. 北京：中华书局，2011：272.

[25] ［宋］范成大撰，陆振岳校点. 吴郡志：卷十九，水利上. 南京：江苏古籍出版社，1999：264-267，265-271，279.

[26] ［北宋］单锷. 吴中水利书. 清嘉庆墨海金壶本.

[27] 中国科学院南京地理研究所. 太湖综合调查初步报告. 北京：科学出版社，1965：1-27.

[28] 张益农，范俊方，黄锦法，等. 浙北嘉湖平原水稻土中的古土壤层. 土壤通报，1993，24（3）：100-101.

[29] ［明］张国维. 吴中水利全书：卷二，太湖全图. 清文渊阁四库全书本.

[30] 武同举. 江苏水利全书. 南京：南京水利实验处，1950.

[31] 单树模. 中国名山大川辞典. 济南：山东教育出版社，1992：589.

[32] 朱诚，林承坤，马春梅，等. 对江苏胥溪河成因及其开发利用的新探讨. 地理学报，2005，60（4）：673-679.

[33] 岑宇玉. 试析明代筑东坝的意图. 中国历史地理论丛，1990（2）：175-188.

[34] ［明］归子顾. 请疏治吴淞江疏. ［明］张国维. 吴中水利全书：卷十四，章疏，清文渊阁四库全书本.

[35] 江苏省宜兴市地方志编纂委员会. 宜兴县志. 上海：上海人民出版社，1990：49.

[36] ［清］赵宏恩. 江南通志：卷六十一，河渠志. 清文渊阁四库全书本.

[37] 中国科学院南京地理研究所. 江苏湖泊志. 南京：江苏科学技术出版社，1982.

[38] ［明］张国维. 太湖沿境水口分图说. 吴中水利全书：卷一，清文渊阁四库全书本.

[39] ［南宋］史能之. 咸淳毗陵志：卷十五. 台北：台北成文出版社，1983.

[40] 武进县志编纂委员会. 武进县志. 上海：上海人民出版社，1988：157，314.

[41] 《丹阳交通志》编纂委员会. 丹阳交通志. 南京：东南大学出版社，1993：67.

[42] 孙景超. 技术、环境与社会—宋以降太湖流域水利史的新探索. 上海：复旦大学，2009.

[43] ［清］孙琬，王德茂修. 李兆洛，周仪暐纂. 道光武进阳湖合志：卷三，舆地，清光绪十二年刻本.

[44] 魏嵩山. 太湖流域开发探源. 南昌：江西教育出版社，1993：98.

[45] ［清］汤钰编. 芙蓉湖修堤录：卷二，河荡说. 清光绪十五年木活字本.

[46] ［东汉］袁康. 越绝书·吴地记. 上海：上海古籍出版社，1985.

[47] ［南朝宋］山谦之. 南徐州记. ［宋］周应合撰. 景定建康志：卷十八，山川志二，清嘉庆六年刊本.

[48] ［清］黄卬辑. 锡金识小录：卷二，芙蓉圩图考. 台北：台北成文出版社，1983.

[49] ［民国］林保元. 芙蓉圩调查报告. 太湖流域水利季刊，1929（4）.

[50] 郑善喜. 西苕溪古河道演变特征及其供水意义探讨. 浙江国土资源，1992（1）：81-87.

[51]　〔明〕沈启. 吴江水考：卷一，水道考. 清乾隆五年沈守义刻本.

[52]　〔清〕王凤生. 浙西水利备考：湖州府水道总说. 乌程县水道总说. 清光绪四年浙江书局刻本.

[53]　〔清〕凌介禧. 东南水利略：卷四，太湖去委水口要害说. 清道光十三年蕊珠仙馆刻本.

[54]　吴维棠. 杭州的几个地理变迁问题. 历史地理：第五辑，上海：上海人民出版社，1987.

[55]　朱丽东，金莉丹，叶玮，等. 晚更新世以来苕溪河道变迁. 浙江师范大学学报（自然科学版），2015，38（3）：241-248.

[56]　〔清〕宗源瀚修. 大清会典舆图：浙江省全舆图. 清光绪二十五年刊印.

[57]　〔明〕陈幼学. 南湖考. 清光绪五年刻本。

[58]　缪启愉. 太湖塘浦圩田史研究. 北京：农业出版社，1985：44，15-17，27-28.

[59]　湖州市地名志领导小组. 浙江省湖州市地名志. 1982.

[60]　周晴. 唐宋时期太湖南岸平原区农田水利格局的形成. 中国历史地理论丛，2010（4）：47-55.

[61]　〔明〕永乐大典：卷二二七七，湖州府三. 清乾隆内府重写本.

[62]　〔清〕金友理. 太湖备考：卷二，沿湖水口. 南京：江苏古籍出版社，1998：73.

[63]　〔清〕李铭皖修，冯桂芬纂. 同治苏州府志：卷三十四，津梁二. 清光绪九年刊本.

[64]　〔宋〕苏轼. 录进单锷吴中水利书. 苏文忠公全集：卷九，东坡奏议. 明成化本.

[65]　〔宋〕陈起. 江湖小集：卷三十四，山居存稿·吴江道中. 清文渊阁四库全书本.

[66]　〔宋〕杨万里. 杨万里诗文集：卷二十八. 南昌：江西人民出版社，2006：499-500.

[67]　杨嘉祐. 淀山湖的变迁与元李升〈淀山送别图〉. 上海博物馆集刊，1981（7）：120-122.

[68]　郑肇经. 太湖水利技术史. 北京：中国农业出版社，1987：92，160-161，176.

[69]　〔宋〕沈约. 宋书：卷七十二，列传第三十八·萧思话. 清乾隆武英殿本.

[70]　〔宋〕朱长文撰，金菊林校点. 吴郡图经续记：卷下，治水. 南京：江苏古籍出版社，1999.

[71]　林有桢. 杭嘉湖地区水利规划的回顾. 水利规划与设计，1997（3）：16-24.

[72]　陈升. 黄浦江潮位变化趋势分析. 上海水务，2001（4）：42-45.

[73]　〔清〕陆曾禹编，倪国琏节录. 康济录. 清乾隆五年武英殿刻本.

[74]　王同生，周宏伟. 江南运河洪涝分析及治理对策探讨. 中国水利，2018（15）：16-18，44.

[75]　陈中原，洪雪晴，李山，等. 太湖地区环境考古. 地理学报，1997，52（2）：131-137.

[76]　张光直. 古代中国考古学. 沈阳：辽宁教育出版社，2002：194.

[77]　谷建祥，邹厚本，李明昌，等. 对草鞋山遗址马家浜文化时期稻作农业的初步认识. 东南文化，1998（3）：15-24.

[78]　南京博物院考古研究所. 江苏宜兴骆驼墩新石器时代遗址的发掘. 考古，2003（7）：579-585，673-674.

[79]　申洪源，朱诚，贾玉连. 太湖流域地貌与环境变迁对新石器文化传承的影响. 地理科学，2004，24（5）：580-585.

[80]　浙江省文物考古研究所，湖州市博物馆. 浙江湖州钱山漾遗址第三次发掘简报. 文物，2010（7）：4-26.

［81］ 邱志荣，张卫东，茹静文. 良渚文化遗址水利工程的考证与研究. 浙江水利水电学院学报，2016（3）：1-9.

［82］ 邱志荣，张卫东. 良渚堤坝的主要功能是围垦保护——五十年前良渚水利工程体系功能初探. 中国水利报，2016-3-31（7）.

［83］ 王宁远，刘斌. 杭州市良渚古城外围水利系统的考古调查. 考古，2015（1）：3-13.

［84］ 戚高晟，沈瑜伟，管文凯，等. 良渚水利工程遗址'草裹泥'技术影响分析. 绿色科技，2018（8）：197-199.

［85］ ［清］许瑶光修，吴仰贤等纂. 光绪嘉兴府志：卷四十二，名宦·高使君. 清光绪五年刊本。

［86］ ［西晋］陈寿. 三国志：卷五十八，吴书十三·陆逊传. 北京：中华书局，2006：795.

［87］ ［清］赵宏恩. 乾隆江南通志：卷五十八，河渠志·运河. 清文渊阁四库全书本.

［88］ ［清］宗源瀚，等. 同治湖州府志：卷二十三，舆地略. 清同治十三年刊本.

［89］ ［西晋］陈寿. 三国志：卷五十三，吴书八·张严程阚薛传第八. 北京：中华书局，2006：744.

［90］ 项文惠，钱国莲. 杭州全书运河河道丛书：杭州运河治理. 杭州：杭州出版社，2013：12.

［91］ ［梁］萧统. 昭明太子集：卷四，请停吴兴丁役疏. 四部丛刊景明本.

［92］ ［宋］杨潜纂. 绍熙云间志：卷上，物产. 清嘉庆十九年古倪园刊本.

［93］ ［唐］韩愈. 昌黎先生文集：卷十九，送陆歙州诗序. 宋蜀本.

［94］ ［明］柳琰纂修. 弘治嘉兴府志：卷二，田亩. 明弘治刻本.

［95］ ［宋］姚铉编. 唐文粹：卷二十一. 元翻宋小字本.

［96］ ［明］张内蕴，周大韶. 三吴水考：卷七，水官考. 清文渊阁四库全书本.

［97］ ［唐］韩愈. 韩愈全集：卷六，崔评事墓铭. 上海：上海古籍出版社，1997：242.

［98］ ［唐］刘允文. 元和塘记. ［明］张国维. 吴中水利全书：卷二十二. 清文渊阁四库全书本.

［99］ ［北宋］欧阳修. 新唐书：卷四十一，地理志. 清乾隆武英殿刻本.

［100］ ［宋］潜说友. 咸淳临安志：卷三十三，山川十二. 清文渊阁四库全书本.

［101］ ［清］钱大昕. 嘉庆长兴县志：卷九，水利. 清嘉庆十年刊本.

［102］ ［清］郑沄修，邵晋涵撰. 乾隆杭州府志：卷三十八，海塘上. 清乾隆四十九年刻本.

［103］ ［明］张内蕴，周大韶. 三吴水考：卷八，水议考. 清文渊阁四库全书本.

［104］ ［清］李铭皖修，冯桂芬纂. 同治苏州府志：卷九，水利一. 清光绪九年刊本.

［105］ ［北宋］沈括. 梦溪笔谈：卷十三，权智. 四部丛刊续编景明本.

［106］ ［清］赵宏恩. 乾隆江南通志：卷六十四，河渠志. 清文渊阁四库全书本.

［107］ ［宋］范成大撰，陆振岳校点. 吴郡志：卷十九，水利下. 南京：江苏古籍出版社，1999：280-289.

［108］ ［明］沈㟭撰. ［清］黄象曦辑. 吴江水考增辑：卷二，水则考. 沈氏家藏本.

［109］ ［明］姚文灏编辑，汪家伦校注. 浙西水利书校注. 北京：农业出版社，1984：40，54-55.

[110]　[元] 脱脱. 宋史：卷九十七，河渠七. 清乾隆武英殿刻本.

[111]　[明] 王鏊. 正德姑苏志：卷三十九，宦蹟三. 明正德元年刻本.

[112]　[明] 曹胤儒. 海塘考. [明] 张国维. 吴中水利全书：卷十九，考. 清文渊阁四库全书本.

[113]　王建革. 江南环境史研究. 北京：科学出版社，2016：142.

[114]　谢湜. 高乡与低乡：11—16 世纪江南区域历史地理研究. 上海：生活·读书·新知三联书店，2015：151.

[115]　[清] 李铭皖修，冯桂芬纂. 同治苏州府志：卷十，水利二. 清光绪九年刊本.

[116]　[明] 张内蕴，周大韶. 三吴水考：卷十四，水田考. 清文渊阁四库全书本.

[117]　[清] 钱泳撰，孟裴校点校. 履园丛话：卷四，水学. 上海：上海古籍出版社，2012：70.

[118]　[清] 张廷玉，等撰. 明史：卷九十，河渠六. 北京：中华书局，1974：2164.

[119]　[清] 高士𪲒修，钱陆燦纂. 康熙重修常熟县志：卷六，水利. 清康熙二十六年刻本.

[120]　周治华. 苏州全国之最. 南京：江苏科学技术出版社，1994：20.

[121]　[民国] 曹允源，李根源纂. 吴县志：卷四十三，水利二. 民国二十二年铅印本.

[122]　[清] 张鉴. 浙江河道记及图说：南浔重修东塘碑记. 北京：中国水利水电出版社，2014：104.

[123]　[民国] 太湖流域民国二十年洪水测验调查专刊，1931.

[124]　江苏省水利厅水利史研究小组. 太湖水利史（讨论稿）. 南京：中国科学院南京地理研究所藏编印本，1964：52-54.

[125]　[西晋] 左思. 吴都赋. [梁] 萧统编，[唐] 李善注. 文选. 上海：上海古籍出版社，2007：205，217.

[126]　[唐] 房玄龄. 晋书：卷二十七，五行上. 北京：中华书局，1959：813.

[127]　[唐] 李翰. 苏州嘉兴屯田纪绩. [宋] 王应麟. 玉海：卷一百七十七，食货. 清文渊阁《四库全书》本.

[128]　[唐] 刘长卿. 刘随州集：卷第九，登松江驿楼北望故园. 四部丛刊本.

[129]　[宋] 朱长文. 吴郡图经续记：卷下，治水. 民国景宋刻本.

[130]　[清] 陆陇其. 三鱼堂外集·东南水利.

[131]　[元] 任仁发. 水利集：卷八，明钞本.

[132]　[北宋] 范仲淹. 范文正公政府奏议上·荅手诏条陈十事. 政府奏议. 四部丛刊景明翻元刊本.

[133]　[北宋] 范仲淹. 上宰相书. [明] 张内蕴，周大韶. 三吴水考：卷八，水议考. 清文渊阁四库全书本.

[134]　[南北朝] 郦道元撰. [清] 赵一清注. 水经注释：卷三十五，江水三. 清文渊阁四库全书本.

[135]　[北宋] 朱长文. 朱秘书长文治水篇. [明] 姚文灏. 浙西水利书：卷一，宋书. 民国豫章丛书本.

[136]　[南宋] 黄震. 代平江府回马裕斋催泄水书. [明] 张国维. 吴中水利全书：卷十七，书. 清文渊阁四库全书影印本.

[137]　长江流域规划办公室，《长江水利史》编写组. 长江水利史略. 北京：水利电力出版

社，1979：117.

[138] ［宋］李珏. 奏湆常州漕渠修建望亭二牐状. ［明］张国维. 吴中水利全书：卷十三，奏状. 清文渊阁四库全书影印本.

[139] 张文彩. 中国海塘工程简史. 北京：科学出版社，1990：103‒104.

[140] ［元］任仁发. 水利集：卷四，五，八. 明钞本.

[141] ［元］任仁发. 水利集：卷七. 明钞本.

[142] ［元］任仁发. 水利集：卷二. 明钞本.

[143] ［元］孙鼎. 松郡水利志. ［明］张国维. 吴中水利全书：卷十八，志. 清文渊阁四库全书本.

[144] ［明］张国维. 吴中水利全书：卷十，水治. 清文渊阁四库全书本.

[145] 宗菊如，周解清. 中国太湖史（上卷）. 北京：中华书局，1999：381.

[146] ［元］任仁发. 水利集：卷三. 明钞本.

[147] 胡昌新. 上海水史话. 上海：上海交通大学出版社，2006：40.

[148] ［明］况钟. 况太守集：卷十二，严革诸弊榜示. 清光绪十年刻本.

[149] ［明］归有光撰. 周本淳校点. 震川先生集：卷八，论三区赋役水利书. 奉熊分司水利集并论今年水灾事宜书. 上海：上海古籍出版社，2007：159‒162，168.

[150] ［明］海瑞撰. 备忘集：卷一，开吴淞江疏. 开白茆河疏. 清文渊阁四库全书本.

[151] ［明］林应训. 款陈开浚吴淞江工费疏. ［明］张国维. 吴中水利全书：卷十四，奏疏. 清文渊阁四库全书本.

[152] 张芳. 宋代水尺的设置和水位量测技术. 中国科技史杂志，2005（4）：332‒339.

[153] 胡昌新. 从吴江县水则碑探讨太湖历史洪水. 水文，1982（5）：51‒56.

[154] ［明］夏原吉. 浚治娄江白茆港疏. ［明］张国维. 吴中水利全书：卷十四，奏疏. 清文渊阁四库全书本.

[155] 王建革. 明代江南的水利单位与地方制度：以常熟为例. 中国史研究，2011（2）：165‒179.

[156] ［明］姚灏. 水性辩议. ［明］张国维. 吴中水利全书：卷二十二，议. 清文渊阁四库全书本.

[157] ［明］林应训. 治田六事. ［明］张国维. 吴中水利全书：卷十六，公移. 清文渊阁四库全书本.

[158] ［明］林应训. 修筑河圩以备旱涝，以重农务事文移. ［明］徐光启. 农政全书：卷十四，水利·东南水利中. 明崇祯平露堂本.

[159] ［明］徐光启. 农政全书：卷八，农事·开垦. 明崇祯平露堂本.

[160] 常熟市水利志编纂委员会. 常熟水利志. 北京：水利电力出版社，1990：86.

[161] ［明］耿橘. 附用千百长法. 常熟县水利全书·附录：卷下. 抄本.

[162] ［明］耿橘. 谕民浚筑告示. 常熟县水利全书·附录：卷下. 抄本.

[163] ［明］耿橘. 水利用湖不用江为第一良法. 常熟县水利全书：卷一. 抄本.

[164] ［明］耿橘. 筑岸法. 常熟县水利全书：卷一. 抄本.

[165] ［明］林文沛. 水利兴革事宜款示. ［明］张国维. 吴中水利全书：卷十五，公移. 清文渊阁四库全书本.

[166] ［清］李铭皖修，冯桂芬纂. 同治苏州府志：卷十一，水利三. 清光绪九年刊本.

[167] ［清］慕天颜. 开浚白茆修闸疏. ［清］贺长龄编. 清经世文编：卷一一三，工政十

九．清光绪十二年思补楼重校本．

[168]　[清] 钱中谐. 论吴淞江. [清] 贺长龄编. 清经世文编：卷一一三，工政十九. 清光绪十二年思补楼重校本.

[169]　[清] 钱中谐. 论水势冈身. [清] 魏源. 魏源全集：第十九册，皇朝经世文编. 岳麓社，2004：209 - 210.

[170]　[清] 张宸. 浚吴淞江建闸议. [清] 贺长龄编. 清经世文编：卷一一三，工政十九. 清光绪十二年思补楼重校本.

[171]　[清] 沈起元. 去刘河七浦新闸议. [清] 贺长龄编. 清经世文编：卷一一三，工政十九. 清光绪十二年思补楼重校本.

[172]　[清] 张作楠. 上魏中丞议浚刘河书. [清] 贺长龄编. 清经世文编：卷一一三，工政十九. 清光绪十二年思补楼重校本.

[173]　[清] 王凤生. 浙西水利备考·序. 清光绪四年浙江书局刻本.

[174]　[明] 张国维. 吴中水利全书：卷一，太湖沿境水口分图说. 清文渊阁四库全书本.

[175]　[清] 王凤生. 吴淞江说. 浙西水利备考. 清光绪四年浙江书局刻本.

[176]　[清] 凌介禧辑. 东南水利略：卷四，太湖去委水口要害说·附鱼籪弊说. 清道光十三年蕊珠仙馆刻本.

[177]　[清] 陈和志撰. 乾隆震泽县志：卷二十九，治水二.

[178]　张芳. 中国古代灌溉工程技术史. 太原：山西教育出版社，2009：426 - 428.

[179]　[清] 朱轼. 题请修筑海宁石塘下用木柜外筑坦水再开浚备塘河以防泛溢疏. [清] 查祥. 两浙海塘通志：卷四，本朝建筑一. 清乾隆刻本.

[180]　[清] 陈瑚. 筑围说. 昆山新阳合志：卷三十六，艺文. 清乾隆刻本.

[181]　武同举. 江苏水利全书：卷三十五，太湖流域五. 南京：南京水利实验处印，1949：8.

[182]　[民国] 赵尔巽，等撰. 清史稿：卷一二九，河渠志四·直省水利. 长春：吉林人民出版社，1998：2638.

[183]　武同举. 江苏水利全书：卷三十六，太湖流域六. 南京：南京水利实验处印，1949：11.

[184]　胡吉伟. 20 世纪二十年代吴淞江治理困境中的多方博弈. 江南论坛，2014 (1)：59 - 61.

[185]　制止围筑东太湖湖田. 申报. 1935 - 6 - 2.

[186]　赵海莉，张志强，赵锐锋. 黑河流域水资源管理制度历史变迁及其启示. 干旱区地理，2014，37 (1)：45 - 55.

[187]　水利电力部太湖流域管理局. 太湖流域综合治理总体规划方案，1987.

[188]　江苏省地方志编纂委员会. 江苏省志·水利志. 南京：江苏古籍出版社，2001.

[189]　王同生. 太湖流域防洪与水资源管理. 北京：中国水利水电出版社，2006：82.

[190]　水利部太湖流域管理局. 太湖流域防洪规划中期评估报告，2019.

[191]　王同生. 太湖流域的治理与开发//中国水利年鉴 1990 年. 北京：水利电力出版社，1991.

[192]　王同生. 太湖流域 2016 年大洪水分析. 中国防汛抗旱，2018，28 (6)：60 - 62.

[193]　水利部太湖流域管理局. 引江济太调水试验. 北京：中国水利水电出版社，2010：419.

[194]　李云鹏，吕娟，万金红，等. 中国大运河水利遗产现状调查及保护策略探讨. 水利学报，2016 (47)：1177 - 1187.

附表 1　　　　　　　　　太湖流域水旱灾害统计简表

发展时期	朝代	灾害类型及受灾地区	灾害规模
初步创建期 （秦汉至六朝时期）	东晋	7 次水灾，3 次旱灾	一般水灾 5 次，大水灾 2 次；一般旱灾 1 次，大旱 2 次
	南朝	12 次水灾，3 次旱灾	一般水灾 10 次，大水灾 2 次；一般旱灾 3 次
兴盛时期 （隋唐至五代）	隋唐	16 次水灾，14 次旱灾	一般水灾 9 次，大水灾 7 次；一般旱灾 10 次，大旱 4 次
	吴越	3 次水灾	一般水灾 3 次
延续发展期 （宋至清）	北宋	28 次水灾，17 次旱灾	一般水灾 12 次，大水灾 16 次；一般旱灾 12 次，大旱 5 次
	南宋	40 次水灾，29 次旱灾	一般水灾 30 次，大水灾 10 次；一般旱灾 20 次，大旱 9 次
	元	46 次水灾，5 次旱灾	一般水灾 35 次，大水灾 10 次，特大水灾 1 次；一般旱灾 5 次
	明	99 次水灾，40 次旱灾	一般水灾 72 次，大水灾 21 次，特大水灾 6 次； 一般旱灾 30 次，大旱 7 次，特大旱 3 次
	清	75 次水灾，41 次旱灾	一般水灾 54 次，大水灾 14 次，特大水灾 7 次； 一般旱灾 27 次，大旱 9 次，特大旱 5 次
民国时期	民国	2 次水灾，1 次旱灾	大水灾 1 次，特大水灾 1 次；特大旱 1 次
中华人民共和国成立后	中华人民共和国成立后	7 次水灾，3 次旱灾	7 次流域性洪水，3 次流域性旱灾

注　一般灾害受灾面积为一府或 5 县以上，大灾害受灾面积 10～20 个县，特大灾害受灾面积 20 个县以上；潮灾不分大小，有记载即计次。

附表 2　　　　　　　　太湖流域水旱灾害历史发生详表

朝　代	历史纪年	公元纪年	灾　别
东晋	建武元年	317	大旱
	大兴三年	320	水
	太宁元年	323	水
	咸和四年	329	水
	咸康元年	335	旱
	升平二年	358	水
	咸安元年	371	大水
	咸安二年	372	大旱
	宁康二年	374	大水
	太元六年	381	水
南北朝　宋	元嘉七年	430	大水
	元嘉十二年	435	大水
	大明元年	457	水
	大明八年	464	旱
南北朝　南齐	建元元年	479	水
	建元二年	480	水
	建元四年	482	水
	永明五年	487	水
	永明六年	488	水
	永明八年	490	水
	永明九年	491	水
	建武二年	495	水
南北朝　梁	大通二年	528	水
	太清二年	547	旱
	太清三年	548	旱
隋	开皇六年	586	水
	大业十三年	617	旱
唐	贞观三年	629	水
	贞观十二年	638	旱
	永徽元年	650	水
	永徽四年	653	水
	万岁登封元年	695	旱

续表

朝　　代	历史纪年	公元纪年	灾　　别
唐	开元十四年	726	水
	大历二年	767	水、潮
	大历十年	775	潮
	贞元六年	790	大旱
	贞元八年	792	水
	永贞元年	805	大旱
	元和三年	808	旱
	元和四年	809	大旱
	元和六年	811	旱
	元和七年	812	旱
	元和十二年	816	大水
	元和十三年	817	水
	长庆二年	822	水
	长庆三年	823	旱
	长庆四年	824	大水
	宝历元年	825	大旱
	大和四年	830	大水
	大和五年	831	大水
	大和六年	832	大水
	大和七年	833	大水
	开成三年	828	大水
	开成四年	829	旱
	乾符三年	876	旱
	乾符六年	879	旱
吴越后唐	天成元年	926	水
后晋	天福五年	940	水
	天福七年	942	水
北宋	太平兴国三年	978	水、潮
	太平兴国六年	981	水
	太平兴国七年	982	水
	咸平元年	998	旱
	咸平二年	999	旱

朝　代	历史纪年	公元纪年	灾　别
	大中祥符四年	1011	大水
	大中祥符五年	1012	旱、潮
	乾兴元年	1022	大水
	天圣元年	1023	大水
	天圣四年	1026	大水
	天圣六年	1028	水
	景祐四年	1037	潮
	宝元元年	1038	旱
	庆历八年	1048	大水
	皇祐二年	1050	水
	嘉祐四年	1059	水
	嘉祐五年	1060	大水
	嘉祐六年	1061	大水
	嘉祐七年	1062	旱
	熙宁三年	1070	大旱
	熙宁四年	1071	水
北宋	熙宁五年	1072	大水
	熙宁六年	1073	旱
	熙宁七年	1074	大旱
	熙宁八年	1075	大旱
	熙宁十年	1077	旱
	元丰元年	1078	潮
	元丰四年	1081	潮
	元丰五年	1082	水
	元丰六年	1083	大水
	元祐元年	1086	旱
	元祐三年	1088	旱
	元祐四年	1089	旱
	元祐五年	1090	大水
	元祐六年	1091	大水
	元祐八年	1093	潮
	绍圣元年	1094	潮

朝　代	历史纪年	公元纪年	灾　别
北宋	绍圣二年	1095	水
	绍圣四年	1097	大旱
	元符二年	1099	大水
	建中靖国元年	1101	水、旱
	崇宁元年	1102	大旱
	崇宁三年	1104	水
	崇宁四年	1105	大水
	大观元年	1107	大水
	大观三年	1109	旱
	政和五年	1115	潮
	重和元年	1118	大水
	宣和元年	1119	水
	宣和四年	1122	潮
	宣和六年	1124	大水
南宋	建炎二年	1128	水
	建炎三年	1129	旱
	绍兴二年	1132	旱
	绍兴三年	1133	旱
	绍兴四年	1134	大水
	绍兴五年	1135	水、潮
	绍兴六年	1136	潮
	绍兴七年	1137	旱
	绍兴十四年	1144	水
	绍兴十七年	1147	水
	绍兴十八年	1148	旱
	绍兴十九年	1149	旱
	绍兴二十三年	1153	大水
	绍兴二十四年	1154	旱
	绍兴二十七年	1157	水
	绍兴二十八年	1158	水、潮
	绍兴三十年	1160	水
	绍兴三十二年	1162	水

朝　　代	历史纪年	公元纪年	灾　　别
南宋	隆兴元年	1163	水、潮
	隆兴二年	1164	大水
	乾道元年	1165	水
	乾道二年	1166	大水
	乾道三年	1167	水
	乾道六年	1170	大水
	乾道七年	1171	旱
	淳熙元年	1174	潮
	淳熙二年	1175	大旱
	淳熙三年	1176	大水
	淳熙四年	1177	大水
	淳熙五年	1178	旱、潮
	淳熙六年	1179	大水
	淳熙七年	1180	大旱
	淳熙八年	1181	大旱
	淳熙十一年	1184	水
	淳熙十四年	1187	大旱
	绍熙四年	1193	水
	绍熙五年	1194	大水、旱、潮
	庆元元年	1195	水
	庆元二年	1196	水
	庆元三年	1197	旱
	庆元五年	1199	水
	庆元六年	1200	旱
	嘉泰元年	1201	大旱
	嘉泰二年	1202	大旱
	嘉泰四年	1204	大旱
	开禧元年	1205	大旱
	开禧三年	1207	旱
	嘉定二年	1209	大旱
	嘉定六年	1213	大水
	嘉定七年	1214	旱

续表

朝　代	历史纪年	公元纪年	灾　别
	嘉定八年	1215	旱
	嘉定九年	1216	水
	嘉定十年	1217	潮
	嘉定十一年	1218	旱
	嘉定十二年	1219	潮
	嘉定十四年	1221	旱
	嘉定十五年	1222	水
	嘉定十六年	1223	大水
	嘉定十七年	1224	潮
	宝庆三年	1226	水
	绍定三年	1230	水
	端平三年	1234	潮
南宋	嘉熙四年	1240	旱
	淳祐二年	1242	水
	淳祐六年	1246	旱
	淳祐七年	1247	旱
	淳祐十一年	1251	水
	宝祐二年	1254	水
	宝祐三年	1255	水
	开庆元年	1259	水
	景定二年	1261	水
	景定三年	1262	水
	景定五年	1264	潮
	咸淳三年	1267	水
	咸淳十年	1274	水
	德祐元年	1275	水
	至元十四年	1277	潮
	至元二十三年	1286	大水
	至元二十四年	1287	大水
元	至元二十五年	1288	大水
	至元二十七年	1290	水
	至元二十九年	1292	大水

朝　　代	历史纪年	公元纪年	灾　　别
	元贞元年	1295	大水
	元贞二年	1296	水、潮
	大德元年	1297	水、潮
	大德二年	1298	水
	大德三年	1299	水、潮
	大德五年	1301	大水、潮
	大德九年	1305	大水
	大德十年	1306	水、潮
	大德十一年	1307	水
	至大元年	1308	水、旱
	至大四年	1311	水
	皇庆元年	1312	潮
	皇庆二年	1313	水、潮
	延祐元年	1314	水、潮
	延祐三年	1316	水
	延祐五年	1318	水
元	延祐六年	1319	水
	延祐七年	1320	水
	至治二年	1322	水
	泰定元年	1324	水、潮
	泰定二年	1325	潮
	泰定三年	1326	水、潮
	泰定四年	1327	潮
	致和元年	1328	大水、潮
	天历二年	1329	旱
	至顺元年	1330	特大水
	至顺二年	1331	大水
	至顺三年	1332	大水
	元统二年	1334	旱
	至元二年	1336	旱
	至元三年	1337	水
	至元四年	1338	水

朝　代	历史纪年	公元纪年	灾　别
元	至元五年	1339	水
	至元六年	1340	水
	至正元年	1341	水
	至正二年	1342	水
	至正六年	1346	水
	至正七年	1347	水
	至正八年	1348	水
	至正十年	1350	水
	至正十一年	1351	水
	至正十三年	1353	水
	至正十四年	1354	水
	至正十五年	1355	水
	至正十六年	1356	水
	至正二十三年	1363	水
	至正二十四年	1364	潮
	至正二十五年	1365	水
	至正二十七年	1367	旱
明	洪武二年	1369	大水
	洪武三年	1370	潮
	洪武七年	1374	水
	洪武八年	1375	大水
	洪武九年	1376	大水
	洪武十年	1377	大水
	洪武十一年	1378	水、潮
	洪武十七年	1384	水
	洪武二十三年	1390	潮
	洪武三十年	1397	旱
	洪武三十一年	1398	水
	永乐元年	1403	旱
	永乐二年	1404	水、潮
	永乐三年	1405	大水、潮
	永乐四年	1406	潮

朝　　代	历史纪年	公元纪年	灾　　别
	永乐五年	1407	潮
	永乐六年	1408	潮
	永乐七年	1409	水
	永乐九年	1411	水、潮
	永乐十年	1412	水
	永乐十一年	1413	水、潮
	永乐十二年	1414	水、潮
	永乐十三年	1415	旱
	永乐十四年	1416	水
	永乐十六年	1418	水
	永乐十八年	1420	潮
	永乐二十年	1422	水
	永乐二十一年	1423	水
	洪熙元年	1425	大水、潮
	宣德元年	1426	水
	宣德五年	1430	水
明	宣德七年	1432	水
	宣德九年	1434	旱
	宣德十年	1435	潮
	正统元年	1436	潮
	正统二年	1437	潮
	正统三年	1438	旱
	正统四年	1439	水
	正统五年	1440	水、潮
	正统六年	1441	旱
	正统七年	1442	旱、潮
	正统八年	1443	潮
	正统九年	1444	大水、潮
	正统十一年	1446	大水
	正统十二年	1447	旱、潮
	正统十四年	1449	水
	景泰元年	1450	水

续表

朝　代	历史纪年	公元纪年	灾　别
	景泰四年	1453	水
	景泰五年	1454	大水
	景泰六年	1455	旱
	景泰七年	1456	旱
	天顺元年	1457	水
	天顺二年	1458	潮
	天顺三年	1459	旱
	天顺四年	1460	大水
	天顺五年	1461	水、潮
	天顺八年	1464	水、潮
	成化元年	1465	水
	成化二年	1466	潮
	成化六年	1470	水
	成化七年	1471	水、潮
	成化八年	1472	潮
	成化九年	1473	水、潮
明	成化十年	1474	水、潮
	成化十二年	1476	潮
	成化十三年	1477	水、潮
	成化十四年	1478	水、潮
	成化十七年	1481	特大水、大旱
	成化二十年	1484	水
	成化二十二年	1486	水
	成化二十三年	1487	旱
	弘治二年	1488	水
	弘治四年	1491	大水
	弘治五年	1492	大水、潮
	弘治七年	1494	大水、潮
	弘治十一年	1498	水、潮
	弘治十二年	1499	水
	弘治十六年	1503	大旱
	弘治十八年	1505	水

朝　　代	历史纪年	公元纪年	灾　　别
	正德元年	1506	潮
	正德三年	1508	旱
	正德四年	1509	大水
	正德五年	1510	特大水
	正德六年	1511	潮
	正德七年	1512	旱、潮
	正德八年	1513	水
	正德十年	1515	水
	正德十二年	1517	水
	正德十三年	1518	大水
	正德十四年	1519	大水
	嘉靖元年	1522	水、潮
	嘉靖二年	1523	大水、大旱
	嘉靖三年	1524	水
	嘉靖四年	1525	水
	嘉靖七年	1528	旱
明	嘉靖八年	1529	水
	嘉靖九年	1530	旱
	嘉靖十年	1531	水
	嘉靖十三年	1534	水
	嘉靖十四年	1535	旱
	嘉靖十五年	1536	潮
	嘉靖十六年	1537	水
	嘉靖十八年	1539	潮
	嘉靖十九年	1540	潮
	嘉靖二十二年	1543	水
	嘉靖二十三年	1544	特大旱
	嘉靖二十四年	1545	特大旱
	嘉靖二十五年	1546	潮
	嘉靖二十八年	1549	水
	嘉靖三十二年	1553	旱
	嘉靖三十三年	1554	旱

朝　代	历史纪年	公元纪年	灾　别
	嘉靖三十七年	1558	水
	嘉靖三十八年	1559	大旱
	嘉靖三十九年	1560	水
	嘉靖四十年	1561	特大水、潮
	嘉靖四十一年	1562	水
	嘉靖四十四年	1565	潮
	隆庆元年	1567	水、潮
	隆庆二年	1568	旱
	隆庆三年	1569	水、潮
	隆庆四年	1570	水
	万历三年	1575	水、潮
	万历五年	1577	水
	万历七年	1579	大水
	万历八年	1580	大水
	万历九年	1581	水、潮
	万历十年	1582	潮
明	万历十三年	1585	水、潮
	万历十四年	1586	水
	万历十五年	1587	特大水、潮
	万历十六年	1588	大旱
	万历十七年	1589	特大旱、潮
	万历十八年	1590	旱
	万历十九年	1591	水、潮
	万历二十二年	1594	潮
	万历二十四年	1596	大水
	万历二十六年	1598	水
	万历二十九年	1601	大水
	万历三十三年	1605	旱
	万历三十四年	1606	旱
	万历三十六年	1608	特大水
	万历三十七年	1609	水
	万历四十二年	1614	水

朝　代	历史纪年	公元纪年	灾　别
明	天启四年	1624	特大水、潮
	天启五年	1625	大旱
	天启六年	1626	水、潮
	天启七年	1627	水
	崇祯元年	1628	潮
	崇祯二年	1629	潮
	崇祯四年	1631	水
	崇祯五年	1632	旱
	崇祯六年	1633	水、潮
	崇祯七年	1634	水
	崇祯八年	1635	水
	崇祯九年	1636	旱
	崇祯十一年	1638	旱、潮
	崇祯十二年	1639	旱
	崇祯十三年	1640	水、大旱
	崇祯十四年	1641	特大旱、潮
	崇祯十五年	1642	旱
	崇祯十六年	1643	旱
	崇祯十七年	1644	旱、潮
清	顺治二年	1645	水
	顺治六年	1649	水
	顺治七年	1650	水、潮
	顺治八年	1651	特大水
	顺治九年	1652	大旱
	顺治十年	1653	潮
	顺治十一年	1654	潮
	顺治十二年	1655	旱、潮
	顺治十三年	1656	水
	顺治十五年	1658	水、潮
	顺治十六年	1659	水
	顺治十八年	1661	大旱
	康熙元年	1662	旱

朝　　代	历史纪年	公元纪年	灾　　别
	康熙二年	1663	旱
	康熙三年	1664	潮
	康熙四年	1665	水、潮
	康熙五年	1666	潮
	康熙七年	1668	水、潮
	康熙八年	1669	水
	康熙九年	1670	特大水、潮
	康熙十年	1671	大旱
	康熙十一年	1672	水
	康熙十三年	1674	大水
	康熙十五年	1676	大水
	康熙十六年	1677	旱
	康熙十七年	1678	水
	康熙十八年	1679	特大旱
	康熙十九年	1680	特大水、潮
清	康熙二十一年	1682	水
	康熙二十二年	1683	大水
	康熙二十六年	1687	水
	康熙三十年	1691	水、潮
	康熙三十一年	1692	旱
	康熙三十二年	1693	大旱、潮
	康熙三十三年	1694	旱
	康熙三十四年	1695	水
	康熙三十五年	1696	水、旱、潮
	康熙三十六年	1697	水
	康熙三十七年	1698	水
	康熙三十八年	1699	水
	康熙三十九年	1700	旱
	康熙四十一年	1702	水、潮
	康熙四十三年	1704	水
	康熙四十四年	1705	潮
	康熙四十六年	1707	特大旱

朝　代	历史纪年	公元纪年	灾　别
清	康熙四十七年	1708	特大水
	康熙四十九年	1710	水
	康熙五十一年	1712	水
	康熙五十二年	1713	旱
	康熙五十三年	1714	旱、潮
	康熙五十四年	1715	大水、潮
	康熙五十五年	1716	水
	康熙五十九年	1720	旱
	康熙六十年	1721	大旱
	康熙六十一年	1722	大旱
	雍正元年	1723	大旱
	雍正二年	1724	潮
	雍正四年	1726	大水
	雍正五年	1727	水
	雍正八年	1730	水
	雍正九年	1731	潮
	雍正十年	1732	潮
	雍正十一年	1733	旱
	雍正十二年	1734	潮
	乾隆三年	1738	旱、潮
	乾隆六年	1741	水、潮
	乾隆八年	1743	潮
	乾隆九年	1744	水、潮
	乾隆十二年	1747	潮
	乾隆十三年	1748	水
	乾隆十六年	1751	旱、潮
	乾隆十七年	1752	水
	乾隆十九年	1754	水
	乾隆二十年	1755	大水
	乾隆二十一年	1756	旱
	乾隆二十三年	1758	水、潮
	乾隆二十六年	1761	水

续表

朝　　代	历史纪年	公元纪年	灾　　别
	乾隆二十七年	1762	大水、潮
	乾隆三十一年	1766	水、潮
	乾隆三十三年	1768	大旱
	乾隆三十四年	1769	大水
	乾隆三十五年	1770	潮
	乾隆三十九年	1774	潮
	乾隆四十年	1775	旱
	乾隆四十四年	1779	旱
	乾隆四十六年	1781	潮
	乾隆四十八年	1783	潮
	乾隆五十年	1785	特大旱
	乾隆五十一年	1786	潮
	乾隆五十四年	1789	水
	乾隆五十六年	1791	水、潮
	乾隆五十八年	1793	水、潮
	乾隆五十九年	1794	水、潮
清	嘉庆三年	1798	旱
	嘉庆四年	1799	潮
	嘉庆七年	1802	潮
	嘉庆八年	1803	水
	嘉庆九年	1804	特大水
	嘉庆十年	1805	水、潮
	嘉庆十三年	1808	水
	嘉庆十九年	1814	特大旱
	嘉庆二十二年	1817	水、潮
	嘉庆二十四年	1819	大旱
	道光元年	1821	潮
	道光二年	1822	旱
	道光三年	1823	特大水、潮
	道光九年	1829	旱
	道光十年	1830	旱、潮
	道光十一年	1831	大水、潮

朝　代	历史纪年	公元纪年	灾　别
	道光十二年	1832	旱、潮
	道光十三年	1833	大水、潮
	道光十四年	1834	水
	道光十五年	1835	旱、潮
	道光十八年	1838	潮
	道光十九年	1839	水
	道光二十年	1840	大水
	道光二十一年	1841	大水
	道光二十三年	1843	旱
	道光二十六年	1846	潮
	道光二十七年	1847	潮
	道光二十八年	1848	潮
	道光二十九年	1849	特大水、潮
	道光三十年	1850	大水
清	咸丰四年	1854	水
	咸丰六年	1856	特大旱
	咸丰七年	1857	潮
	咸丰九年	1859	水、潮
	咸丰十年	1860	水
	同治元年	1862	潮
	同治二年	1863	潮
	同治四年	1865	水
	同治五年	1866	潮
	同治十一年	1872	水
	同治十二年	1873	旱
	光绪元年	1875	水、潮
	光绪二年	1876	潮
	光绪三年	1877	潮
	光绪四年	1878	潮

续表

朝　　代	历史纪年	公元纪年	灾　　别
清	光绪七年	1881	潮
	光绪八年	1882	潮
	光绪九年	1883	潮
	光绪十一年	1885	潮
	光绪十二年	1886	潮
	光绪十三年	1887	潮
	光绪十四年	1888	潮
	光绪十五年	1889	大水
	光绪十六年	1890	潮
	光绪十八年	1892	旱
	光绪二十四年	1898	旱
	光绪二十七年	1901	水、潮
	光绪三十一年	1905	潮
	光绪三十二年	1906	水
	宣统二年	1910	水
	宣统三年	1911	水
民国	民国 4 年	1915	潮
	民国 6 年	1917	潮
	民国 7 年	1918	潮
	民国 8 年	1919	潮
	民国 10 年	1921	大水、潮
	民国 11 年	1922	潮
	民国 12 年	1923	潮
	民国 18 年	1929	潮
	民国 20 年	1931	特大水、潮
	民国 22 年	1933	潮
	民国 23 年	1934	特大旱

注　1. 资料来源《太湖水利史稿》编写组，《太湖水利史稿》，河海大学出版社 1993 年版，第 373 ～ 383 页。

2. 一般灾害受灾面积为一府或 5 县以上，大灾害受灾面积 10～20 个县，特大灾害受灾面积 20 个县以上；潮灾不分大小，有记载即计次。

附表 3　　　　　　　　　　太湖流域历史特大水旱灾害情况统计表

朝代	时间	灾害类型及 受灾地区	灾害详情
元	1330 年闰七至十月	特大水灾	润、常、苏、松、杭、嘉、湖诸路州县皆大水，没民田
明	1481 年春夏秋	特大水灾	21 府县先旱后水。昆山、宜兴、嘉兴、无锡、江阴、常熟、溧阳、丹徒、丹阳、金坛、太仓、嘉定、湖州、长兴、吴江、松江、娄县等多地受灾
	1510 年四至十一月间	特大水灾	江南、太湖、浙西 25 府县大水为灾
	1544—1545 年夏秋	特大旱灾	25 府县大旱，大部分地区连续两年大旱，湖西地区还连续干旱至 1546 年
	1561 年春夏	特大水灾	28 府县大水为灾，时太湖六郡均受灾
	1587 年夏秋	特大水灾	25 府大水。春元旦常熟受灾；五月，杭、嘉、湖、应天、太平五府受灾；五至七月苏州受灾；七月武进、吴江、宜兴受灾等
	1589 年夏秋	特大旱灾	28 府县大旱。五至八月不雨，运河、漏湖、泖湖、太湖俱涸
	1608 年夏秋	特大水灾	24 府县大水
	1624 年春夏秋	特大水灾	27 府县大水
	1641 年 （1640—1642 连旱三年）	特大旱灾	28 府县大旱。镇、松、长、苏连续干旱，浙西干旱，遍及 28 府县
清	1651 年春夏	特大水灾	杭州、乌程、瑞安、高淳、镇扬、江阴、武进、常熟、昆山、溧阳等 22 府大水
	1670 年夏秋	特大水灾	24 府县大水。太湖水溢，苏、松、沪沿海潮溢
	1679 年夏秋	特大旱灾	21 府县大旱。遍及丹徒、金坛、江阴、宜兴、苏州、昆山、上海、余杭等

朝代	时间	灾害类型及 受灾地区	灾害详情
清	1680 年夏秋	特大水灾	20 府县大水。松江、上海潮溢。八月太湖溢
	1707 年夏秋	特大旱灾	江阴、武进等 21 府县大旱
	1708 年夏秋	特大水灾	24 府县大风雨，湖海泛溢，长兴受灾特重
	1785 年夏秋	特大旱灾	24 府县大旱，该年长江下游多省均大旱
	1804 年五月	特大水灾	25 府县大水
	1814 年夏秋	特大旱灾	32 府县大旱
	1823 年夏秋	特大水灾	35 府县大水。太湖溢，苏州、高淳大水
	1849 年夏秋	特大水灾	38 府县大水。上江宣城、高淳大水，丹徒、江阴潮溢
	1856 年夏秋	特大旱灾	江南 38 府县大旱，灾情之重甚于 1785 年
民国时期	1931 年 7—8 月	特大水灾，梅雨叠加台风雨	50 年一遇，太湖水位最高达 4.46 米；受灾耕地面积约 592 万亩，约占总耕地面积的 20%，苏南灾情最重，浙西次之
	1934 年夏秋	特大旱灾	降雨不到常年同期的一般，33 县受灾，最为严重的是溧阳、金坛、宜兴、丹阳、桐乡、嘉兴、余杭、吴兴、长兴等 9 个县
中华人民共和国成立后	1954 年 6—8 月	大水灾，长期梅雨（62 天梅雨期）	50 年一遇，流域各地最高水位大多超过或平此前历史最高水位，太湖水位为 4.66 米。圩区约 80% 破圩，农田受灾 785 万亩，浙江重于江苏
	1962 年 8 月底—9 月	大水灾，台风雨（短期暴雨）	太湖水位最高 4.30 米。上游安吉、长兴，下游嘉兴、苏州受灾严重。全流域受灾农田 644 万亩，死亡 89 人

朝代	时间	灾害类型及受灾地区	灾害详情
中华人民共和国成立后	1967 年夏秋	大旱灾，梅雨期短，雨量少，特殊干旱年（7—8 月降雨频率分析）	旱情以浙江最为严重，全流域受灾面积 308.4 万亩
	1971 年 4—10 月	大旱灾，流域及长江上游雨量均偏少，特殊干旱年（7—8 月降雨频率分析）	苏南地区受灾面积达 70 万亩，长兴、安吉、德清等县受灾面积有 10 多万亩
	1978 年春夏秋	大旱灾，超设计标准的特殊干旱年（7—8 月降雨频率分析）	流域年均降雨 680 毫米，为多年平均的 58%；该年无梅雨。苏南沿江闸泵调引长江水 60 亿立方米补给流域和太湖，太湖向周边补水；各地均有旱情，但未成大灾
	1983 年 6 月至 7 月下旬	大水灾，梅雨叠加冷空气低空急流	太湖最高平均水位 4.27 米。江苏、浙江太湖地区等均受灾，受灾农田 530 万亩，死亡 30 人
	1991 年 6—7 月	大水灾，梅雨（55 天）、台风雨、冷空气低空急流	20 年一遇，太湖水位最高达 4.79 米，受灾农田 700 万亩，死亡 127 人，直接经济损失 113.9 亿元，湖西和苏锡常地区受灾严重，江苏省经济损失最为严重
	1993 年夏秋	大水灾，台风期出现类似梅雨的持续降雨	太湖水位最高达 4.51 米，直接经济损失 22.16 亿元；下游嘉兴、苏州受灾严重
	1999 年 6—7 月	大水灾，梅雨型洪水	百年一遇，太湖水位最高达 4.97 米，受灾农田 1031 万亩，直接经济损失 141.25 亿元；湖州、嘉兴受灾严重
	2007 年 5—8 月	水质恶化、蓝藻暴发	无锡市除锡东水厂之外约占全市供水 70% 的水厂水质受到污染，约 200 万人口的生活饮用水受到影响，无锡发生供水危机
	2016 年夏秋	流域特大洪水，流域上游及湖区集中降雨	仅次于 1999 年历史第二大洪水，太湖水位最高达 4.87 米，流域直接经济损失 75.28 亿元，无人员因灾死亡和失踪

注　"元—清"时间段中所有月份为农历月份，"民国时期"及以后时间段中的月份为公历月份。

附表 4　　　太湖流域主要历史治水人物、治水事件及方略简表

发展时期	时间	治水人物	治水事件及方略
萌芽起源期 （商周至春秋战国）	夏	大禹	距今约 4070 年前，海平面上升，湖水壅溢，大禹于吴地通渠三江、五湖，使流域泄水通达，改变了太湖地区原始的洪荒状态，为太湖地区的开发创造了基本的水利条件
	商周时期	泰伯	开挖流域第一条人工河泰伯渎（现伯渎港），并结合北方周族经营沟洫农业的经验，促进江南的治水营田事业
	春秋/吴国	伍子胥	在荆溪上游向西开挖胥溪，在今上海金山境内开挖胥浦，满足当时军事水运需要，促进低洼湿地的垦殖和围田的开拓
	春秋/吴国	夫差	开挖江南运河最初河段（苏州至奔牛），满足军事水运需要
	战国/楚国	黄歇	治无锡湖（芙蓉湖）、立无锡塘，开展大规模的军事屯垦；开挖黄浦古道黄歇浦，上通横潦泾和胥浦，下由闵行入海，畅通太湖下游排水通道
初步创建期 （秦汉至六朝时期）	西汉	刘彻	开通江南运河苏州至嘉兴段，促进商贸通达和航运便利
	西汉	刘濞	于今嘉定冈身带上开凿了一条与冈身平行的盐铁塘，沟通吴淞江和长江以运送盐铁
	东汉	陈浑	筑南苕溪堤防，开上、下南湖，建分洪入湖口门石门池和溢洪道五亩塍，调控南苕溪山洪，发挥苕溪除害兴利作用
	三国/东吴	孙权	推行屯田制，以满足军事、农业的需要。屯田包括军屯、民屯两种形式。军屯主要分布要沿长江一带，民屯主要分布在丹阳郡、吴郡、会稽郡一带
	西晋	陈敏	修建平原水库练塘，又称练湖，溉田数百顷，滞蓄山丘和坡地暴雨径流，防害兴利，服务农业生产

发展时期	时间	治水人物	治水事件及方略
兴盛时期 （隋唐至五代）	隋	杨广	全线贯通江南运河，沟通流域内以及流域与北方水系之间的联系，以服务漕运、贸易
	唐	于頔	修治荻塘以发挥其防洪、排水、灌溉、交通运输的效益
	唐	白居易	修建城市供水工程，筑白公堤捍钱塘湖、修复引西湖水的涵管，引西湖水至杭城供城市居民饮用、灌溉。制定供水管理及工程维护制度，建管并重
	唐	王仲舒	筑松江堤，筑石塘、官塘、土塘等（后成为吴江塘路最早修筑的路段），修木制宝带桥，以利交通和商贸往来
	唐	归珧	修复南湖；于南中北三苕溪汇合处开北湖并筑堤
	五代/吴越	钱镠	采用竹笼石塘、木桩护滩技术筑捍杭州海塘，并在钱塘江边建龙山、浙江两闸。设都水营田使，专事水利管理和工程维护
延续发展期 （宋至清）	北宋	范仲淹	主张治理太湖地区筑圩、浚河、建闸三者缺一不可。疏浚苏州白茆、福山、浒浦、黄泗等多条河道，导诸邑之水向东南入吴淞江、东北入长江，并建闸挡潮
	北宋	李禹卿	筑吴江长堤界吴淞江与太湖，以利漕运
	北宋	李问	修吴江长桥（又称垂虹桥、利往桥），长桥修建后吴江塘路乃全面贯通，以改善水泽之地的陆路交通
	北宋	苏轼	督开上塘河；开现杭州中河以通江、湖；疏浚西湖，筑苏堤分西湖为里湖和外湖
	北宋	单锷	著《吴中水利书》，主张修复胥溪五堰，开浚太湖西北河淩，导水入长江；疏浚治理吴淞江，开凿吴江塘岸，修复圩田
	北宋	郏亶	著《吴门水利书》，主张蓄泄兼施、治水治田相结合、高圩深浦、驾水入港归海等方案

续表

发展时期	时间	治水人物	治水事件及方略
延续发展期 （宋至清）	元	任仁发	上书条陈吴淞江疏导之法，被采纳并实施，开浚吴淞江海口段 38 千米；后又整治吴淞江江东、江西段两岸河道；治理泾浜圩田，疏浚淀山湖，设置赵浦等三处石闸。著有《浙西水利议答录》
	明	夏原吉	实施"掣淞入浏"和"黄浦夺淞"：避开吴淞江入海口遏塞难浚河段，开挖夏驾浦和范家浜，分别接通浏河和黄浦江引水入海，改变水流格局，使水流通达，以缓解太湖下游排水困难的局面
	明	林应训	治理吴淞江中段；疏理黄浦江、白茆港等河港，并疏浚了大、中、小河道 144 条；筹集水利资金，明确各区域水利负责官员，建立责任制；实施工程时，建章立制，加强施工监督和考核
	明	周忱	疏浚昆山顾浦等上游河道，以增加来水水量和流速缓解下游淤积；整修低圩堤岸，疏浚沿海河道以泄洪水
	明	海瑞	浚嘉定黄渡至上海县宋家桥吴淞江下游段（今上海市苏州河）；疏浚白茆、刘家河、黄浦江诸海口
	明	耿橘	疏浚常熟水系，主张小圩联并成大圩。著《常熟县水利全书》和《筑圩法》
	清	朱轼	采用鱼鳞大石塘形式筑海塘、开掘备塘河等防御海潮
	清	李卫	修浚杭州西湖，挖沙筑堤（金沙堤）；修建仁和、钱塘、海盐、平湖等多处海塘；在杭、嘉、湖三府各设海防同知，专任海塘岁修
	清	林则徐	干支并举疏浚流域下游入江入海河道以缓解淤积问题
民国时期	民国	方还、周秉清	浚治白茆塘，拓浚长度三十里，浚深七尺，裁弯八处，并拆除旧闸、建桥七座
	民国	韩国钧	设江南水利局，管治江宁、句容、溧水、高淳、丹徒、丹阳、金坛、溧阳、扬中等 28 个县，主要负责河湖海塘的浚治事宜

发展时期	时间	治水人物	治水事件及方略
中华人民共和国成立后	1991—2005 年	水利部太湖流域管理局	组织完成一期治太骨干工程建设，包括流域性骨干工程：望虞河工程、太浦河工程、环湖大堤工程、杭嘉湖南排工程；区域性骨干工程：湖西引排工程、武澄锡虞引排、东西苕溪防洪工程；省际边界工程：红旗塘工程、扩大拦路港疏浚泖河及斜塘工程、杭嘉湖北排通道工程、黄浦江上游干流防洪工程，史称"一轮治太"工程，形成充分利用太湖调蓄，洪水北排长江、东出黄浦江、南排杭州湾的流域防洪工程格局
	2002—2019 年	水利部太湖流域管理局	自 2002 年起开展引江济太水资源调度，在确保流域防洪安全的前提下，通过科学调度水利工程，增加流域水资源量的有效供给，维持太湖合理水位，满足流域区域用水需求；促进太湖水体流动，改善流域水环境，为防控太湖蓝藻和"湖泛"提供有利条件。太湖流域调度开始从单一的防洪调度转向防洪、供水、水环境的综合调度，逐步实现从洪水调度向洪水调度与资源调度相结合、从汛期调度向全年调度、从水量调度向水量水质统一调度、从区域调度向流域与区域相结合调度的"四个转变"
	2008—2019 年	水利部太湖流域管理局	2008 年起，在多个流域性规划和方案指导下，组织推进建设以环湖大堤后续工程、望虞河后续工程、新孟河延伸拓浚工程、太浦河后续工程、新沟河延伸拓浚工程、东太湖综合整治工程、吴淞江工程、扩大杭嘉湖南排工程、太嘉河工程、东西苕溪综合整治工程等重点工程为框架的流域综合治理格局，史称"二轮治太"工程建设。太湖治理逐步从防洪保安向水环境治理、水安全保障、水资源配置并重转变，工程与非工程措施并举，形成了流域、城市和区域三个层次相协调的防洪保障格局

发展时期	时间	治水人物	治水事件及方略
中华人民共和国成立后	2008—2019 年	水利部太湖流域管理局	2007 年无锡供水危机后，《太湖流域水环境综合治理总体方案》安排了饮用水安全类、工业点源污染治理类、城镇污水处理及垃圾处置类、面源污染治理类、提高水环境容量（纳污能力）引排工程类等十大类治理项目，并确定流域水环境综合治理重点水利工程项目 19 项，全方位推动控源治污落到实处。坚持"源头控制、标本兼治、综合治理、统筹协调"的总体思路，以总量控制、浓度考核、综合治理为抓手，把重点治理流域水环境转变为内外兼顾，点源、面源、内源、监管一体推进的综合治理，将源头减排与提高水环境承载能力相结合，将污染治理与生态修复相结合